19 중등수학교육

수학을 하려면 엑셀을 밟아라 (제2판)

고상숙 지음

KM 경문사

머리말

21세기 정보화 시대를 사는 우리에게 테크놀로지는 더 이상 효과가 있다 없다를 논해야하는 대상으로서가 아니라 하루도 사용하지 않고서는 살 수 없는 생활의 동반자가 되었다. 그리고 세계는 하루가 아닌 클릭 한 번으로 국경을 넘나드는 1초 사이버 생활권으로 좁아졌다. 이렇게 우리 생활에서 밀접하게 활용되고 있는 생활의 도구를 수학 학습활동에 잘 사용할 수 있게 적절한 안내를 한다면 우리 교육의 다양화는 그리 어려운 일이 아닐 것이다. 이를 위해서 접근하는 방법으로써 모든 교육학적 이론이 전제 조건으로부터 시작하는 것처럼, 수학교육에서 테크놀로지의 활용에 있어서도 고려해야 하는 시각화를 바탕으로 가장 손쉽게 활용할 수 있는 소프트웨어들의 활용에서 장, 단점을 파악하고 필요한 예제를 제시하는 것은 매우 유익한 일이라 생각한다.

저자는 특히 학교수학에서 엑셀의 유용성에 일찍이 관심을 가지고 예비수학교사를 위한 교사교육 강좌에 이를 꾸준히 활용해왔다. 이 경험을 바탕으로 저자는 사용자의 의도에 따라 다량의 수를 무제한적으로 다룰 수 있는 엑셀이 갖는 자동화 환경은 수학의 여러 영역에 걸쳐 수학적 성질을 찾고 탐구할 수 있는 학습 환경을 제공한다는 점과 그리고 시중의 어떤 소프트웨어보다도 손쉽게 구할 수 있다는 점을 이 소프트웨어가 지니는 가장 큰 매력으로 보았다. 이 책은 수학교육에서 엑셀을 활용하는데 필요한 다양한 관점을 제시하고 현장 수학수업에서 효과적으로 활용할 수 있는 예제들을 제시함으로써 오늘날처럼 사회에서나 우리 교육에서 테크놀로지의 활용이 강조되고 있는 추세에 수학분야에서 교수학적 필요에 적극 대응하고자 준비하였다.

제1장에서는 수학교육과 테크놀로지의 두 영역에서 비로소 역동적 상호작용이 가능해진 Logo로부터 테크놀로지 환경에 대해 개론적 묘사를 하였고, 제2장에서는 수학교육에서 테크놀로지의 활용에서 가장 추구하기 쉬운 시각화의 의미를 재조명하였으며, 제3장에서는 주요한 관점을 바탕으로 테크놀로지를 학습현장에 사용함에 있어 시대의 발달에 따라 관점의 변화를 살펴보아 우리의 관점을 찾고자 하였고, 제4장에서는 엑셀의 사용법을 포함한 수학학습에 필요한 기능을 나열하고, 본 서의 주요 목적인 엑셀을 활용한 학습 자료를 제시하고자 하였다. 제5장에서는 교사업무에 필요한 엑셀의 활용을 포함하여 수학교과 이외의 교사업무에서도 그 활용방법을 소개하였다. 이 책이 수학의 여러 영역에서 학생이 수학학습을 해나갈 때, 또는 수학교사가 컴퓨터를 활용한 역동적인 교수방법을 모색할 때 도움을 줄 수 있는 책이 되길 기대한다. 이 책을 보다 효과적으로 사용하길 원한다면 사용자가 엑셀이 제공한 결과 뒤에 숨어있는 수학적 개념을 소그룹 활동을 통해 서로 발표하고 확인해보는 매우 활발한 참여자가 되길 권한다.

마지막으로 이 책의 처음부터 함께하여 주신 하나님께, 그리고 이 책의 제목에 기발한 아이디어를 주시고 하나님을 섬기는 데 행복한 시간들로 채워주신 지구촌 교회 진재혁 목사님께 감사의 말씀을 드린다. 끝으로 엑셀 파일을 체계적으로 정리하고 더 나은 파일로 만드는 데 귀한 시간을 할애해 준 단국대학교 박사과정 대학원생이자 경민여자정보산업고등학교 수학교사인, 윤인준 선생님에게 심심한 감사를 표한다.

차 례

제 1 장

테크놀로지[1]와 수학교육

수학교육자들은 1980년대 들어 Seymour Papert(1980)에 의해 발명된 Logo를 통해 수학을 내용으로 누구나 즐길 수 있고 가지고 놀 수 있게 되었을 뿐만 아니라 동시에 정확하고 엄밀하게 탐구할 수 있게 변화된 학습 환경에 매우 고무되었다. 우리는 학생들이 다양한 방법으로 수학을 적극적으로 표현할 수 있길 기대한다. 다양한 방법으로 나타낼 수 있는 수학적 아이디어에 대해 스스로 계획을 수립하고 해결에 몰두하며 자신감에 의한 어느 정도의 기술을 사용하길 원하고, 추측하고 끝까지 물고 늘어지는 끈기에 의해 자신만의 의미있는 문제를 완성해가면서 성취해 나가길 바란다. Logo는 이런 생각을 실현하는데 촉매자 또는 수단이 되었다. 우리 자신과 다른 사람의 연구를 통해, 학생들이 사용하는 전략이나 가능성을 볼 수 있게 되었는데 컴퓨터와 상호 작용은 이런 가능성에 대한 창문인 셈이었다. 즉, 테크놀로지로 인해 수학 교수–학습에서 학생의 의미와 해석을 밝혀주는 환경(Hoyles, 1985; Hoyles & Noss, 1992)이 가능하게 된 것이다.

Logo이후 수학적 지식을 구체화하고, 연결시키는데 역동적 수단으로써 컴퓨터를 인식하게 되었고, 많은 다른 개방형 소프트웨어로 마이크로 월드를 만들어갔다. 이런 테크놀로지 환경에서 우리 연구자들은 학생 활동의 성격을 체계적으로 조사하여 학생의 활동 과정을 어떻게 더 잘 이해할 수 있을까에 관심을 가졌다(예를 들어, 고상숙, 2001, 2003, Choi–Koh, 1999, 2003). 결국 무엇이 수학이고 무엇이 아닌지에 대한 경계를 조사하였고(Papert(1996)을 참고) 심지어 누군가는 컴퓨터와 실험적으로 작업하는 모든 것을 수학으로 인정하였다. 이런 소프트웨어는 이 경계를 바꾸었다고 하나 이 경계는 아직도 뜨거운 논쟁거리를 제공한다.

학생이 수학적으로 동기 유발이 되고 도전받을 수 있도록 컴퓨터를 사용하여 탐구가능한 환경을 만들어가고자 한다면 학생이 자신의 생각을 자유롭게 표현하면서도 수학

---

1) 테크놀로지라는 용어는 다양한 종류의 기술공학를 의미하나 이 책에서는 주로 컴퓨터 또는 컴퓨터내의 소프트웨어라는 용어와 호환적으로 사용되고 있다.

에만 초점을 맞출 수 있게 하는 소프트웨어가 필요하다. 지난 과거 몇 십년간 이러한 종류의 환경에서 이뤄진 연구로부터 우리가 배울만한 교훈이 무엇인가? 학생이 테크놀로지를 사용하여 얼마나 더 잘 배울 수 있는가에 대해 실상 우리는 무엇을 아는가? 수학은 계산에 대한 능숙함과 구조에 대한 이해력을 획득하기위해 통달해야하는 상호 관계된 개념과 표상들의 망으로 구성되어있다. 수학의 의미는 크게 연계성—내적 수학 연계성과 외적 수학 연계성—을 가지고 구성된다. 전자는 수학적 체계의 일부를 형성해가면서 새로운 수학적 지식과 이전의 지식을 연결하는 것을 뜻하고, 후자는 경험적 세상을 포함하고 있는 문맥과 환경으로부터 유래한다. 하지만 이러한 의미가 어떻게 형성될 것인가? 컴퓨터는 어느 정도 의미와 연계성을 형성해가는 과정을 촉진시킬 것인가?

행동과 표상의 차이, 그리고 여러 형태의 표상 사이의 연계성의 결여가 수학적 학습 상황의 약점으로 자주 거론되어왔다. 학생이 보는 것, 하는 것과 표현하는 것 사이의 연결을 돕는 길에 수년간 많은 연구의 우선순위가 주어졌다(예를 들어, 고상숙, 2001, 2003, Choi-Koh, 1999, 2003; Noss, Healy, & Hoyles, 1997). 저자는 테크놀로지가 다음의 몇 개의 조건을 갖춘다면 학생의 경험을 바꿀 수 있다는 것을 늘 시사해왔다.

(1) 사용자(교사와 학생)는 주어진 테크놀로지로 무엇을 해내길 원하는지, 그리고 어떻게 테크놀로지가 그들을 도울 수 있는지는 잘 알고 있어야 한다. 즉, 테크놀로지가 지니고 있는 각 기능을 잘 숙지하여 그 목적에 맞게 사용하여야 한다.
(2) 테크놀로지 자체가 단순히 교육과정에 더해지는 것이 아니라 교육과정에 주의깊게 잘 통합되어야 한다. 즉, 테크놀로지에 의한 새로운 교육과정의 접근이 가능하다.
(3) 무엇보다 중요한 것은 모든 활동의 초점이 하드웨어나 소프트웨어에 관해서가 아니라 수학적 지식에 관한 것이어야 한다는 것이다. 이 점은 수학 교육과 컴퓨터 교육의 차이점을 나타내는 것이기도 하다.

I 테크놀로지와 교육과정과의 관계

오늘날까지 수학교육에서 컴퓨터의 연구는 주로 특이한 경우부터 일반적 경우로의 이동에 도움이 될만한 소프트웨어의 성능과 구성에 집중되어왔다. 특이한 경우로는 직접적인 조작 또는 명령어에 의해 다양하게 변화될 수 있고 결과는 컴퓨터 모니터로 바로 볼 수 있는 것이 여기에 해당된다. 심지어 만약 학생이 어떤 특정의 입력이 어떤 특정한 결과를 만들어낸다는 감각을 개발한다면 이런 구성의 과정으로써 이에 대한 설명 또는 증명의 필요를 어떻게 개발하느냐하는 중요한 질문이 생긴다. 우리나라와 같이 수학과 교육과정에서 증명이 중요한 자리를 차지하고 있는 나라에서 이런 문제는 컴퓨터에 의한 학생의 수학적 활동을 제한하지 않고자 한다면 반드시 해결되어야 하는 점이다. 만약 해결되지 않는다면 대부분의 학생은 예를 들어 성능 좋은 역동적인 소프트웨어를 단순히 자료를 측정하고 패턴을 찾고, 자료를 만들어내는 데 사용하는 등의 경험적 논쟁을 확인하는 대상으로만 쓰게 될 것이다.

그러나 다행히 조사 탐구하는 과정에서 이에 대한 대책을 생각해볼 수 있다. 컴퓨터의 사용을 통해 학생으로 하여금 수학적 관계를 학습하게하고 그렇게 함으로써 그것의 성질에 대한 근거를 제시할 수 있는 과제를 만드는 것이다. 따라서 우리가 생각하는 학습안은 컴퓨터에서 학생 스스로 수학적 대상들을 그리고 그들 사이의 관계성을 추측하며 가능한 도구를 사용하여 그들의 타당성을 점검하게 하는 것이다. 이것은 컴퓨터와는 별개로 교사에 의해 안내되어 반성을 포함하는 수업의 일부이며, 수학적 증명을 학생이 표현하는 확신의 한 형태일 뿐만 아니라 다른 사람과의 의사소통하는 특별한 하나의 방법이라고 소개하는 수업의 일부를 차지하는 것이다. 이러한 접근으로 이 책에서 저자는 적절한 테크놀로지 없이는 불가능한 접근방법으로 문제 구성과 증명을 함께 제시하는 것을 제안하였다. 형식적 증명이란 단지 증명하는 문화의 일면일 뿐인데 이는 컴퓨터 작업의 "실험적 현실주의"에 의해 소생되는 것이다(Balacheff and Kaput, 1996)라고 보는 것이다.

Healy 와 Hoyles(2000)에서는 이러한 배경 속에 대수, 기하의 각각의 연속 코스를 설계하였다. 그것은 학생들에게 증명과 증명하기에 대한 학생의 개념을 평가하기 위해 수학 성적이 중위권 이상의 2459명의 9학년을 대상으로 실시한 전국규모의 지필 설문조사에서 나타난 학생의 반응을 분석하여 학습활동을 개발하는 것이었다. 각 학습자료는 교육과정에 맞게 그리고 적어도 설문조사에서 학생을 이해하는데 있어 나타낸 차이점을 제거하려는 의도하에 개발되었다. 세 학교에서 18명의 학생이 5시간에 해당하는 교실수업으로 이뤄진 후속 코스에 참여하였다. 연구자들은 테크놀로지가 사용될 때 학생 개인이 지닌 문화적인 측면이 매우 강력하게 작용하기 때문에 전체적으로 효과적인 교육과정에 대한 일률적인 그들의 목적은 근본적으로 잘못될 수 있다고 결론지었다: 실제로는 같지 않기 때문에 교육과정 코스와 그의 목적에 같은 시각을 반영하면 안된다는 것이다. 아시아권의 문화적 배경을 지닌 학생은 형식적인 증명을 쓸 수는 있었지만 증명을 일반적인 것으로 보지 않았고, 경험적인 증거이상의 것으로도 생각하지 않았다. 두 형태의 증명—예제와 형식적 증명—을 완전히 분리된 것으로 보았고 자신을 도울 수 있는 컴퓨터를 거의 사용할 수 없었다. 이 연구는 학생들의 학습을 비교하는 과정을 통해서 컴퓨터가 유일한 학습결과를 가져올 것이며 특별한 변화를 꾀할 것이다라는 그들의 가정을 재고해야 한다는 것과 교육과정은 학생들이 지닌 장점위에 세워져야 하며 새로운 아이디어에 이 장점을 연결해야 한다는 것을 시사한다.

수학교육에서 우리의 목표는 우리의 공통된 목적에 도달하는 것이다. 그것은 한편으론 기술과 자신감 사이에 더 나은 균형을 지닌 수학적 소양을 개발하고, 다른 한편으론 수학적 사고를 향상시키는 것이다. 우리는 그 목적을 도달하는 여정에 컴퓨터가 유용한 역할을 할 것으로 기대한다. 우리가 성취하고자 하는 수학과 교육에 중점을 두고서 의도된 교육과정을 개발하는 것이 중요한 일일지라도, 더욱 중요한 것은 그것의 실험과정에서 나타나는 다양한 학습의 패턴들을 분류하고 규명하며 나아가야 할 것이다.

Ⅱ 테크놀로지와 학생, 교사의 관계

교육에서의 테크놀로지의 사용은 더 이상 "새로운" 아이디어는 아니다. 테크놀로지는 사회에서 없어서는 안될 그러한 부분이 되었기 때문에 다양한 방법으로 교육에 특별히 수학교육에 그것들의 사용 통합이 요구된다. 엑셀과 같은 컴퓨터 테크놀로지는 매우 중요하다고 주장할 수 있는 다음과 같은 장점들이 있다—탐구와 학생 자발적 조사, 공유된 지식과 협동학습, 효과와 조직, 정보의 분석 및 연구 등이 가능하다. 테크놀로지는 학생들을 목표에 도달하게 해주고, 가정을 세우고 검증하게 하며, 그들 스스로 발견할 수 있게끔 탐구정신을 제공한다(Collins, 1990).

Gregoire와 그의 동료들(1996)과 Heidmann과 그의 동료들(1996)이 테크놀로지와 학습하기 위한 학생들의 동기에 초점을 맞추고, 컴퓨터에 대한 학생들의 태도를 자기보고서에 바탕을 두고 조사하였는데 대체적으로 대부분의 학생들은 컴퓨터에 의한 활동을 매우 높게 동기유발이 되며 매우 재미있는 것으로 생각했다. 이러한 컴퓨터 테크놀로지의 사용은 개별지도 또는 반복과 훈련의 형태로 된 CAI(컴퓨터 보조 교수)가 수행한 그 이상의 효과를 지닌다. 오늘날의 테크놀로지는 과거에는 불가능했던 교수 · 학습에 대한 기회를 교사와 학생들에게 제공할 수 있다. 컴퓨터는 학생들과 대화를 하는 장치로서 그리고 교사의 교수자료를 만드는 도구로써, 그리고 정보를 제공하는 장치로서 사용할 수 있다. 테크놀로지를 능숙하게 사용하는 많은 사용자들은 학생들 스스로 학습을 조절할 수 있을 때 학생들은 강한 동기유발을 찾는다고 말한다(Arone & Grabowski, 1991 ; Robyler et al., 1997). 최근에는 구성주의와 같은 학습이론들은 학생들 스스로 지식을 구성해야 한다고 제안한다.

한편 테크놀로지는 높은 상호작용 환경을 도와주는 학습기회를 제공한다. 이러한 환경의 유형은 지식을 구성하는데 도움을 주는 반성과 동료간의 토론의 기회를 제공한다. Dwyer (1996)의 연구 결과로는 테크놀로지는 학생들의 기본기술의 완전습득, 성적, 작문 그리고 참여도를 향상시킨다(p.24)라고 서술했다. 테크놀로지의 사용은 위기에 처한 학생에게 인지적, 사회적 그리고 동기 유발의 필요성을 납득할 수 있도록 설명해줄 수 있다(Kozma와 Chrominger, 1992).

컴퓨터 테크놀로지는 컴퓨터화한 학습환경을 향상시키기 위한 다양한 유형의 소프트웨어를 제공함으로써 다른 유형의 학습 방법에 대한 이슈를 설명할 수 있도록 교사들을 도울 수 있다. 테크놀로지를 실행하면서 생긴 문제들은 학교에서 이러한 테크놀로지의 적절한 실행에서 교사를 위한 충분한 연수를 제공하지 못했을 때 증대된다. 학교에서 컴퓨터와 학생들에 의해 동시에 생긴 일련의 과정은 종종 비능률적이고, 무계획적이고 대단히 혼란스러웠다(Maddux, et al., 1993, p.220). 교육과정 실행 임무에서 참여와 개입의 중요성에 대한 교사들의 강한 신념과 실천력은 지역교육청에 의해 새로 규정된 교육과정에 잘 참여하는 교사들에게 더 뚜렷하다(Kimpston 1985, p.195)는 점을 보면 교사 재교육에 의한 신념 개발과 실천력을 높일 수 있는 방법을 모색해야 한다. 현재 우리나라에서 교육대학원에 진학한 교사에게 약간의 혜택을 주는 제도는 이러한 기회를 제공하는 것이므로 이들 대학원에서 실시하는 교육과정이 교사의 필요에 맞게 구성되어야 함은 두말할 필요가 없을 것이다.

Hall과 그의 동료들(1973)은 개혁과정에서 변화에 대해 학생들이 가졌던 관심 또는 태도들은 매우 중요하다고 제시했다. 이런 학생을 대상으로 테크놀로지의 실행에서의 교사의 역할은 테크놀로지의 사용에 대한 의사를 결정함에 있어 교사 개개인에게 종종 책임이 따르기 때문에 특별히 중요하다. 사실 일반적으로 교사는 교육목표를 달성하는데 특별한 테크놀로지가 사용되는지 혹은 아닌지 결정할 때 신중하게 된다. 교실에서 컴퓨터 테크놀로지를 사용하는 것에 대한 교사들의 관심 또는 태도는 교육적 변화의 과정에 근본적이고 영향을 주는 요소들이다. 다른 나라에서 테크놀로지에 대한 교사들의 거부감의 이유는 상당히 많이 연구되어왔지만 우리나라에서 교사들뿐만 아니라 학생들의 거부감의 이유에 대한 구체적인 연구는 그리 알려지지 않았다. D'Souza 와 Wood(2003)는 금융수학에서 수학 학습을 위한 스프레드시트를 사용에 대한 호주의 중등학교 학생들의 관심을 조사하였는데, 연구의 결과는 스프래드시트에 대한 교사와 학생의 관심과 인식이 그들이 스프레드시트를 교수 학습에 실행하는 방법에 직접적인 영향을 미친다는 입장을 지지하였다. 이 연구에서 스프레드시트의 사용에 대한 거부감의 주된 이유로는 컴퓨터와 학습해본 적이 없었다는 것, 컴퓨터가 목적에 맞게 사용되지 않았다는 것, 소프트웨어의 사용법을 배울 시간이 필요하다는 것, 그리고 컴퓨터 사용에 대한 자신감의 결여 등을 꼽았다. 동시에 이 연구는 스프레드시트는 학생에게 매우 실용적이며 인지적 도구이며, 적절한 컴퓨터의 자료에 대한 필요성, 새로운 교육과정의 효과적인 실행을 위한 지원과 교사교육이 중요하다고 역설하였다. 엑셀과 같은 소프트웨어의 사용은 교사와 학생에게 배울 시간이 필요하기 때문에 이런 과정은 수학학습을 초기에는 방해할 수 있다. 일반적으로 사람들은 전통적인 학습방법에 더 익숙하고 스프레드시트를 전에 사용해본 적이 없으며 소프트웨어의 사용법과 수학을 동시에 배워야 한다는 사실에 쉽게 좌절된다. 이 때 동기유발에 적절한 컴퓨터 학습자료가 사용자에게 제공되지 않는다면 더욱 상황은 악화되기 쉽다. 그러나 시간이 지날수록 적절한 기술공학적, 교수학적 지원과 교육이 따랐을 때 컴퓨터가 지원되는 학습을 포함한 교수학습의 방법의 변화는 학생과 교사 둘다로부터 거부감을 감소시키고 이를 통해 컴퓨터가 지원되는 학습에 대한 인식에 변화가 일어날 것이라고 기대할 수 있다. 모든 학습에는 극복해야하는 어려움이 따르는 법, 특히 교사는 이러한 점을 염두에 두고 유의할 사항을 잘 고려하여서 수업을 준비하고 학생을 안내한다면 엑셀이 의도하는 효과를 성취해나갈 수 있을 것이다.

제 2 장

수학교육과 시각화

현재 활발하게 사용되는 소프트웨어 중에서도 엑셀은 수학교육에 있어 널리 활용되고 있는 도구로서 데이터베이스, 수치 해석, 수치 미분적분, 비선형 방정식의 풀이, 상미분 방정식의 풀이 등을 그래프를 통하여 학습할 수 있고, 확률·통계의 지도 시에 히스토그램이나 도수 분포 다각형, 확률 분포, 정규 분포, 가설 검정, 상관관계 분석, 단순 회귀, 분산분석, 시계열 등 여러 분야에서 유용하게 사용할 수 있다. 그 외에도 방정식의 해를 찾거나, 극한의 개념 설명 시에, 또 함수의 다양한 그래프 즉 지수·로그 함수, 삼각함수 등을 함수 그래프 지도 시에 유용하게 이용되고 있다. 엑셀을 사용하면 많은 수학적인 개념과 패턴을 발견해서 응용할 수 있으며, 다양한 수학적인 기능들을 훈련할 수 있다. 자료 수집 활동을 통해서 수학과 다른 과목을 통합하는 기회를 가지게 되고, 학생들이 관심 있는 주제를 탐구할 수 있다. 특히, 엑셀은 제7차 교육과정의 정보 기술을 활용한 교수·학습에 널리 이용될 수 있다고 할 수 있다. 여기서 시각화는 학습을 지지하는 중요한 교수·학습 이론이다.

용어, 시각화는 어떤 수학의 영역에서는 익숙하지 않으며 그것이 가지고 있는 함축된 의미는 분명하지 않다. 우리가 사용하는 용어, 시각화는 일상 언어나 심리학에서 시각화의 의미가 '정신적 상을 형성하는 것'이라고 보통 받아들여지는 일반적인 뜻과는 차이가 있다. 예를 들어, 정신적인 상을 형성하고 다루는 연구대상의 능력에 초점을 두는 심리학적 연구가 있다. 이들 연구에서 그들은 연구문제에 답을 하기 위해 지필(연필과 종이) 사용에 대한 질문이나 더욱이 컴퓨터에 대한 질문들은 없다. 수학적 시각화의 관점에서는 지필의 도움없이도 상을 정신적으로 다루어야한다는 제약은 인위적으로 보인다. 사실, 수학적 시각화에서 우리가 관심있는 것은 정확히 학생의 능력인데 이것은 수학적 개념 또는 문제를 나타내기 위해 그리고 이해력과 문제해결에서 도구로서 다이어그램을 사용하기 위해 지필로 또는 어떤 경우엔 컴퓨터로 적절한 다이어그램을 그려낼 수 있는 학생의 능력이다라고 할 수 있다. 수학에서 시각화는 그 자체가 목적이 아니라 이해력이라는 목적을 위한 일종의 수단이다. 보통, 다이어그램을 시각화한다라고 하지 않는다. 대신 개념 또는 문제를 시각화한다라고 한다. 다이어그램을 시각화한다는 것은 단순히 다이어그램에 정신적인 상을 형성한다는 것을 뜻한다. 그러나 문제를 시각화한다는 것은 문제를 다이어그램으로 또는 시각적 상으로 이해한다는 것을 뜻한다.

그러므로 수학적 시각화는 Zimmermann과 Cunningham (1991)은 손으로 그리건 컴퓨터로 만들어 내건 간에 수학적인 개념, 원리, 문제를 기하학적 또는 그래프의 표상을 사용하여 나타내는 과정이라고 설명하였고 다른 말로는 수학적 발견이나 이해를 목적으로 (지필 또는 테크놀로지를 사용하여) 정신적으로 상을 형성하고 그러한 상를 효과적으로 사용하는 과정이라고 하였다. 시각적인 것을 통해서 수학의 직관적인 면을 강화시키는 것은 수학 작업에 새로운 가능성을 열어주는데, 예를 들어, 함수적 시각화는 그래프를 통해 문제를 정확하게 나타내주어 표상간의 관련성을 파악하기 쉽고, 기하적 시각화는 기하적 도형을 통해 작도, 측정의 정확성을 바탕으로 애니매이션의 여러 변화에도 불구하고 불변하는 기하적 성질을 찾을 수 있다. 시각화의 뛰어난 장점은 수학문제에 대한 직관과 이해를 증가시켜주고, 매우 복잡한 문제에서 역동적인 체계와 과정을 보여주는 중요한 요소와 세부사항에 초점을 맞출 수 있다는 것이다(Cunningham, 1991). 이러한 근거로 본 저자는 학습의 수단인 컴퓨터 환경 안에서 시각화의 장점을 이용하려 했다.

Steen(1988)과 다른 연구자들은 수학의 성격을 언급하는데 있어 계산의 역할을 재조명하였다. 컴퓨터는 수학적인 그래픽을 만들어내는 방식 때문에 시각화의 전성기에서 직접적이고 구체적인 역할을 할 수 있다. 이제 우리의 마음에 아주 친밀하게 다가오는 아름답고 복잡한 프랙탈의 그림이나 복잡한 곡선을 떠올릴 수 있지만 수학적 시각화에 의한 그림은 정말로 다양하다. 2차 3차원의 모든 도형, 곡선과 입체, 칸토 곡선과 이와 비슷한 도형, 그래프 이론에 입각한 다양한 그래프와 밴 다이어그램과 같은 스키마적인 다이어그램이 이에 해당한다. 이러한 그림은 정적이지 않고 사용자에 의해 매우 역동적이며 사용자와 상호작용이 매우 활발하다. 실제 또는 가정적인 그래픽 시뮬레이션도 그림의 성격에 상관없이 수학적 시각화에 속한다. 시각화가 가능한 전 영역을 다루기 위해선 우리는 비디오 테이프, 필름, 그리고 비디오디스크와 같은 다른 테크놀로지도 고려해야 한다. 이런 테크놀로지의 사용은 만들어낼 수 있는 거의 모든 그림으로 확장할 수 있다. 시각화를 가능하게 하는 테크놀로지는 급속하게 발전하고 있어서 그 모든 것을 여기서 언급하기는 불가능하다. 시각화의 수학적 적용도 이런 기기의 발달에 의존하기 때문에 이와 마찬가지라 할 수 있다.

시각화에서 컴퓨터의 역할에 대해 중요한 질문이 있다. 사용자와 특히 상호작용이 가능한 그래프에서 수학적 통찰력과 이해력을 향상시키기 위해서 컴퓨터를 어떻게 효과적으로 사용해야하는가? 좋은 교육용 소프트웨어의 성격은 무엇이라고 규명할 수 있는가? 교실에서 수학적 아이디어를 컴퓨터로 제시하거나 구조화된 컴퓨터실에서 훈련, 또는 자유로운 탐구 활동 등의 역할은 수학학습에서 무엇인가? 교육과정 상에서 미치는 컴퓨터의 영향은 무엇인가? 다른 말로 컴퓨터는 우리가 가르치고 있는 것을 좀 더 효과적으로 가르치도록 어떻게 도울 것이며 앞으로 나올 새로운 테크놀로지의해 다루어질 새로운 수학적 문제, 주제, 영역은 무엇인가? 이러한 질문에 대한 답을 찾기 위해 많은 연구가 꾸준히 이루어져야 한다. 정적이건, 동적이건, 상호작용적이건 컴퓨터에 의한 시각화는 수학에서 컴퓨터가 가지는 역할에서 고유한 한 단면을 지닌다. 이 시각화는 최적의 결과를 성취하기 위해 수학의 숫자와 기호들과 관련을 지어야 한다. 시각화의 재밌고 흥미로운 응용 중에는 숫자 또는 기호로 나타내는 과정뿐만 아니라 그래프를 효과적으로 사용하는 개방형 문제(예전에는 가능하지 않았던)를 만들어낼 수 있다. 이에 엑셀은 이런 시각화의 의미를 가장 잘 소화할 수 있는 소프트웨어이다.

물론 시각화는 수학의 모든 영역은 아니지만 여러 영역의 문제를 해결하는데 사용할 수 있는 도구 중에 하나로 문제 상황을 조직하고 구성하는데 사용할 수 있고, 이러한 인지 활동을 통해서 학생들은 자신의 추측이 맞았는지 틀렸는지를 판단할 수 있다. Laborde(1991)는 그의 기하 학습 환경(Cabri)은 이와 같이 조직화할 수 있고, 여기서 시각화는 문제를 해결하고 그것을 확인하는 도구로 이용될 수 있으므로 그림을 그린다는 것은 시각적으로 기하학적인 성질을 검증하고, 추론을 뒷받침하는 실험으로 생각할 수 있다고 하였다.

이와 같은 시각화의 장점에 대해서 신동선과 류희찬(1998)은 다음과 같이 기술하고 있다. 첫째, 수학적 지식의 의미를 눈으로 확인시킬 수 있다. 둘째, 컴퓨터 그래프를 사용하면 학생들에게 수학적 개념을 보다 근본적으로 이해시킬 수 있다. 셋째, 보다 발전된 학습이 가능하다. 넷째, 지식의 생성 배경을 이해시킬 수 있기 때문에 훨씬 설득력 있는 수업이 가능하다.

$\sin x(\cos y - \cos x) + \sin x - \sin y = 0$의 그래프

다섯째, 시각적인 자료는 전체적이며 경우에 따라서는 많은 내용을 연결된 상태로 담을 수 있고 따라서 보다 의미 있는 형태로 여러 지식을 한 번에 파악하기 쉽다. 여섯째, 문제해결이나 증명에 도움이 된다. 일곱째, 공간 추론 능력을 신장시킬 수 있다. 여덟째, 학생들에게 동적인 시각화를 제시했다면 수학에 대해 훨씬 좋은 태도를 갖게 될 것이다.

제 3 장 수학교육에서 테크놀로지 사용의 시대적 변화

과거 이십년간 수학 교수·학습에서 컴퓨터의 영향은 수학 연구가들 사이에 많은 관심의 대상이 되어왔다(Fey, 1989). 학생의 학습에서 테크놀로지의 영향을 이해하기 위해 다양한 연구가 국내·외적으로 이루어졌다. 이 책의 목적은 컴퓨터 환경, 특히 엑셀에서 학생들의 수학적 개념 획득을 도모하는 것이다. 이를 위해서 수학 교수 학습에서 수학을 알고 행한다는 것이 무엇을 뜻하는지 등과 같은 학습자에 대한 관점에 영향을 주는 변화에 민감해야 한다. 다음은 엑셀을 포함한 테크놀로지가 수학교육에서 어떻게 사용되어야하는지 그리고 그에 대한 연구는 국내·외적으로 어떤 것이 있었는지 살펴보아 우리가 사용하는 소프트웨어의 미래의 활용 방향을 파악해보고자 한다.

I 제1 물결: 훈련과 개인지도

컴퓨터 사용에 대한 초기의 토론은 일반 강의를 강화하고 전통적 교수를 지지하기 위해 사용된 컴퓨터에 대한 것이 주로 많았다(Olive, 1992). 부과적으로 다른 개인지도용 소프트웨어가 개발되고 사용되었으며 그 영향이 조사되었다. 테크놀로지와 학습이라는 제목하에 대부분의 연구는 특별하게 만들어진 소프트웨어를 반복적으로 사용하여 학생이 특별한 기능을 획득했는지를 조사하였다. 그러한 연구들로 혼합적인 결과가 나타났다. Williams와 Brown(1989)은 Kulik과 Kulik(1987), Niemiec과 Walberg(1987)과 Becker (1988)의 연구를 종합적으로 조사하였다. 이 연구는 학습자의 태도나 수행에 테크놀로지의 효과는 상대적으로 약하다고 보고했다. 더욱이 이 연구는 학습자의 인지에 대한 정보는 거의 제공하지 않았다.

Ⅱ 제2 물결: 컴퓨터 보조 교수

CAI(Computer-Assisted Instruction)라고 불리는 컴퓨터 보조교수 소프트웨어는 미리 개발된 프로그램에 학습자가 입력하는 정도를 제한하는 컴퓨터화한 학습 환경을 만들었다. 그런 교수 프로그램은 질문에 답하게 하고 그들의 결과를 즉각적으로 컴퓨터가 채점하여 제공할 뿐만 아니라 학생에게 설명적 문구와 그래프를 제공한다. 많은 교육자들(예를 들어, Hutter, 1984; Fischer, 1984; Davis, 1984)은 이를 또 다른 형식의 반복과 훈련이라고 평가하였다. 그런 환경의 교수학적 면을 비난하는 학자 중에 Davis(1984)는 서로 다른 두 개의 관점을 묘사했다. 하나는 학생의 학습을 교사의 명백한 수업을 따라가는 것이라고 보는 반면, 다른 하나는 주어지는 학습 환경과 상호 작용하는 동안에 학생의 마음속에서 정신적 표상을 만들어가는 것이라고 보는 관점이다. 그는 많은 대부분의 컴퓨터 보조교수가 지식을 마치 어휘 연습과 같은 것으로 취급한다고 지적하였다. 또한, 지식을 단어에 관한 지식에 불과하다라고 취급하므로써 백과사전과 사전을 혼돈하는 것과 같다고 하였다. 전자는 지식에 관한 책인 반면 후자는 단어에 관한 책이다. 특별한 수학적 기능에 대한 학생의 학습에 관한 환경의 영향을 조사한 연구는 주로 그런 환경이 일반 교실 수업을 보조하였을 때 학생의 습득이 이루어졌다고 주장하였으나 결과는 CAI가 전통적인 수업을 대신하였을 땐 혼합된 주장을 하였다(Kinnaman, 1990). 수학학습에 컴퓨터 환경의 영향에 대해 행해진 연구의 특성 때문에 그런 연구의 결과는 학습자의 활동에 관하여 좁고 제한된 것일 수밖에 없다.

Ⅲ 제3 물결: 프로그래밍

학생이 프로그램과 그래프를 통해 수학적 성질을 발견하게 함으로써 교실 수업의 질을 향상시키기 위해 Papert(1980)는 학습자가 활발하게 지식을 구성하게 하는 피아제의 학습 이론을 바탕으로 Logo를 제안했다. 이런 견해는 한편으로는 수학교실에서 프로그램을 사용하기 위해 과외의 노력을 감수해야하며 다른 한편으론 학습자의 수학적 개념과 기술, 세부적이거나 일반적인 문제해결력의 획득의 효과에 관한 연구에 대한 새로운 장을 열었다. 프로그래밍(Programming)과 학습에 대한 대부분의 연구는 기하 영역을 주로 다루었고 초등학교 학생을 중심하는 이루어졌다. 기하에서 개념에 대한 연구를 위한 Logo 사용의 공통된 가정은 학생이 그래프의 효과를 제공하는 환경에서는 도형을 그릴 때 Logo의 과정을 구성함에 있어 절차적인 정의를 알기위해 시각적 사고와 관계된 조작을 해야 한다는 것이다. Olive(1992)는 풍부한 절차를 개발하는 과정에서 학생은 어떻게 시각적 요소가 서로 잘 맞는지 하는 분석적인 활동에 몰두해야 한다고 말하였다.

Papert(1980)는 Logo의 언어는 학생의 경험과 잘 조화를 이룬다고 생각했다. 또한, 프로그램을 수정하는 시행착오의 방법을 통해 학생은 손에 쥐어진 문제를 생각해야 하고 그것이 잘 맞지 않는다면 다른 방법을 고려해야 한다. 학생은 컴퓨터를 프로그램하고 컴퓨터가 생각하도록 하기 위해 학생 스스로 어떻게 생각해야하는가에 대한 탐구를 시작해야 한다. 이런 경험은 대부분의 어른도 거의 경험해보지 못한 인식론적인 경험, 즉, 사고한 것을 사고해야하는 것이다(p.19).

Logo와 함께 학습자의 인지적 발달과 문제해결력을 위한 다른 컴퓨터 언어가 개발되었다. Dalton and Goodrum(1991)은 272명의 초등학생과 중학생을 대상으로 문제해결력에 대한 체계적인 프로그래밍에 대한 효과를 연구하였다. 실험그룹에 Logo와 Basic을 20주 동안 사용하여 조사하였는데 이들 학생에게 프로그래밍은 학생의 문제해결력에 별다른 효과가 없는 것으로 나타났다. 이 연구와 더불어 수학학습과 문제해결력에 대한 프로그래밍의 효과를 다룬 대규모의 연구에서는 결론을 산출하지 못하였거나 연구결과가 많은 실망감을 안겨주기도 하였다. Salomon and Perkins(1987)도 "생각을 확장하고 사고력을 자극하는 프로그래밍은 정의하기 어렵고 체계적인 결과를 가져오지 못했다(p.45)"고 발표하였다. Papert의 아이디어는 비판을 받았고 몇몇 연구가는 어떤 한 방식으로 컴퓨터의 지나친 사용은 학습자를 프로그래밍할 뿐만 아니라 컴퓨터 프로그래밍 작업의 결과로써 학습자는 기계적인 사고를 개발할 수 있다(Wachsmuth & Becker, 1986)고 하였다. 이런 부정적인 시각은 오히려 컴퓨터를 학생에 의한 관찰, 반성, 의사소통에 대한 가능성을 주는 상호작용적인 환경으로써 개발되도록 유도하였다.

> 수학교육에서 컴퓨터를 통해 학생은 자신의 행동(그들이 프로그래밍한 컴퓨터에 의해 수행된)을 관찰하고 반성할 수 있다. 따라서 우리는 컴퓨터의 프로그래밍은 수학적 학습에 특히 문제해결에 유익한 사고 경험을 자극하는지 궁금하였다. 학생은 그들의 사고를 관찰하고 반성적이 되었으며 사고 조력자로 테크놀로지를 효과적으로 사용하였다. 좀 더 향상된 체계를 지닌 대화 형식은 이런 기능을 더욱 향상시킬 것이다(1986, p.216).

Ⅳ 제4 물결: 역동적 상호작용 환경

컴퓨터를 탐구활동을 가능하게 하고 학생에게 능력을 실어주는 사고의 조력자과 지적인 도구로 보는 관점이 수학교육 공동체에서 이 도구의 사용에 대해서 팽배하였다(Wachsmuth & Becker, 1986). 이런 인식은 수학적 도구 세트와 촉매의 역할을 하는 소프트웨어 등이 다양하게 개발되는 계기가 되었고(Olive, 1992), 탐구 중심적인 마이크로 월드가 쏟아져 나오게 되었다. 이런 컴퓨터화한 학습 환경의 목적은 탐구학습을 가능하게 하고 학생에게 추측하고 문제해결을 위한 기회를 제공하는 것이었다. 이런 생각은 Hillel(1992)에 의해 더욱 명백해졌다.

> 컴퓨터는 구체적인 전략적 사고와 자동화된 정형적인 과정에 수단이 되는 매우 지능적인 도구이다. 대안적으로 세부적인 지식을 개발하는데 세심하게 설계된 마이크로 월드를 구성하는 기초로써 볼 수 있다 (p.206).

제4 물결은 오늘날 우리가 컴퓨터를 활용하는 주된 관점을 제공하는 것으로써 수학에서 컴퓨터의 사용이 어떻게 참된 수학적 사고와 수학적 학습을 이끌어내는가에 대해 접근할 수 있는 몇 가지 관점을 나열하고자 한다.

1. 문제해결 조력자로써 컴퓨터

일찍이 몇몇 교육자는 컴퓨터는 수학 교수학습에 단순히 보조적인 공학적 도구의 역할만을 한 것이 아니고 교과목의 내용과 가르치는 방법에 영향을 끼쳤다고 주장한다(Cornu, 1987; Lehning, 1987, Heid & Baylor, 1993). 사실, 새로운 테크놀로지는 계산과 그래프 그리기를 쉽게 만들 뿐 아니라 수학에서 문제의 성격과 수학자가 그 문제를 탐구하기 위해 사용하는 방법을 변화 시켰다(NCTM, 1989, 2000). 그것은 수학에 새로운 측면을 가져왔고 수학적 활동에 대한 실험적 태도를 개발하였다. 그것은 또한 실험하고, 관찰하고, 탐구하고, 예측하고, 추측하고 검증하고, 조절하고 모의실험 등을 가능하게 하는 도구가 되었다. 그러한 실험적 태도는 수학적 활동의 다른 측면을 낳았다. 먼저 문제를 부딪히게 하고, 특이한 문제나 경우에 해당되는지 찾아보게 하고, 다른 문제에 연결해보고, 반례를 찾아보고, 새로운 개념을 도입해보며, 증명을 찾으며 종합해보고, 식을 만들고, 일반화하고, 적용해보게 하는 측면(Cornu, 1987)이 그것이다. 컴퓨터에 의한 시각화의 충분한 사용으로 인해, 매우 복잡한 문제의 세부적인 요소와 세세한 것에 초점을 둘 수 있게 되었다. 바꾸어, 이것은 체계의 역동성과 과정을 보여주게 되었고, 수학적 문제와 과정에 직관력과 이해력을 증가시켰다(Lehning, 1987). 문제 해결의 조력자와 탐구적 도구로서 테크놀로지에 대한 견해는 직관적이고 실험적인 수학을 강조한 Davis와 Anderson(1979)의 권고에 따라 명확해졌다. 그런 목적을 위해 매우 많은 컴퓨터 소프트웨어가 만들어지고 조사되었다(Dreyfus, 1990; Schwartz & Yerushalmy, 1988). 예를 들어, Dreyfus(1990)는 정육면체, 피라미드, 프리즘과 같은 입체도형의 공간 기하에 맞는 컴퓨터화된 학습환경인, Sterometrix라는 소프트웨어를 사용했고, 졸업반 고등학생의 문제해결 행동에 대한 변화를 조사하기 위해 함수 영역에서 삼중 표상모델(TRM)이라는 환경을 사용했다. 그는 이 학습 환경은 계획하고, 추측하며, 유동성을 지니는 문제해결 기술에서 학생을 돕는다고 관찰하였다. 문제해결 조력자로서 테크놀로지의 조사 연구는 문제해결 과정에 포함된 정의적 측면을 고려하게 하였다. Deryfus(1992)에 따르면 학생들이 수학적 문제를 해결하도록 요구될 때 자주 관찰된 현상 중 하나는 그들이 비활동적이고 되고 막히게 되는 경우가 발생하였다. 이렇게 막히게 되는 두 가지 이유는 그들이 다음에 해야할 바를 알지 못하는 것이고 그들이 가지고 사용할 수 있는 아이디어조차도 시도하지 않는 것이다. 그러나 컴퓨터 환경에선 다음과 같이 묘사되었다.

> 컴퓨터화된 학습환경에선 학생은 도구의 구체적인 특성을 사용하여 조사할 수 있고 자기에게 어떤 수학적 연산이 수행된다면 어떻게 될까를 묻는다. 문제 상황에 대한 학생의 생각은 더욱 유동적이 되고...학생은 적절한 도구가 그들 앞에 놓여져 있기 때문에 실험적 접근에 참여하게 된다 (Dreyfus, 1992, p.263).

Dreyfus(1992)는 그러한 도구는 자신의 생각을 계획하고, 추측하고, 바꾸는데 유용한 효과를 끼친다고 주장하였다. 이 과정에서 계획하는 것은 목적을 성취할 수 있는 절차를 찾는 것과 관계가 있다. 이 계획하는 과정은 컴퓨터가 제공하는 일련의 연산과 시각적 지원으로 인해 도움을 받게된다. 시각적 지원은 대상이 움직일 수 있게 구체적으로 만들고 일련의 연산은 그들의 움직이는 부분이 더욱 구체적이 되게 한다. 즉, 그들이 처리할 수 있는 가능성의 선택이 분명해진다(p.265).

문제해결 상황에서 컴퓨터 사용의 바람직하지 못한 부작용도 조사되었다. Wheatley와 Wheatley(1982)는 학생들이 컴퓨터의 기능에 너무 의존한다고 보고하였고, 계산 기능의 과도한 사용은 전략을 찾을 수 있는 패턴의 발달을 저해한다고 주장했다. 더욱이 컴퓨터 관련된 전략에 과도하게 의존하면, 패턴을 찾음으로써 그리고 문제의 구조를 특징짓는 표상을 구성하는 시도를 함으로써 얻을 수 있는 관계성을 개발하지 못할 수도 있다고 주장했다. Hillel(1992)에 의해서도 비슷한 주장이 보고되었다.

> 컴퓨터로 수학은 훨씬 실험적 활동이 된다. 그러나 쉽게 많은 경험을 할 수 있다는 가능성으로 인해 학생은 가장 적절한 생각을 이끌어 내는 것은 방해받을 수도 있다. 특히 중요하고 초인지적인 과정을 개발하도록 적절하게 격려하지 않는다면 더욱 그렇다. (p.207).

여기서 교사의 적절한 안내가 얼마나 중요한가를 알 수 있다. 교사의 질문을 통한 교수학적 전략이 컴퓨터가 조력자로서 사용되는 문제해결 환경에서 컴퓨터는 정말로 해결과정을 발생하게 하는 촉매자가 될 수 있다. 바꾸어 말해, 교사의 안내가 중요한 또 하나의 이유는 조사해야할 문제의 성격을 바꿀 수 있고 본질을 벗어나게 할 수도 있기 때문이다.

> 이(컴퓨터) 사용은 답을 이끌어내는데 효과적인 특정의 계산적 전략을 자극할 수 있다. 그러나 문제의 성격에 대한 통찰력을 제공하는데 부족할 수도 있다(p.208).

컴퓨터 대수체계(Computer Algebra System, Maple)에서 함수를 공부하는데 대학생 그룹을 대상으로 한 그의 연구에서 이러한 주장이 발견되었다. Hillel(1992)는 학생들이 Maple과 작업하는 방법을 관찰했을 때 학생들은 답을 얻기 위해서만 컴퓨터를 사용했고 활동에서 반성하는 요소는 결여되었다.

초기에는 일반적으로 컴퓨터와 문제해결 분야에서의 연구의 초점은 기본적으로 소프트웨어의 능률성을 평가하는데 두었고, 실제 일어나는 학생의 사고 과정은 거의 탐구되지 않았다. Thompson(1985)은 연구자는 문제해결에서 학생의 다양한 수준의 사고과정에 도구로써 컴퓨터가 어떻게 사용되는지 관심을 가져야 한다고 주장한다. 가장 하위수준에서는 우리는 문제에 관련된 수학적 내용에서 학생의 기본 개념에 대한 이해 정도를 정성적으로 평가할 수 있고, 가장 상위수준에서는 우리는 문제와 개념간에 추상적 구조적인 관계에 관한 학생의 능력에 초점을 둘 수 있다. 문제 해결 조력자로서 컴퓨터 사용의 유용성에도 불구하고 컴퓨터에 대한 연구는 주로 수행 모델을 검증하는데 초점을 두었고, 문제해결에서 학생의 과정, 의사소통, 자신감과 상호작용을 조사하는 데 도구로써 사용은 거의 연구되지 않았다(Thompson, 1985). 이는 앞으로 우리에게 컴퓨터가 사용되어야할 방향을 제시한다.

2. 개념 개발을 위한 컴퓨터

문제해결 조력자로서 컴퓨터를 보는 견해와 함께 몇 연구자들은 컴퓨터가 학습자에게 수학적 개념을 나타낼 수 있는 기회를 제공한다고 제의하였다(Lehning, 1987; Tall, 1986; Kaput, 1989, Choi-Koh, 2003). 이러한 견해는 컴퓨터의 가능성과 중요성을 근본적으로 첫째, 다수의 표상을 제공하고, 둘째, 수학과 수학적 개념 발달에서 탐구를 통해 추상적 개념을 촉진한다고 보았다. 다음에 나열되는 것은 이러한 관점을 반영한다.

(1) 다수의 표상

수학적 학습에 떠오르는 이론적 견해는 개념에 대한 다수의 표상으로 인해 학생은 더 깊고 더 유동적인 이해력을 발달할 수 있다고 보는 것이다(Hiebert와 Carpenter, 1992; Kaput, 1989). Hughes-Hallet(1991)은

> 아이디어를 이해하기 위해 학생은 몇 가지 관점에서 이 아이디어를 보는 것이 필요하고 이 서로 다른 관점에서 연결망을 세우는 것이 필요하다...테크놀로지는 이점에서 그 가치를 셀 수 없다(p.33).

Dufour-Janvier, Bednarz 그리고 Belanger(1987)은 다수의 표상들은 수학의 고유한 부분이고, 이들은 한 개념의 다수의 구체화를 제공하며, 어떤 과제를 완수하는 데 학생이 갖는 어려움을 완화시키는데 사용될 수 있으며, 이 다수의 표상으로 인해 학생은 수학에 흥미를 느낄 수 있다고 하였다. Kaput(1989)은 다수의 표상은 복잡한 개념이 지니는 어떤 측면을 숨기고 다른 측면을 강조할 수 있는데 이렇게 함으로써 부분의 합보다 훨씬 중요한 전체를 만들어낼 수 있는 표상 간에 인지적 연결을 촉진하도록 돕는다고 하였다. 컴퓨터화한 환경을 통해 학생은 개념이 지니는 그러한 다수의 표상을 더욱 접근할 수 있는

기회를 갖는다(Fey, 1989; Kaput, 1992). 훨씬 풍부한 개념발달을 가져올 수 있는 인지적 갈등 상황을 만드는데 다수의 표상을 제공할 수 있는 컴퓨터의 잠재력 역시 연구되었다(Tall, 1986; Bennett, 1993). Tall(1986)는 학생은 교사를 통해 배운 개념 또는 배우기 이전에 존재하는 무의식적인 개념을 포함하여 수학적 성질에 대해 일련의 개념들을 가지고 있다. 이 개념들은 일련의 직관, 예제, 상, 정의, 표상 그리고 정리(맞거나 틀릴 수 있는) 안에 조직되어있다. 이러한 개념 이미지는 컴퓨터로 활성화되고, 적절히 변화되며, 발달하고, 완성될 수 있다. Tall(1986)는 역시 구체적인 수학적 개념의 예제 또는 개념과 관련된 체계를 다룰 수 있는 마이크로 월드의 도움으로 학생이 포괄적인 조직자가 될 수 있게 돕는 컴퓨터의 사용을 제안하였다. Tall이 묘사한 '포괄적'이란 말은 학습자의 관심이 좀 더 추상적인 개념을 명료화할 수 있는 예제들의 확실한 측면에 쏠린다는 것을 의미한다.

컴퓨터 사용에 대한 이러한 관점에 의해 행해진 대부분의 연구는 고등학생과 대학생의 미적분학과 대수학의 영역에서 이루어졌다(예를 들어, Bennett, 1993; Crocker, 1991; Palmiter, 1986; Tall, 1986). 이러한 연구의 대부분은 특정의 소프트웨어가 학생의 개념적 활동의 이해를 증진시킨다고 보는 견해에 기초하여 행해졌다. 미적분학에서 매스매티카에 의한 그래프를 사용해서 함수에 대한 학생의 이해도를 조사한 Bennett(1993)에 의한 연구는 그러한 프로젝트에 해당하는 하나의 예이다. 그는 변환을 시도하는 컴퓨터 환경에서 학생에 의한 함수의 개념 이미지와 함수의 변환을 조사했다. 학생이 애니매이션의 효과로 인해 초기에 함수의 개념 이미지를 지니고 있던 학생이 점차로 함수의 독립변수와 종속변수를 이해하게 되었다고 보고했다. 더욱이 애니매이션을 이해하는 과정에서 학생은 다양한 수준에서 함수의 변환을 생각하게 되었다. 첫 단계에선 그래프를 생성하는 것으로 $x-y$관계를 고려했으나 다른 단계에선 독립변수로써 애니매이션 매개변수와 종속변수로써 일련의 그래프에 대한 함수를 생각하게 되었다.

Crocker(1991)은 두 학기에 걸쳐 미적분학과 매스매티카의 연계 강좌에서 학생의 학습에 대해 정성 연구를 실시하였다. 연구의 목적은 이 환경에서 학생의 상호 작용, 개념 발달, 문제해결 기술을 조사하는 것이었다. 자료를 분석하는 과정에서 Crocker는 학생이 두 강의에서 미분계수 개념을 이해하였고 미분 계수와 기울기간에 밀접한 관련성을 개발했다고 하였다.

(2) 시각화

Galindo(1994) 는 시각화는 수학을 이해하는데 두 가지 요인을 갖는다고 하였다; 직관적인지와 관계한 즉각적 반응으로써 하나의 요인과 정신적 표상이 존재하게되는 과정으로써 요인이 그것이다. 그러한 직관적인 지식을 스스로 증명하여서 사람에게 그 자체를 나타낼 수 있는 인지의 하나의 형태인 즉각적으로 받아들여지는 지식(p.6)이라고 Fischbein(1987)은 정의하였다. Fischbein에게 수학교육에서 직관의 역할은 생산적인 추론의 역동성이 요구하는 직접적인 연합의 한 종류(p.207)로 보였다. 몇 가지 요인이 직관의 직접성에 기여한다. 이에 주요한 요인인 시각화는 중요하여서 직관적인 지식은 시각적 표상이라고 자주 말해진다. 사람이 시각적으로 상상할 수 없는 것을 정신적으로 깨닫기는 어렵고 비록 시각적인 표상이 그 자체가 직관적 지식이 아니더라도 적절한 인지적 활동에 들어있는 시각화는 직관적인 이해에 기여하는 필수적인 한 요인이다(p.103). 또한, 시각화는 정신적 표상이 나타나게 되는 과정의 하나이기 때문에 수학적 개념을 이해하는데 기여한다. 컴퓨터는 과거 다른 어떤 도구도 제공하지 못했던 많은 구조들로 시각적으로 수학을 나타낼 수 있다. 수학적 대상이나 관계성을 컴퓨터 창에 나타내는 기하학적 또는 그래프 표상을 이용하여 대상에 직접 행동을 가하고 나타내지는 관계성의 변화를 확인할 수 있는 관찰이 가능하다.

인간의 인지적 장치는 수학적 문제에 관해 생각하게 하는 작도나 다이어그램과 같은 외적인 도움이 필요하다. 더욱이 그래프나 도형은 특정한 다이어그램에 매우 구체적인 어떤 규칙에 의해 결정될 수 있는 형태로 특정의 관련된 수학적 정보를 포함한다. Schwartz(1989)에 따르면 컴퓨터는 규칙을 인식할 수 있는 기회를 가지지 못한 학생에게 그간 접근하지 못했던 시각적 도구를 제공할 수 있다. 고등학교에서 Geometry Supposer를 사용했던 Yerushalmy and Chazan(1990)에 의해 행해진 연구의 결과는 소프트웨어에 의해 제공된 시각화는 학생들로 하여금 다이어그램을 더 잘 이해할 수 있게 도왔고, 다이어그램과 관계된 기하학적 이해에 어려움을 잘 극복할 수 있게 하였다. 고등학교 학생들과 Cabri 기하 소프트웨어를 사용했던 Laborde(1993)의 연구에서도 비슷한 결과가 보고되었다.

(3) 추상화

Hoyles(1992)는 수학적 구조로부터 또는 수학적 대상 사이에 관계성의 성질로부터 정신적 형성(constructs)을 세우는 것인 추상화의 형성은 대상 자체로부터 관심을 수학적 성질과 관계성의 구조로 옮겨가는 것이다라고 하였다. Dreyfus(1993)는 학생의 역할에서 그러한 정신적 활동은 학생으로 하여금 추상적 개념의 부분을 형성하는 것인 그리고 의도된 내용에서 관련되지 않은 것으로부터 추상하는 것인 구조에 초점을 갖도록 돕는 외적, 내적 자극에 의존한다고 주장한다. 구조는 관련되지 않은 세부적인 것이 생략되고 그래서 상황의 복잡성이 감소되면서 중요하게 되어간다. Kaput(1989)은 교사가 제공하는 테크놀로지의 다수의 표상은 학생이 개념에 대해 제한된 구체적인 이해로부터 더욱 추상적이고 유동적인 이해로 이동할 수 있게 돕는다고 말했다. 예를 들어, 비와 비례를 다룰 때 Kaput은 구체적이고 시각적인 컴퓨터 표상을 사용했는데 이 표상의 설계는 인지적인 기초위에서 세워진 것이었다. 그는 그의 접근을 '구체적-추상적 소프트웨어 램프'라고 불렀다.

Dubinsky(1988)는 피아제의 모델에 의해 개념의 발생론적 분리라는 구성을 제안하였다. 예를 들어, 그는 합성 함수의 축소에 귀납 추론의 발생론적 분리를 가하고 전체 개념을 획득할 수 있도록 이 분리 안에서 학생이 발달할 수 있게 도구로써 컴퓨터를 사용하였다. Dubinsky에 따르면 이것은 학습자의 추상화의 과정을 용이하게 하였다고 하였다. 몇몇의 연구가 그러한 목적을 바탕으로 컴퓨터의 가능성을 조사하였다. 예를 들어, 엑셀을 사용한 Hoyles(1992)는 수체계에서 중학생에 의한 추상화를 조사하였다. Yerushalmy와 Schwartz는 고등학생과 Geometry Supposer의 효과적인 역할을 조사하였다. Davis(1984)는 고등학생의 무한 수열의 수렴에 대한 개념의 형성에 대해 DARTS라는 소프트웨어의 가능성을 조사하였다.

(4) 탐구

다이어그램, 표상, 아이디어, 그리고 수학적 대상의 성질을 탐구하면 수학적 대상의 성질과 그들의 관계성에 대해 추상성과 표상을 만드는 창조성을 찾아낼 수 있다(Schwartz & Yerushalmy, 1988). 수학이 지니는 탐구적 성격에 강조하기 위해서 몇 연구자들은 학생이 직접 사용하여 컴퓨터의 체계가 숫자적으로, 대수적으로 또는 기하적으로 입력된 행동이나 연산에 반응할 수 있는 컴퓨터 환경은 수학적 개념 발달을 가져올 수 있는 참된 수학적 활동으로 이끈다고 주장하였다. 이런 주장에 대한 근본 배경은 사용하는데 자유로움과 함께 책임감이 학생들에게 주어진다는 것이다. 즉 학생이 수행하는 모든 수학적 행동에 조절력을 지닌다는 것이다. 그 결과로 학생은 과제를 조사하고 모델이 지닌 성질에 대해 관찰하며, 여러 표상을 통해 관계되어 있는 관계성에 대해 추측할 수 있는 기회를 가지게 된다.

탐구적 행동을 강조하는 중요한 아이디어 중에 하나는 실수의 의미와 관련이 깊다. 탐구는 능률적일 수 있으나 낭비적일 수 있고, 목표 지향적일 수 있으나 위험할 수 있다. 그러나 그렇기 때문에 더욱 그것은 잘못되기보다 수정되기 쉽다. 결국, 학생은 실수를 저지를 수 없다(Dreyfus, 1993), p.10). 실수도 학습의 하나의 중요한 과정으로 인식하는 것이다. Dugdale(1992)도 이와 비슷한 주장을 하였다:

> 학습의 의도는 실수나 잘못을 피하려는 것이 아니고 추측으로써 그들을 검증하고 수정해가기 위함이다. 경험을 통해 전략이 더욱 개발되고 세련되어지고 이런 과정에서 얻어진 통찰력은 우리가 실험한 것이상으로 유용하다(p.13).

지금까지 그러한 탐구적인 상황을 위한 컴퓨터의 가능성을 조사한 연구는 많이 제한되어 있었다. Yerushalmy, Chazan, & Gordon (1988)는 23개의 고등학교 기하 수업에 탐구적인 접근에 따른 Geometry Supposer의 효과를 4년간 진행된 프로젝트에서 조사하였다. 그들의 관찰은 수학을 가르칠 때 탐구적 접근뿐만 아니라 컴퓨터 환경에 대한 교사와 학생의 반응도 포함하였다. 그들의 연구의 결론과 제언은 그런 환경에서 학생들의 사고 패턴과 인지에 대해 분석하는 것에 초점을 두기보다는 컴퓨터의 더 나은 활용을 위해 교육과정 상에서 필요한 학습자료를 개발하는 것에 주요한 초점을 두었다. 또 다른 예로써는, 고상숙 외 3인(2002)도 중등학교 함수 영역에서 엑셀의 사용방법 및 활용도를 제시하여 교사들에게 함수 영역의 학습지도에서 효과적으로 엑셀을 활용할 수 있는 자료를 제시하였다. 물론 이와같은 학습 자료 개발이 교수 학습에서 중요한 영역이지만 거의 대부분의 연구가 학습 자료 개발에 그치고 있어 그 개발된 학습 자료가 학생의 인지적 학습과정에서 어떤 역할을 하고 학생을 구체적으로 어떻게 변화시켰는지에 대한 심층적인 연구가 활발히 이루어져야한다. 이런 연구를 바탕으로 정책을 펴고 환경을 개선해나간다면 우리가 바라는 수학교육 발전이 가능해질 것 같다.

Geometer's Sketchpad를 초, 중학생에게 활용하여 학생들의 Van Hiele 기하적 사고 수준을 조사한 Choi－Koh(1996)의 사례 연구에서는 초등학교 학생이라고 하더라도 Van Hiele의 다섯 단계 교수법을 따른 기하학습에서 매우 심도있는 탐구수업으로 기하적 사고의 4 수준인 연역적 사고로 발달하는 것을 관찰할 수 있었고, 수학 학습의 부진을 지닌 9학년 학생도 구체적인 사고단계에서 자기 스스로 충실히 학습할 수 있었으므로 사고수준의 향상을 나타낼 수 있었다. 특히, 학생이 1~5 수준으로 진행되는 Van Hiele 기하적 사고수준에서 Van Hiele의 제2와 3 사고수준으로 발달해나갈 때 기하 소프트웨어는 기하적 character가 symbol에서 signal로 진행하는 과정에 매우 유용하였고, 이러한 학생의 사고수준의 이동은 학생 스스로 추측을 탐구하고 기하학적 성질을 실험할 수 있는 테크놀로지의 환경으로 인해 용이하였다고 하였다.

고상숙과 김도하(2002)의 연구에서는 수 패턴 탐구학습에서 엑셀을 재미있는 게임에 도구로써 활용한 장점으로는 첫째, 귀납적으로 다양한 경험을 통해 문제를 해결할 수 있다. 둘째, 아름다운 수의 배열을 통해 수 패턴을 발견하는데 시각적인 효과를 높일 수 있다. 셋째, 내용의 확장을 도울 수 있다. 넷째, 수학 개념의 이해도를 높일 수 있다. 다섯째, 학습자 중심으로 수업을 진행하기가 용이하다. 여섯째, 수 패턴을 찾는 방법부터 수열의 일반항을 구하는 방법까지 다양한 방법으로 문제에 접근할 수 있기 때문에 초등학교에서 고등학교의 수학 영역에서 폭넓게 사용할 수 있다. 이런 환경에서 학생이 스스로 문제를 풀어간다면 이미 만들어져 있는 수학적 게임으로서가 아니라 스스로 수학을 만들어간다는 재미 그리고 완성했을 때 느껴지는 성취감을 맛볼 수 있을 것이다.

위에 열거한 문헌 고찰을 통해 학생의 수학적 사고 발달에 테크놀로지가 학습이론에 근거하여 가능성이 많다는 것을 의미하고 있음을 알 수 있으며 테크놀로지가 학생의 사고과정의 특성을 잘 이해할 수 있게 어떻게 사용되어야 하는가에 대해 시사점을 얻을 수 있다. 또한, 앞으로 더 많은 연구가 다양한 수학 영역에서 이루어져야하고 특히 탐구 학습 중심으로 학생의 학습과정에 관한 연구가 더욱 활발히 이루어져야함을 뜻한다. 더욱이 대부분 우리가 컴퓨터 학습 환경에서 학생의 사고 활동을 아는 것은 세부적인 것보단 일반적인 것에 그치고 있다. 이것은 대다수의 연구가 사용하고 있는 정량적 연구방법의 특성 때문이기도 하지만 많은 연구자가 수학 영역에서 학습자의 활동보다는 소프트웨어의 능률성을 실험하는데 근본적으로 초점을 두었기 때문이다. 앞으로 수학의 세부적인 영역에서 학생의 사고과정에 기여하고 사고과정을 이해할 수 있게 돕는 테크놀로지의 활용에 관한 구체적인 연구가 많이 나올 수 있길 기대한다.

제 4 장

중등학교수학을 위한 엑셀 학습자료

I 엑셀 사용법

1. 엑셀의 개념

(1) 엑셀이란?

MS-WORD와 아래아 한글, 훈민정음이 문서 작성을 위한 프로그램이라면 MS-PowerPoint는 프리젠테이션을 위한 프로그램이다. 이와 같이 MS-Excel이란 수치, 계산을 위한 프로그램으로 가정의 가계부, 개인의 금전출납, 기업의 회계와 같이 넓은 범위의 계산을 컴퓨터 상에서 손쉽게 할 수 있도록 도와주는 프로그램이다.

(2) 왜?

많은 스프레드시트 프로그램 중 엑셀이 많은 사용자를 보유하고 있는 이유는 넓은 범위의 계산을 컴퓨터 상에서 손쉽게 할 수 있도록 도와 줄 뿐만 아니라, 한글이 OLE(Object Linking & Embedding)기능을 지원하여 다른 응용 프로그램간의 데이터 교환이 자유롭고, 데이터 수정이 편리하기 때문이다.

(3) 기본구조

엑셀은 한칸 한칸의 셀(Cell)이 모여 시트(Sheet)를 구성하고, 이 시트들이 모여 통합문서(Workbook)을 이루게 된다.

① **통합문서** : 기본 엑셀 작업 파일을 말하며 최대 256개의 시트를 가질수 있다.

② **시트** : 엑셀에서 모든 작업이 실제로 이루어 지는 곳으로 사용자가 원하는 개수만큼의 시트를 꺼내올 수 있으며 편집도 가능하다. MS-Excel95에서 행×열 셀의 개수는 16,384×256으로 한 장의 시트를 구성하며 MS-Excel97과 MS-Excel2000

에서 행 × 열 셀의 개수는 65,536 × 256으로 한 장의 시트를 구성한다.

③ 셀 : 엑셀의 데이터가 실제 입력되는 한칸 한칸을 일컬어 셀이라 한다.

2. 엑셀 시작과 종료

(1) 엑셀의 시작방법

MS office의 단축 아이콘에서 실행하거나 시작메뉴에서 프로그램을 실행한다. 사용자의 필요에 따라서는 탐색기에서 Excel.exe 파일을 더블 클릭하여 바로 실행시킨다. 일반적으로는 시작메뉴 실행하는 방식을 이용한다.

① 바탕화면의 Microsoft excel 단축아이콘 클릭

② 화면의 왼쪽 하단의 [시작]버튼 → 프로그램 → Microsoft excel클릭

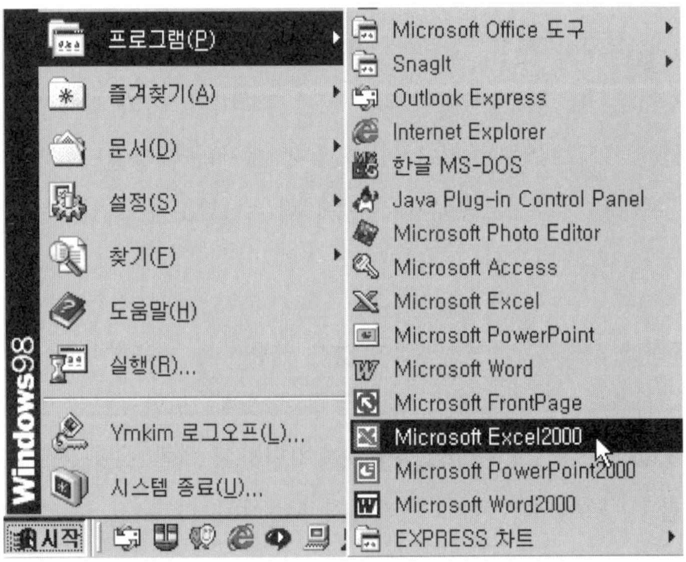

3. 화면구성

명령을 모아 놓은 메뉴와 자주 사용하는 기능을 아이콘으로 표시한 도구모음, 수식을 입력하는 수식입력줄과 이름상자, 작업 창, 상태표시줄과 시트 탭으로 구성되어 있다.

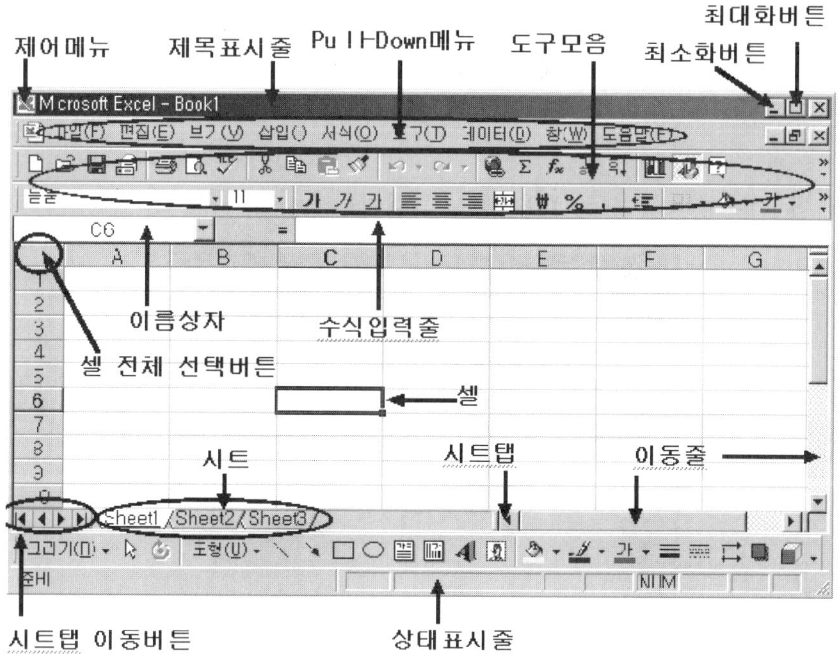

① 제어메뉴 : 화면크기 최대/최소화, 창의이동, 아이콘표시, 닫기 등의 제어기능이다.

② 제목표시줄 : 응용프로그램의 제목과 작성중인 파일명이 이름이 없을 시에는 Book1, Book2 등으로 기록된다.

③ Pull－Down메뉴(메뉴표시줄) : 운영체제가 window로 된 이후 모든 응용프로그램에서 볼 수 있는 명령어를 모아둔 바(bar)이다.

④ 최소화 버튼 : 창의 크기를 최소화시켜 나타낸다.

⑤ 최대화 버튼 : 창의 크기를 최대 크기로 나타낸다.

⑥ 도구모음 : Pull－Down메뉴의 명령어를 작은 그림(아이콘)으로 표현한 bar이다. 사용자가 원하는 아이콘만을 묶어 표현할 수 있다. 주로 많이 사용되는 도구모음에는 표준, 서식, 그리기 도구모음이 있다.

⑦ 이름 상자 : 실행 셀이나 선택된 범위의 주소를 표시한다.

⑧ 수식 입력줄 : 현재 입력사항을 표시, 주로 셀의 주소나 함수의 수식이 나열된다.

⑨ 셀 전체 선택버튼 : 전체를 선택할 때 사용한다.

⑩ 시트탭 이동버튼 : 시트간의 이동할 때 사용한다.

⑪ 시트탭 : 현재 시트를 나타낸다.

⑫ 상태표시줄 : 현재 엑셀에서의 사용중인 명령이나 함수의 설명을 표시한다.

⑬ 이동줄 : 현재 엑셀화면을 행방향 또는 열방향으로 이동시킨다.

4. 셀과 범위선택

데이터를 입력하거나 이동할 때는 먼저 셀을 선택해야하는데 셀의 '키보드'와 '마우스'를 이용하여 선택한다.

(1) 1개의 셀 선택 : 마우스로 1개 셀을 클릭한다.

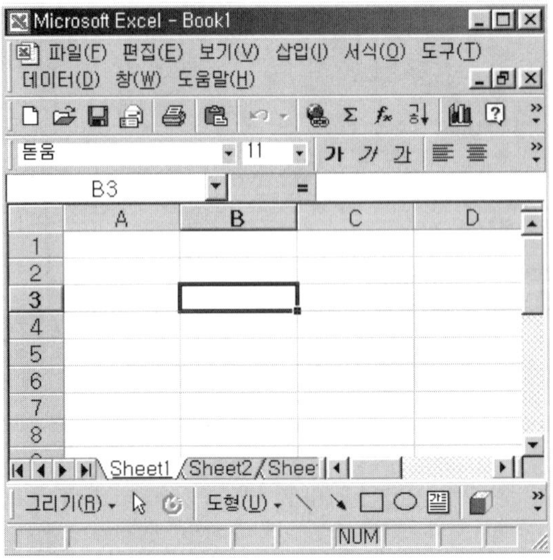

(2) 연속된 셀 선택 : 한 개의 셀을 클릭하고 Shift key를 이용한다.

ex A3셀을 클릭한 후 Shift key를 누른 상태에서 C4셀을 클릭한다.

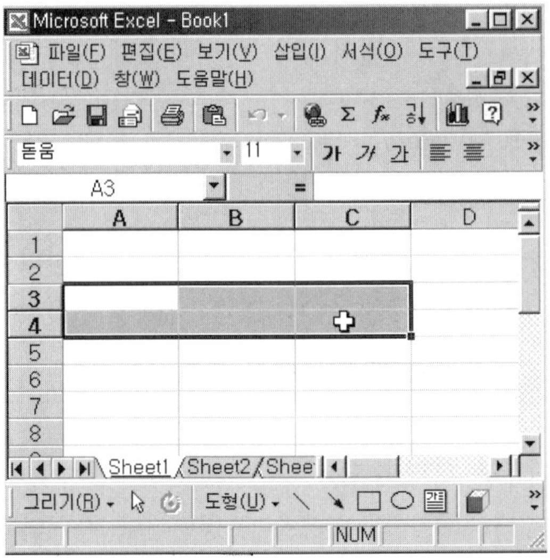

(3) 떨어진 셀 선택 : 셀 선택시 Ctrl key를 이용한다.

ex A2셀을 클릭하고 Ctrl key를 누른 채로 B4셀을 클릭하고 Ctrl key를 누른 채로 C6셀을 클릭하고 Ctrl key를 누른 채 D4셀을 클릭한다.

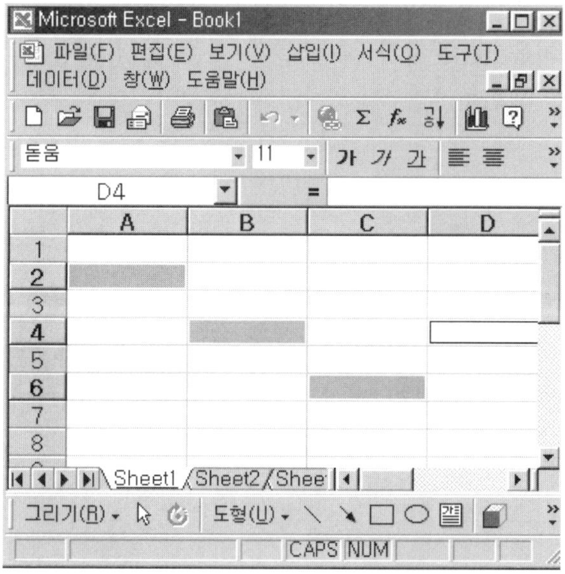

(4) 전체 셀 선택 : 아래 그림과 같이 행/열의 머리글을 클릭하여 선택한다.

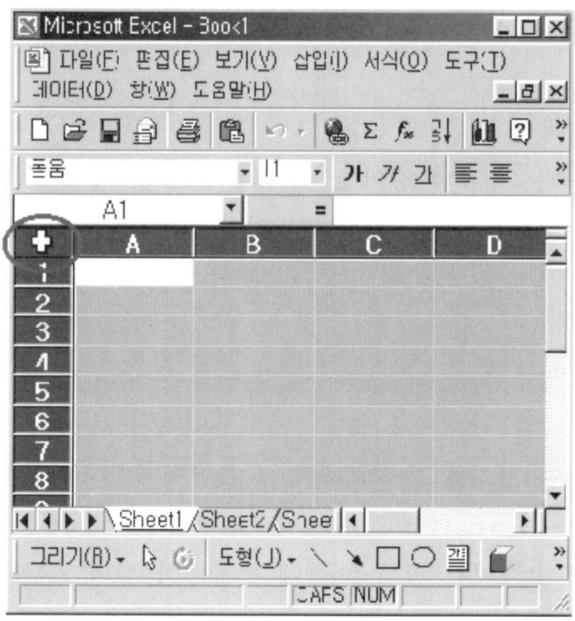

5. 데이터 입력

(1) 문자 입력

① 영문과 한글을 셀에 입력하면 왼쪽정렬로 표시된다.

② 셀에 입력한 처음 몇 문자가 해당 열의 기존 입력 내용과 일치하면 나머지 문자가 자동으로 채워진다.

(2) 숫자 입력

① 셀에서 숫자를 입력하면 오른쪽정렬로 표시된다.

② 또한 셀의 넓이보다 숫자가 긴 경우에는 #으로 표시되며 이럴 경우에는 해당 셀의 상단의 경계선에 마우스 포인터를 맞추어 화살표 모양으로 바뀌면 우측으로 드래그 또는 더블클릭 한다. 그러면 원래의 데이터가보이며 그래도 해결이 안된다면 수식의 오류이다.

(3) 날짜 입력

① 엑셀에서 98년 4월 12일을 입력할 때는 980412로 입력한다. 엑셀 프로그램이 이를 날짜로 생각지 않고 일반적인 숫자로 인식하기 때문에 날짜를 입력할 때는 년,월,일 사이에 '/'나 '－'를 같이 입력한다.

ex 98－04－09 or 99－04－09

(4) 시간입력

① 날짜를 입력하는 경우와 같이 15시 30분 12초를 입력할 때 153012로 입력한다. 엑셀 프로그램에서는 이를 일반적인 숫자로 인식하기 때문에 시간을 입력할 때에는 시,분,초 사이에 ':'를 함께 입력한다.

ex 15:40:20

(5) 수식 입력

① 엑셀에서 수식인 1+2를 입력할 때는 숫자 1앞에 등호('＝')를 입력한다. 즉 수식 앞에 등호(＝)를 입력하고 셀주소를 입력한다.

ex A4셀에 숫자 3이 있고 B4셀에 숫자 5가 있어 A4셀의 값과 B4셀의 값을 더할 경우: ＝A4+B4 입력한 후 enter를 친다.

6. 데이터 수정

(1) 자동채우기: 수치의 연속된 수를 저절로 채울 수 있다.

ex A1셀에 1을 A2셀에 2를 A3셀에 3을 A4셀에 4를 순서대로 입력하고자 할 때 자동채우기를 이용하면 A1셀에 숫자 1만을 입력하고도 A4셀까지 저절로 숫자를 입력할 수 있다. 아래와 같은 방법으로 해보자.

(2) 채우기핸들: 자동채우기를 할 수 있도록 도와주는 마우스 커서의 모양을 말하는 것으로 마우스의 커서가 셀의 오른쪽 모서리에 두었을 때 검정색 홀쭉한 십자가 모양으로 변한 경우를 두고 말한다.

① 수치 : 숫자를 입력하고 채우기 핸들로 드래그하면 같은 수가 채워진다.

ex A4셀에 '4'를 입력하고 A9셀까지 드래그하면 A4셀부터 A9셀까지 모두 '4'가 채워진다.

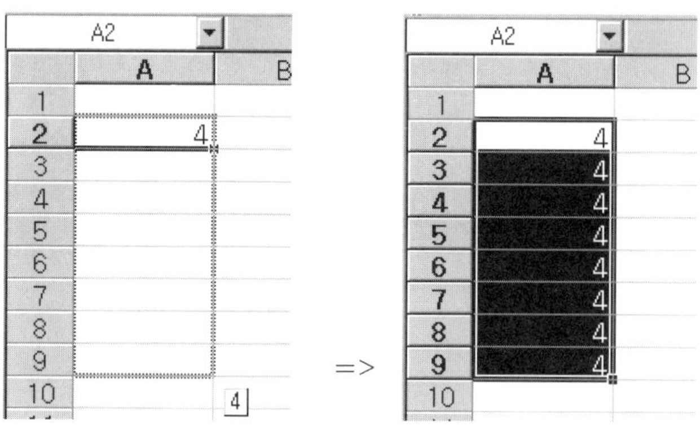

② 문자 : 문자를 입력하고 채우기 핸들로 드래그하면 일정간격으로 증감

ex B4셀에 '월요일'을 입력하고 B4셀을 선택하여 '채우기 핸들'을 드래그하면 다음 그림과 같이 된다.

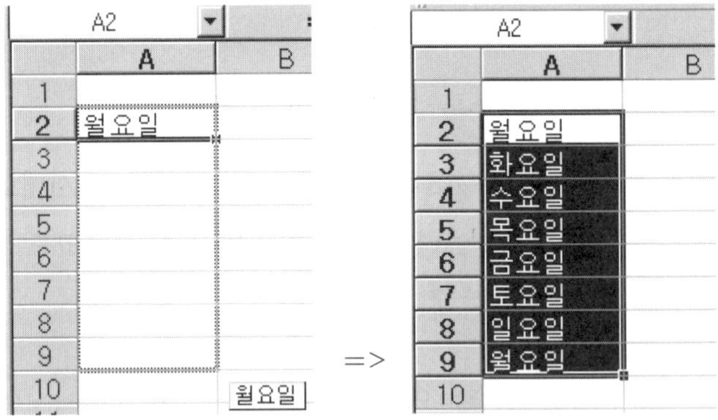

7. 시트 편집

(1) 시트를 삽입하는 방법:

① 시트를 클릭 → [삽입]메뉴 → 워크시트

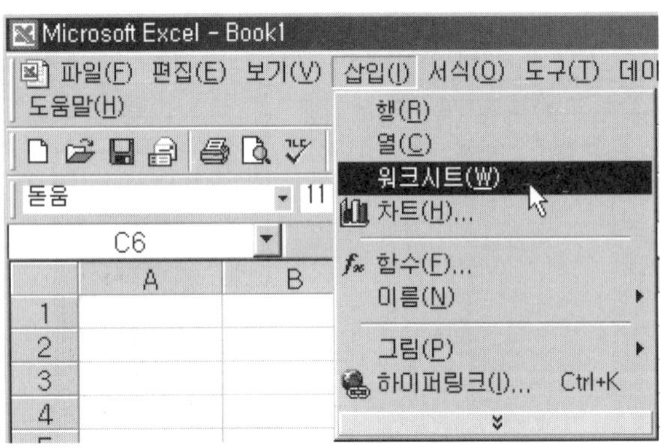

(2) 시트를 삭제하는 방법:

① 삭제하고자하는 시트를 클릭 → [편집]메뉴 → 다음 그림과 같이 열리지 않은 도구모음을 활짝 열기 한다.

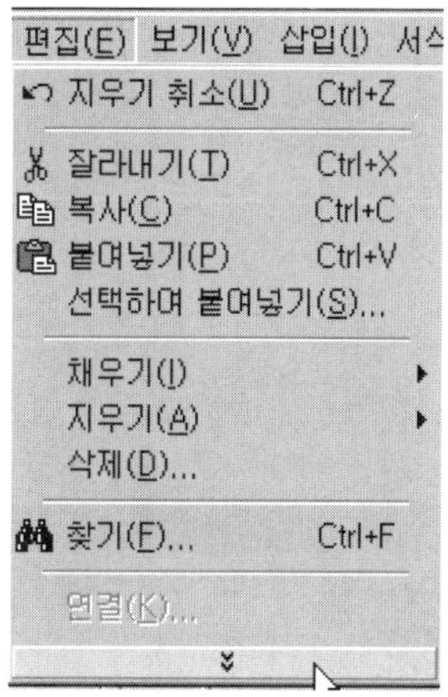

② [편집메뉴] → 시트삭제(L)를 클릭한다.

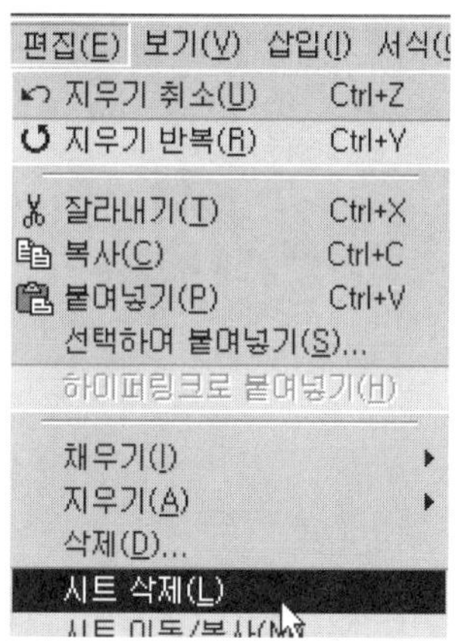

③ 다음과 같은 메시지가 나타나면 확인버튼을 클릭한다.

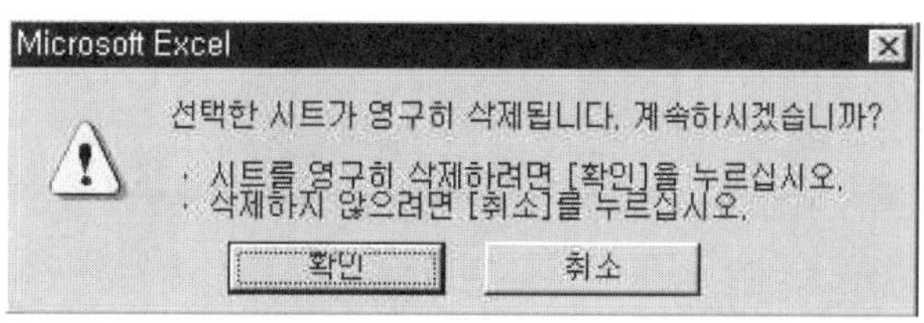

(3) 시트를 이동하는 방법 : 이동하고자하는 시트를 클릭 → 마우스의 왼쪽버튼을 꾹 누른 채로 → 이동하고자 하는 위치까지 끌기 → 마우스에서 손을 땐다.

(4) 시트의 이름변경하는 방법

① 이름을 변경하고자 하는 시트를 선택 → [서식]메뉴→ 시트 → 이름바꾸기

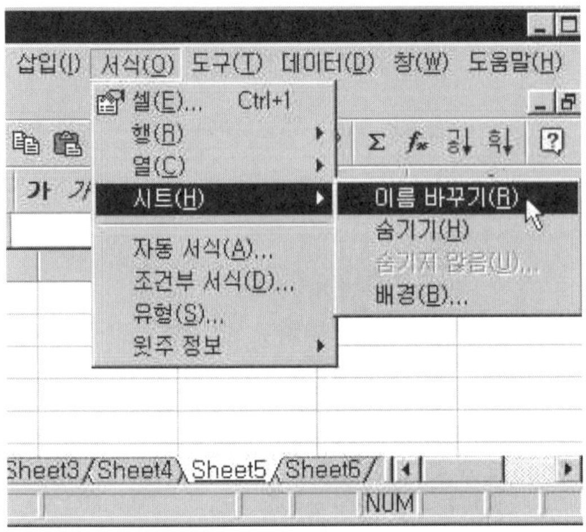

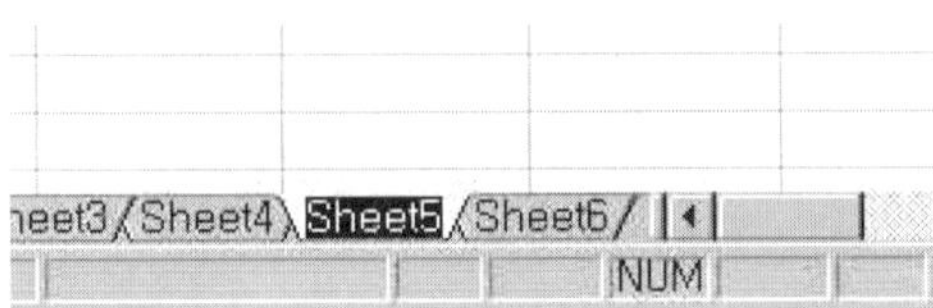

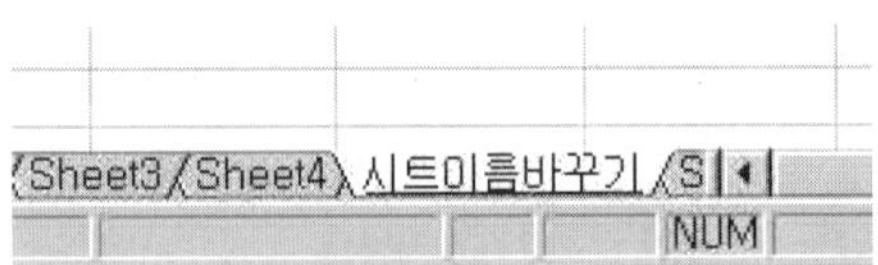

8. 데이터 복사/이동

(1) 데이터 이동 : 입력되어 있는 데이터의 내용을 이동한다.

ex 채우기 핸들을 이용하여 A1셀부터 A5셀까지 1,3,5,7,9 숫자를 채우고 이를 B3셀부터 B7셀까지로 이동해보자.

① 이동하고자 하는 데이터를 드래그 하여 A열과 1행의 사이에 커서를 놓고 B3 셀까지 끌어 내리면 아래와 같이 된다.

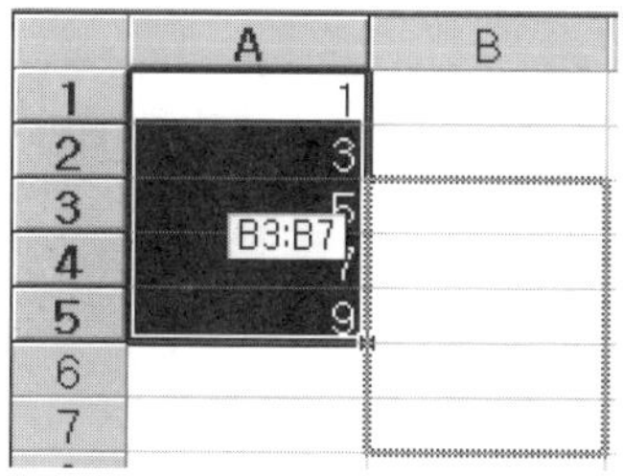

② B3 위에서 마우스로 드럽하던 손을 놓으면 아래와 같은 결과가 나타난다.

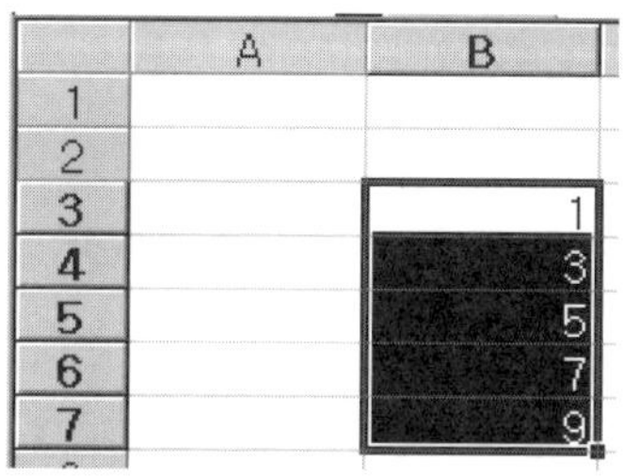

(2) 데이터 복사 : 입력되어 있는 데이터의 내용을 복사한다. 데이터 이동과 같이 마우스를 움직일 때 Ctrl키를 이용한다.

ex 채우기 핸들을 A1셀부터 A5셀까지 1,3,5,7,9 숫자를 채우고 이를 B3셀부터 B7셀까지로 이동해 보자.

① 이동하고자 하는 데이터를 드래그 하여 A열과 1행의 사이에 커서를 놓고 B3 셀까지 끌어 내리며 Ctrl키를 함께 누른다.

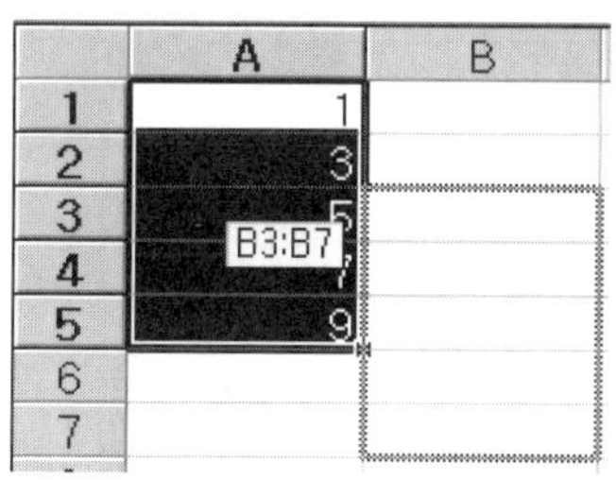

② B3위에서 마우스로 드럽하던 손을 놓으면 아래와 같은 결과가 나타난다.

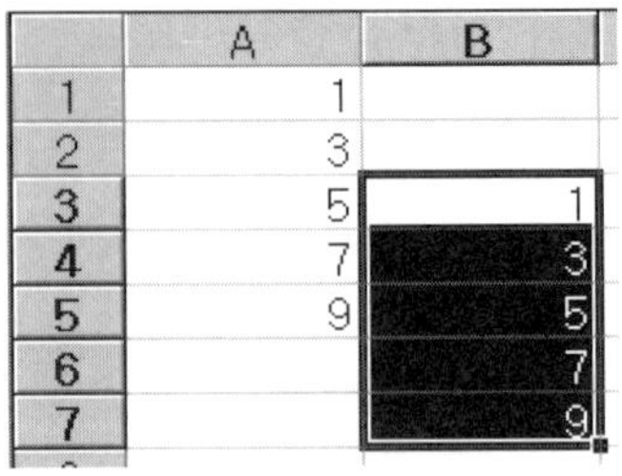

9. 데이터 삽입/삭제/지우기

(1) 데이터 삽입 : 입력되어 있는 데이터의 내용 중 행/열을 삽입한다.

(ex) A열과 B열 사이에 한 열을 삽입해 봅시다.

① B열을 클릭하고, 마우스의 오른쪽 버튼을 클릭하여 삽입(I)을 클릭한다.

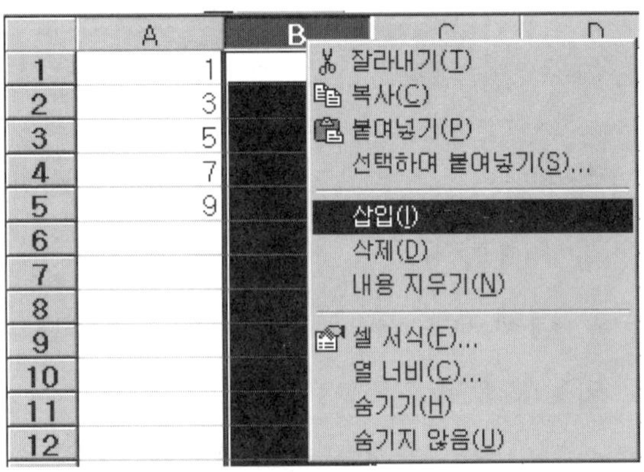

② 아래와 같은 결과가 나타난다.

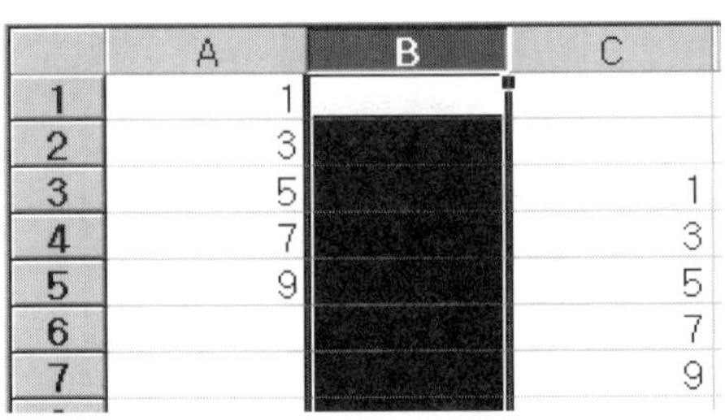

(2) 데이터 삭제 : 입력되어 있는 데이터의 내용 중 행/열을 삭제한다.

ex A열과 B열 사이에 삽입된 열을 삭제해 봅시다.

① B열을 클릭하고, 마우스의 오른쪽 버튼을 클릭하여 삭제(D)를 클릭한다.

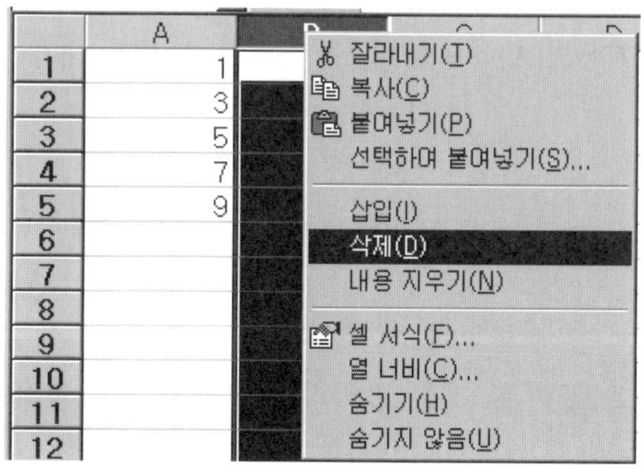

② 아래와 같은 결과가 나타난다.

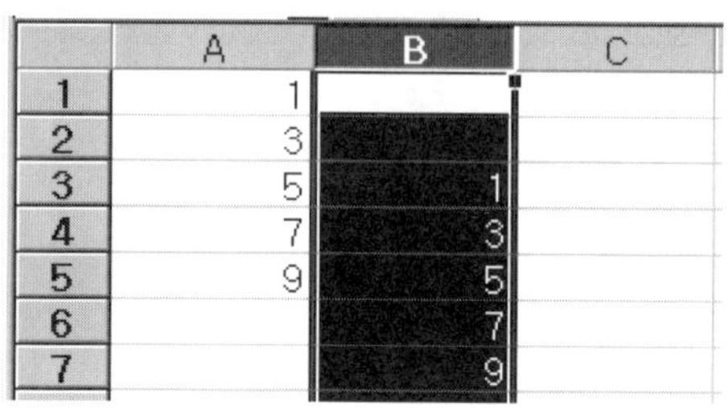

(3) 데이터 지우기 : 입력되어 있는 데이터를 지운다.

[편집]메뉴 → 지우기(A)를 클릭하면 지우는 방법에는 3가지가 있다.

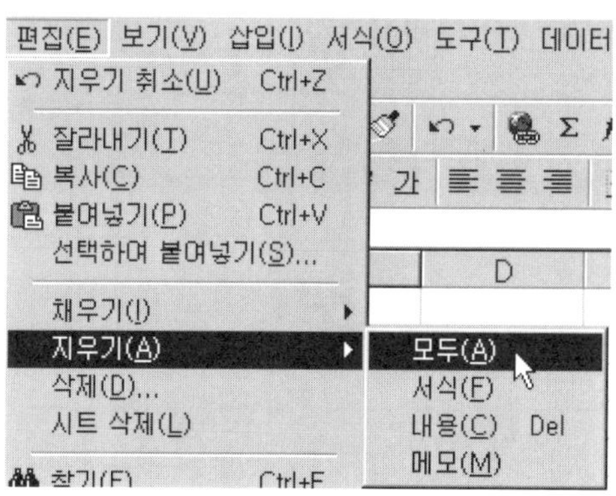

① [편집]메뉴 → 지우기(A) → 서식 (A) : 데이터에 적용되어 있는 서식만을 지운다.

② [편집]메뉴 → 지우기(A) → 내용 (C) : 데이터에 입력되어 있는 데이터 값이 지워진다. 서식이 지워지지 않았기에 그 자리 다른 데이터를 입력해도 먼저 데이터에 적용된 서식이 나타난다.

③ [편집]메뉴 → 지우기(A) → 전체 (A) :위의 서식과 내용 모두가 삭제된다.

10. 서식적용

(1) 서식적용이란?

① 데이터의 내용에는 변함없이 셀에 색상이나 글꼴의 색상, 크기등을 사용자가 원하는 모양으로 꾸미는 것을 말한다. 마치 사람이 화장을 하는 것과 비슷하다고 말할 수 있다.

② 서식도구모음 바는 서식을 꾸미는데 도움을 주는 아이콘들을 모아놓았다.

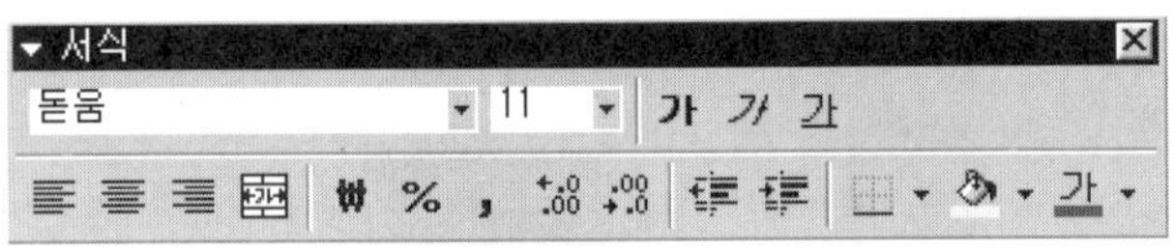

③ [서식]메뉴 → '셀(E)' 명령에서 적용하고 아래그림과 같이 6개의 탭으로 구성되어 있다.

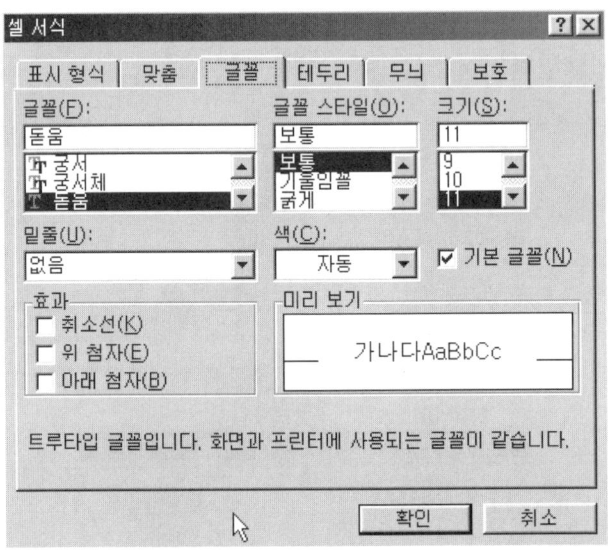

(2) 문자

① '글꼴' tab에서 문자의 글꼴과 종류, 크기, 색상 등을 적용한다.

(ex) 다음의 데이터를 결과와 같이 나타내 봅시다.

① B2, B3셀에 위의 데이터와 같이 입력한다.

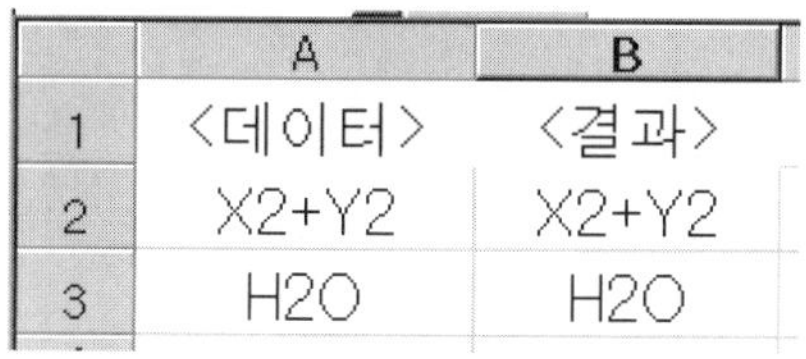

② B2셀을 더블클릭하여 또는 키보드의 F2키를 클릭하여 숫자 2만 드래그한다.

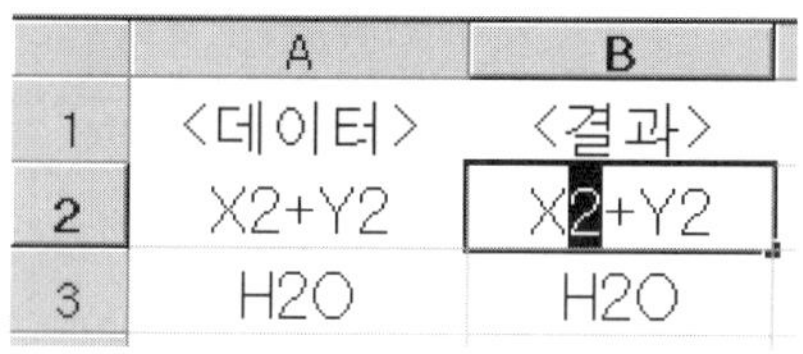

③ [서식]메뉴 → 셀(E)을 클릭하여 셀서식 대화창에서 아래 그림과 같이 윗첨자를 클릭하고 확인한다.

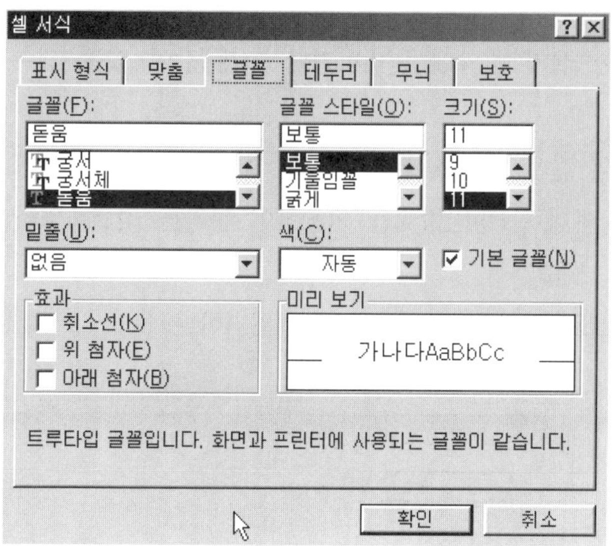

④ 2번과 3번의 방법을 이용하여 결과와 같이 데이터에 윗첨자와 아래첨자를 적용시킨다.

(3) 정렬 : '맞춤' tab에서 적용한다.

■ 텍스트 줄바꿈(W) : 한 셀의 폭이 작아도 그 작은 셀 안에 긴 글자 모두를 보여준다.

① 한 셀을 클릭하여 다음과 같이 입력한다.

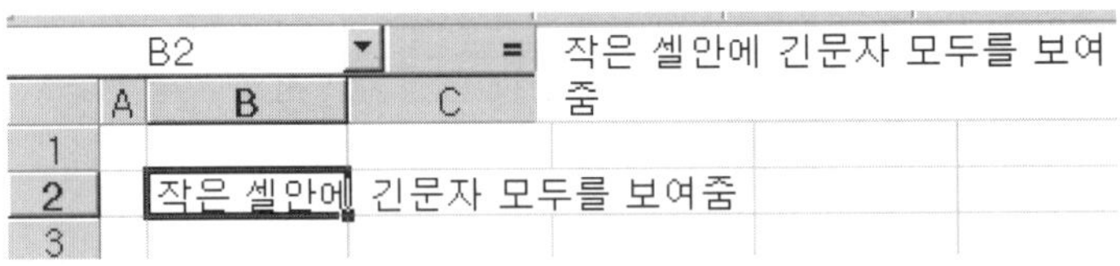

② [서식]메뉴→셀→맞춤→텍스트 줄 바꿈(W)에 체크한다.

③ 다음과 같은 결과가 나타난다.

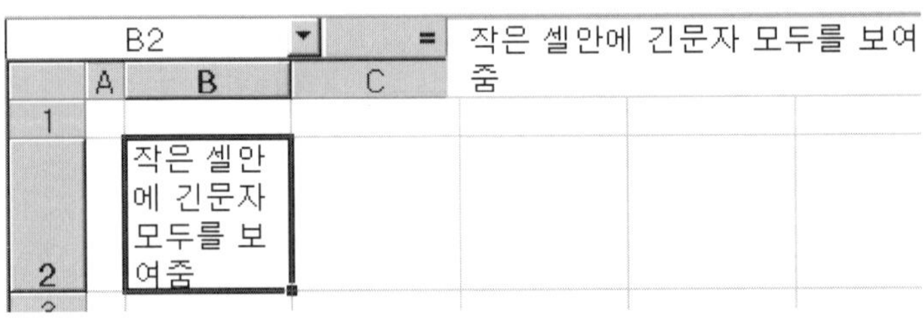

■ 선택영역의 가운데 ( ) :선택(드래그)한 여러 개 셀의 중앙에 값을 보여준다. 값은 선택한 셀의 중앙에 위치하지만 실제 값이 있는 셀은 처음 선택한 셀에 있다.

ex 아래와 같은 방법을 이용해 보자 A4부터 A6셀까지 드래그하여 '선택영역의 가운데로' 정렬방법을 이용하여 문자를 정렬하였다. 그럼 실제 문자가 있는 셀은?

① 한(B2)셀을 클릭하여 다음과 같이 입력한다.

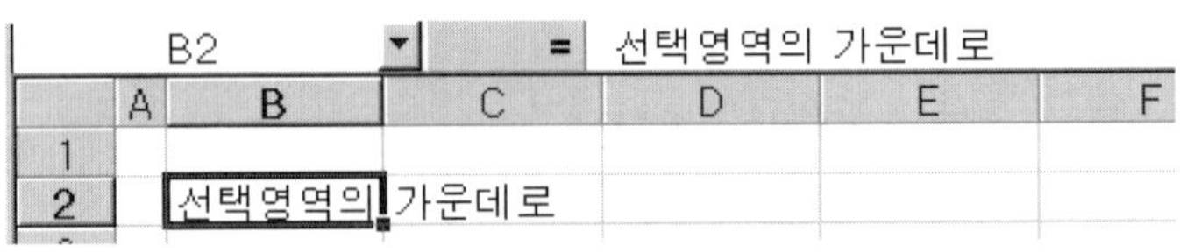

② B2셀부터 E2셀까지 드래그 한다.

③ [서식]메뉴 → 셀 → 맞춤Tab → 가로(H)에서 선택영역의 가운데를 클릭→

확인을 클릭한다.

④ 아래와 같이 B2셀부터 E2셀 중앙에 정렬됨을 볼 수 있다.

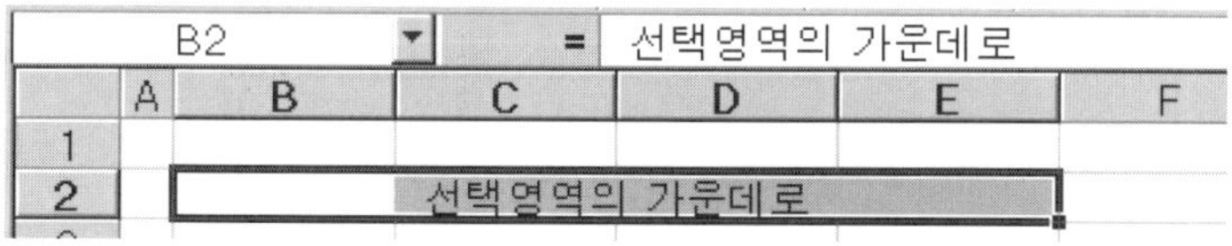

⑤ 이 중앙에 정렬된 문자는 사실 처음 문자를 입력한 셀인 B2셀에 실제 데이터가 위치해 있다.

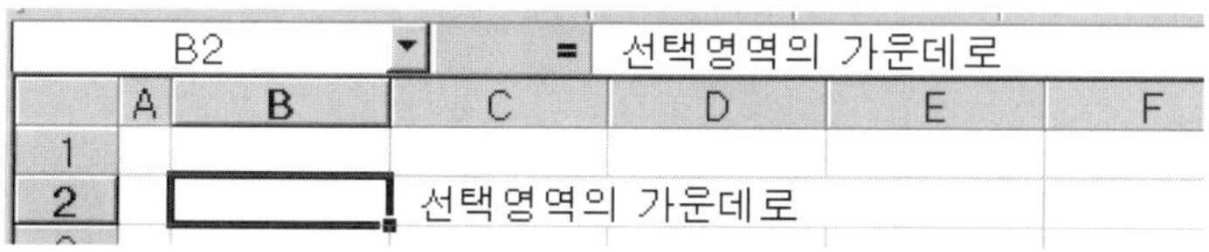

(4) 괘선 그리기

■ [서식]메뉴 → '셀'→ '괘선' tab에서 적용 또는 아래와 같이 서식 도구모음의 아이콘을 이용한다.

(ex) 아래 데이터에 괘선을 그려보자.

① 괘선을 그을 데이터를 드래그 한다.

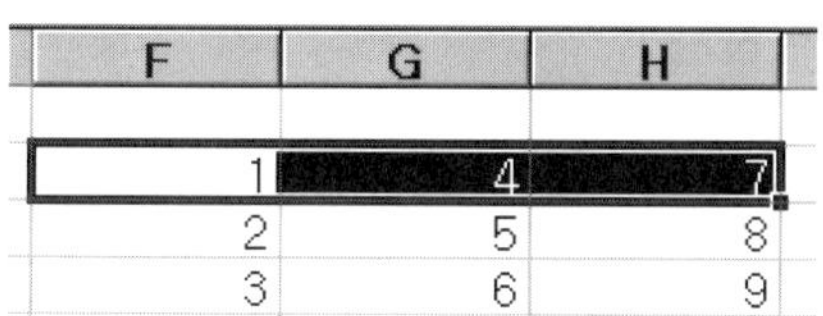

② 서식도구모음의 괘선 아이콘을 클릭하여 원하는 괘선을 클릭한다.

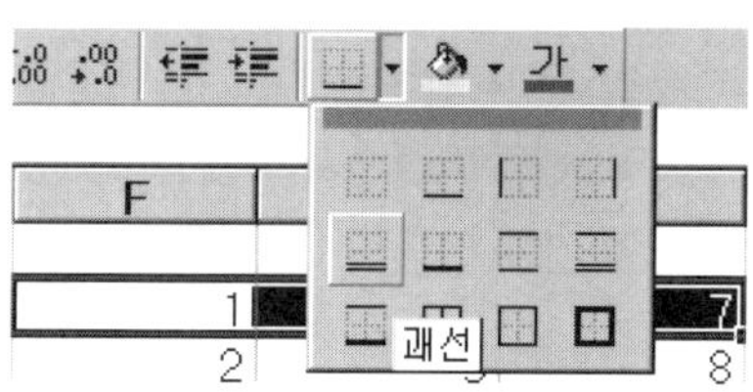

③ 아래와 같은 결과가 나타난다.

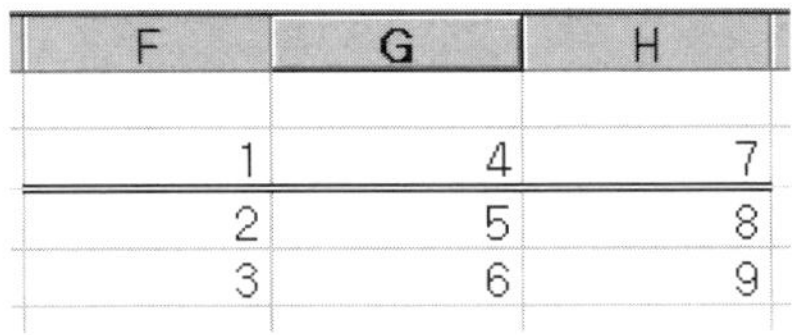

ex 그려져 있는 괘선을 지워보자.

① 아래그림과 같이 그려 있는 괘선을 지우려면

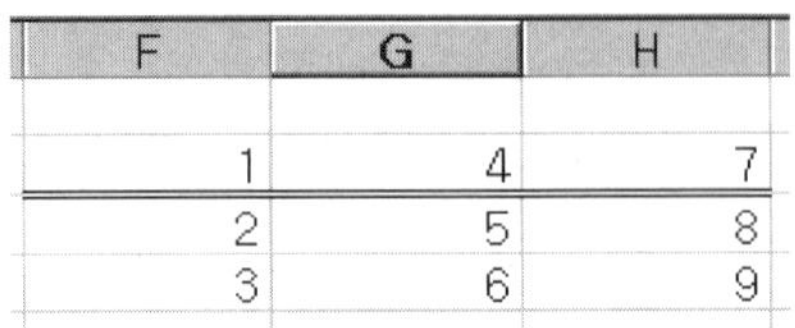

② 괘선을 지우고자 하는 셀을 선택(드래그)한다.

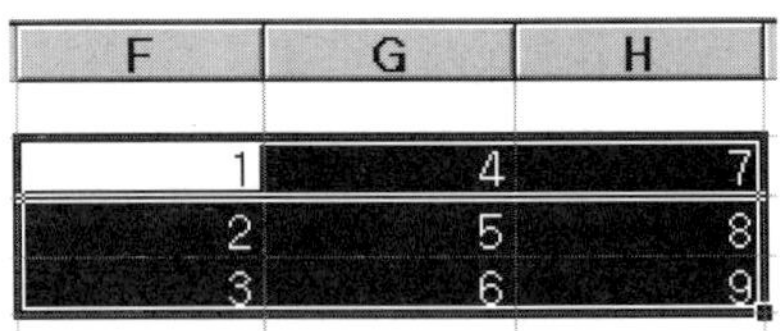

③ 서식도구모음바에 있는 괘선 아이콘을 클릭하여 아무런 모양이 없는 첫 번째 아이콘을 클릭한다.

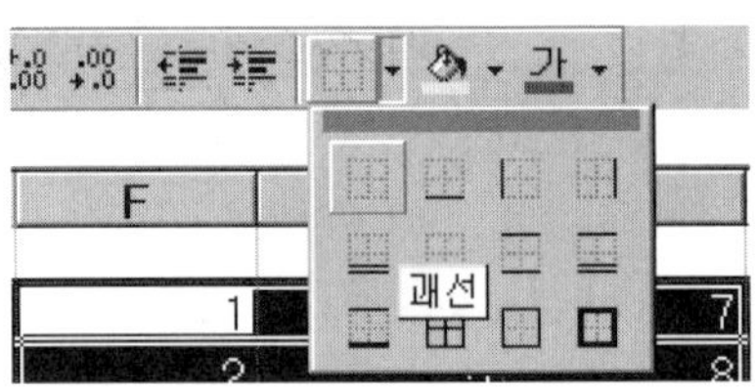

④ 그럼 그려져 있는 괘선이 지워진다.

11. 수식입력

(1) 엑셀에서의 수치계산 기능을 이용하려면 수식 앞에 '='를 입력하고 수식과 셀주소

를 입력한다.

(ex) A3셀에 수치 10과 A4셀에 수치 5를 B3셀에 합계 구하는 방법:

① B3셀을 클릭하고 '=10+5' 라고 값을 직접 입력한다. 이 방법은 후에 다른 값을 넣어도 15라는 값만을 나타내기 때문에 잠깐 사용할 때 이용하는 방법이다.

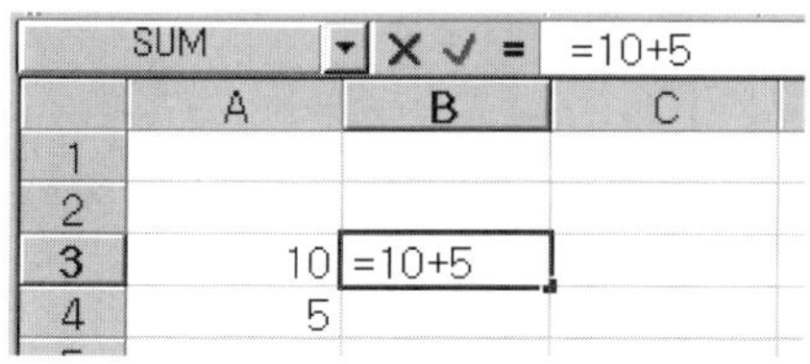

② B4셀을 클릭하고 '=A3+A4'라고 셀주소를 클릭 또는 입력한다.

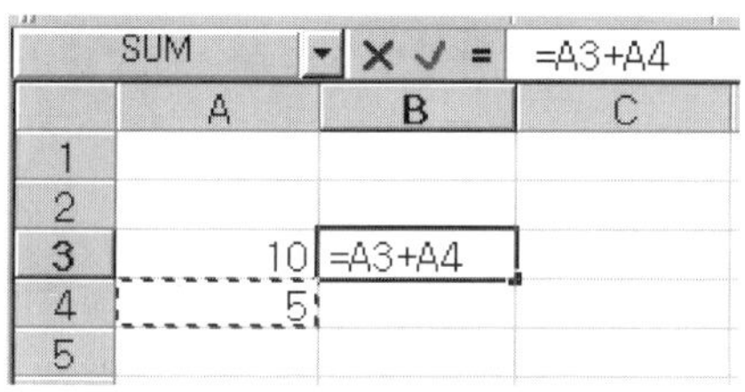

③ B5셀을 클릭하고 '자동합계 아이콘(Σ)'을 클릭하고 A3, A4셀을 드래그하고 enter 한다.

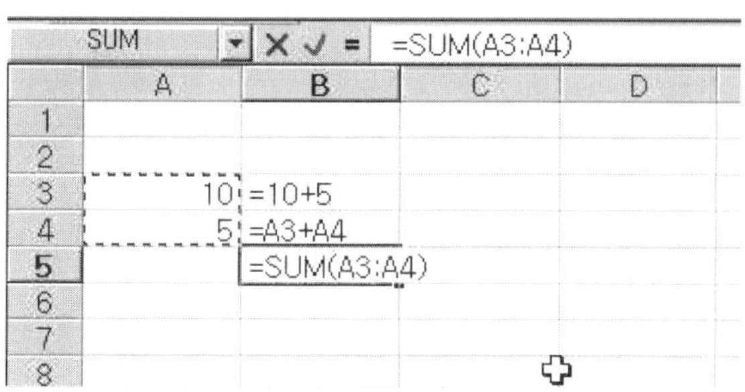

12. 도형 삽입

: 엑셀 프로그램에서 도형을 그리려면 그리기 도구모음 bar가 필요하다

: 그리기 도구모음 bar는 [보기]메뉴 → 도구모음 → '그리기' 체크 한다.

(1) 도형 그리는 방법

① 선 : 그리기 도구모음에서 '선 아이콘( )'을 클릭하면 커서가 '+' 모양으로 변하게 되는데 이때 마우스를 꾹 누른 후 옆으로 이동한다. (또한 마우스를 꾹 누른 후 옆으로 이동할 때 Shift키를 누른 상태에서 이동하면 수직/수평/사선방향으로 반듯한 직선이 그려진다.)

② 직사각형 : 그리기 도구모음에서 '직사각형 아이콘( )'을 클릭하면 커서가 '+'모양으로 변하게 되는데 이때 마우스를 꾹 누른 후 사선방향으로 이동한다. (또한 마우스를 꾹 누른 후 사선방향으로 이동할 때 Shift키를 누르면 정사각형이 그려지게 된다.)

③ 타원 : 그리기 도구모음에서 '타원 아이콘( )'을 클릭하면 커서가 '+'모양으로 변하게 되는데 이때 마우스를 꾹 누른 후 사선방향으로 이동한다. (또한 마우스를 꾹 누른 후 사선방향으로 이동할 때 Shift키를 누르면 원이 그려지게 된다.)

(2) 도형 지우는 방법

① 그리기 도구모음에서 '개체선택 아이콘( )'을 클릭하여 지울 선, 사각형, 원의 테두리에 커서를 놓으면 검은 십자형 화살표모양으로 변할때 도형을 클릭한다. (이때 커서의 모양이 검은 십자형 화살표모양으로 변하여 도형을 클릭할 때 Shift키를 누르고 도형을 클릭하면 여러개의 도형을 한번에 선택할 수 있다.)

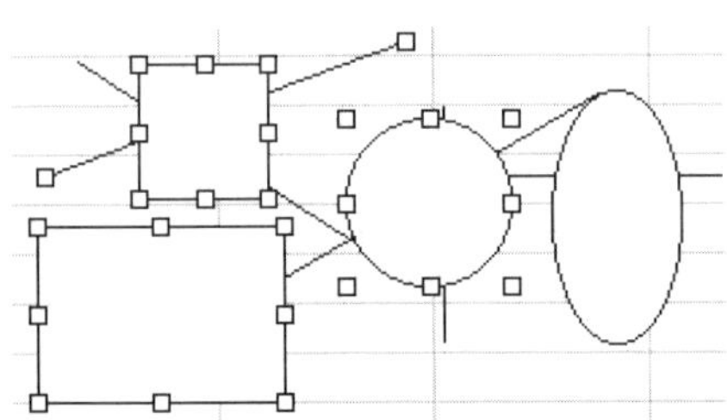

② 키보드의 'Delete'키를 누르면 선택된 도형이 지워진다.

(3) 다른 도형 그리는 방법

그리기 도구모음에서 '도형'을 클릭하면 여러 종류의 도형이 있으며 이를 클릭하면 원하는 도형을 그릴 수 있다.

(4) 이미 그려져 있는 도형을 다른 도형으로 변경 하는 방법

① 변경하고자 하는 도형을 클릭한다.

② 그리기 도구모음에 있는 '그리기 → 도형 모양 변경'을 클릭한다.

③ 원하는 도형을 클릭한다.

13. 도형 편집

(1) 선의 두께 변경하는 방법

① 두께를 변경하고자 하는 선 또는 직사각형 또는 원을 클릭한다.

② 그리기 도구모음에 있는 '그리기 → 선유형()'을 클릭하여 원하는 두께를 클릭한다.

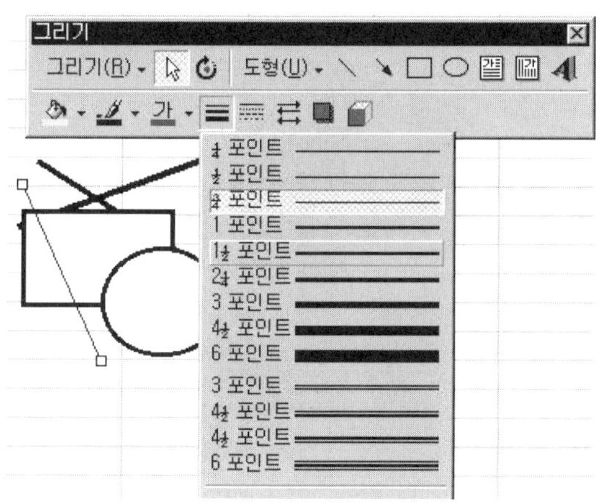

(2) 선의 모양 변경하는 방법

① 모양을 변경하고자 하는 선 또는 직사각형 또는 원을 클릭한다.

② 그리기 도구모음에 있는 '그리기 → 대시유형()'을 클릭하여 원하는 모양을 클릭한다.

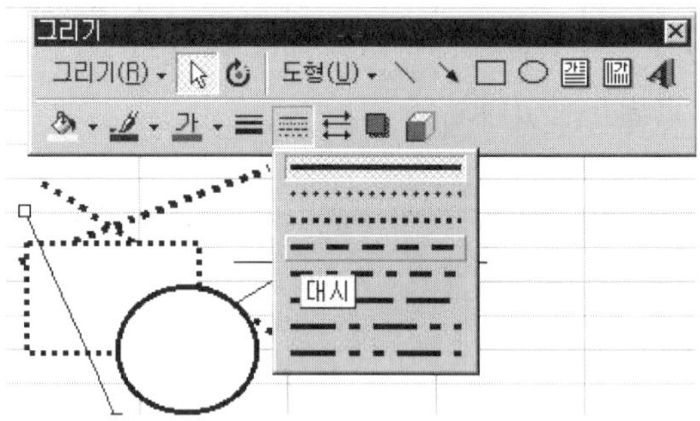

(3) 도형 테두리 선의 색을 변경하는 방법

① 테두리선을 변경하고자 하는 도형을 클릭한다.

② 그리기 도구모음 에 있는 '그리기 → 선 색()'을 클릭하여 원하는 색을 클릭한다.

■ 기타(M) : 정의된 색이외의 다른 색을 클릭할 수 있다.

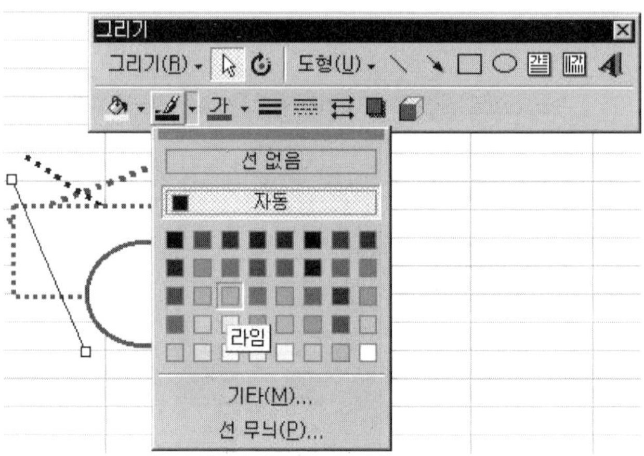

(4) 도형에 그림자 적용하는 방법

① 그림자를 적용하고자 하는 도형을 클릭한다.

② 그리기 도구모음 에 있는 '그리기 → 그림자()'을 클릭하여 원하는 그림자를 클릭한다.

■ 그림자 설정(S) : 정의된 모양이외의 그림자 모양과 색을 편집할 수 있다.

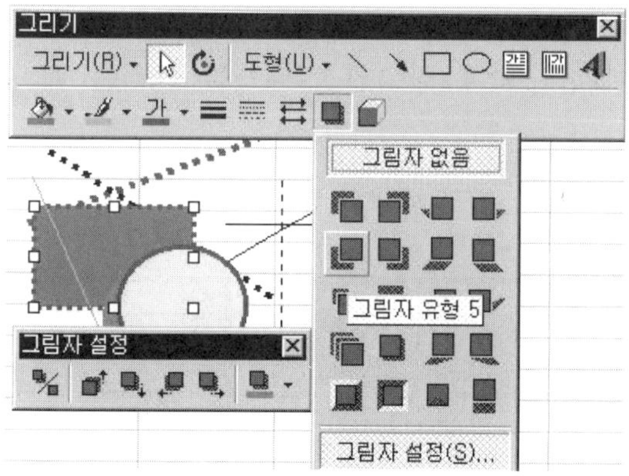

14. 차트에 대하여 : 엑셀프로그램에서 수치보다 데이터 값을 효과적으로 표현하기 위한 기능으로 차트마법사를 이용한다.

(1) 차트의 종류

① 차트의 종류 열람 방법 : [삽입]메뉴 → 차트 → 표준종류 tab

② 차트의 종류 : 아래 그림과 같다(14종)

세로막대형, 가로막대형, 꺾은선형, 원형, 분산형, 영역형, 도넛형, 방사형, 표면형, 거품형, 주식형, 원통형, 원뿔형, 피라미드형

> 차트종류 중에서 함수의 그래프를 그릴 때 x축과 y축을 정확히 표현하기 위해서는 분산형을 선택하여야 한다.

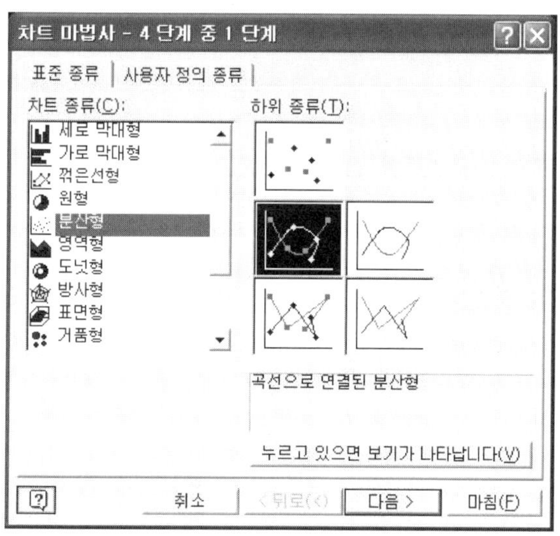

(2) 차트작성 방법

여기서는 차트 중에서 수학에 필수인 그래프를 그리는 데 유용한 분산형을 위주로 설명한다.

① 차트로 만들 데이터를 모두 선택한 후

x	-4	-3	-2	-1	0	1	2	3	4
2 x^2	32	18	8	2	0	2	8	18	32
-2 x^2	-32	-18	-8	-2	0	-2	-8	-18	-32

② [삽입]메뉴 → 차트 클릭 또는 차트 아이콘( ) 클릭

③ 차트마법사 4단계 중 1번째로 차트의 종류를 선택 → 다음(N)

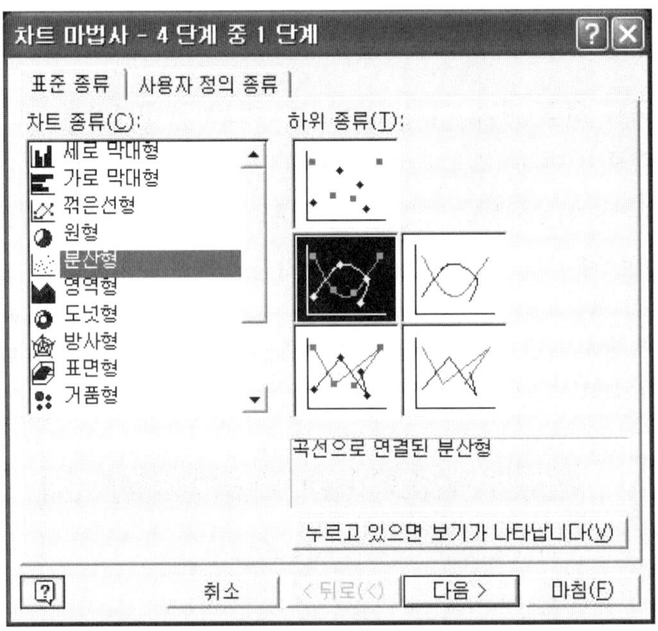

④ 차트마법사 4단계 중 2번째로 데이터 범위 확인과 '행/열기준'의 방향을 클릭(범례와 x축의 제목이 바뀐다). 계열 Tab에서는 이름을 만들어 줄 수 있다. 원하는 이름을 입력하실 경우에는 다음 그림과 같이 쌍따옴표(")를 이용한다.

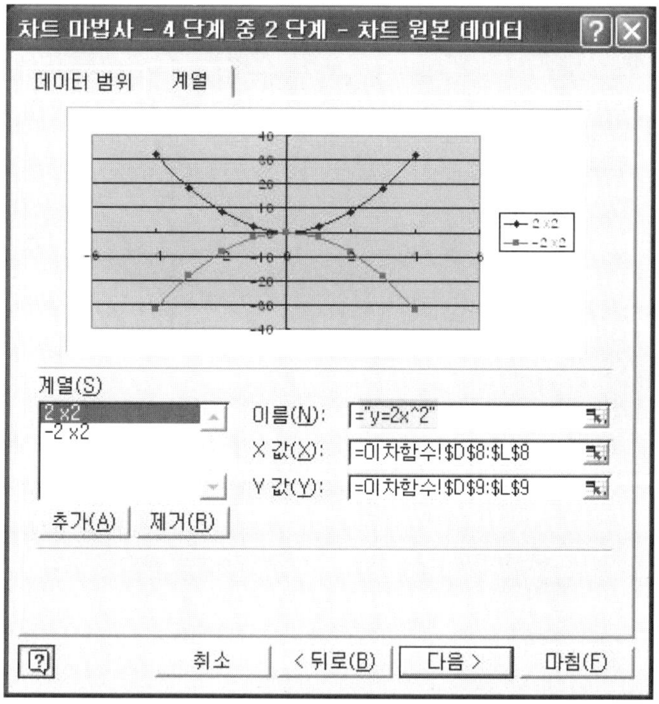

⑤ 차트마법사 4단계 중 3번째로 제목 Tab에서 차트, X, Y의 제목을 넣는다. 여기서 X축 이름에는 “y”를 넣고, Y축 이름에는 “x”를 넣는 것이 좌표축을 표현하는데 좋다. 눈금선 Tab에서는 눈금선을 없애는 것이 보기 좋다. 범례 Tab에서 범례의 위치를 지정한다(차트 마법사 3단계에서 차트 제목과 범례의 위치를 지정하지 않아도 이후에 지정해 줄 수 있다).

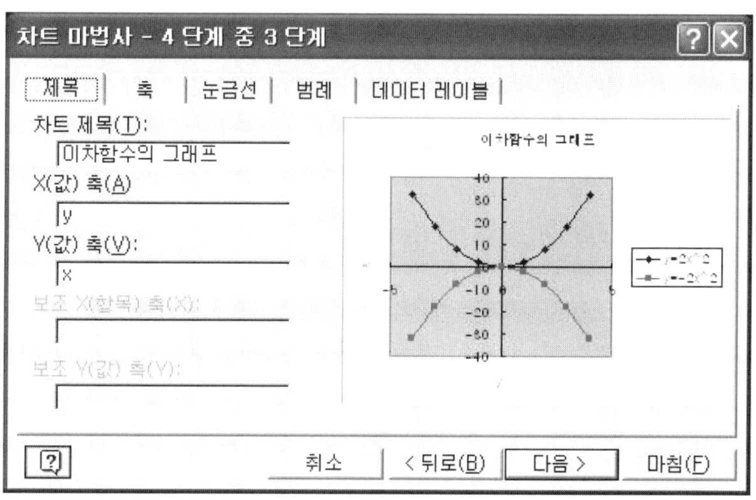

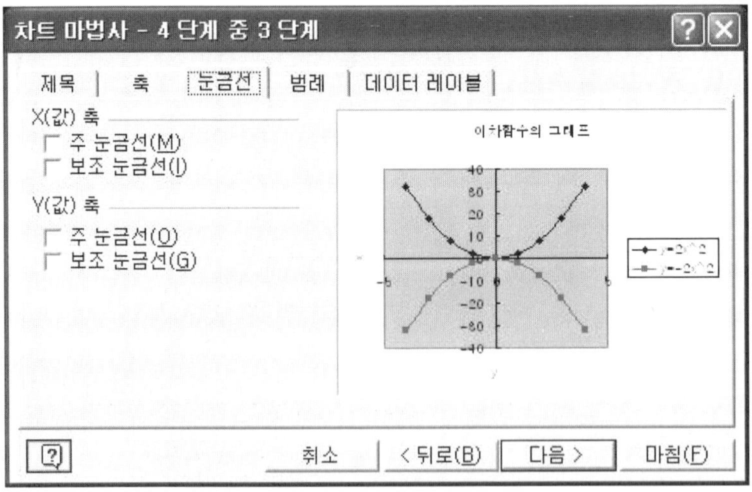

⑥ 차트마법사 4단계 중 4번째로 차트의 위치를 지정

⑦ 종료

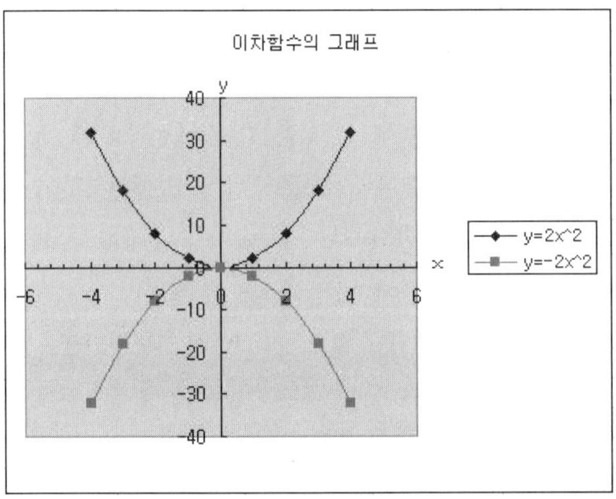

⑧ 차트를 완성한 이후에 차트를 클릭하면 차트도구모음 바가 나타난다.

(3) 차트 편집

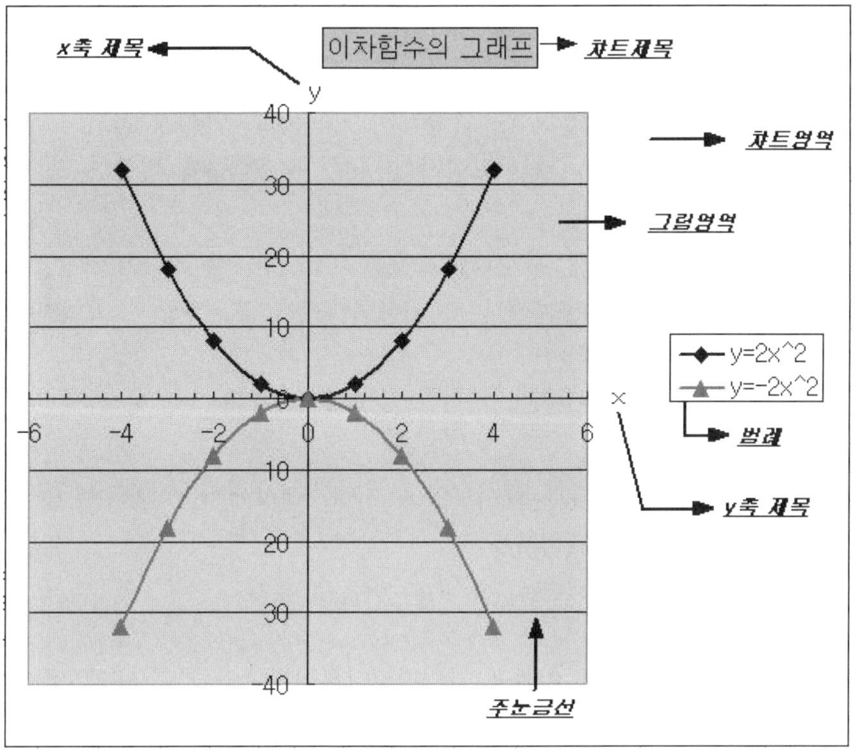

<차트의 명칭>

① 차트영역 : 차트위를 한번 클릭하고 [서식]메뉴 → 첫번째 명령인 '선택한 차트영역' 클릭

㉠ 무늬 tab : 차트의 테두리 색과 내부면의 색을 지정 테두리의 모양을 '음영'과 '둥근모서리'도 표현가능

㉡ 글꼴 tab : 차트 안의 모든글자에 대한 서체와 글꼴 종류, 색상, 크기지정

② 범례 : 범례위를 클릭하고 [서식]메뉴 → 첫번째 명령인 '선택한 범례' 클릭

㉠ 무늬 tab : 범례 테두리의 색과 내부색 면의 색, 모양을 지정, 색상에서는 '채우기'를 클릭하면 질감, 무늬, 그림도 표현가능

㉡ 글꼴 tab : 범례글자에 대한 서체와 글꼴 종류, 색상, 크기 지정

㉢ 위치바꾸기 tab : 차트 안에서의 범례위치 지정

③ 그림영역 : 차트 내면 위를 클릭하고 [서식]메뉴 → 첫 번째 명령인 '선택한 그림영역' 클릭

㉠ 무늬 tab: 차트 내부의 색과 테두리의 색을 지정, 색상에서는 '채우기'를 클릭하면 질감, 무늬, 그림도 표현가능

④ 차트제목 : 차트제목을 클릭하고 [서식]메뉴 → 첫 번째 명령인 '선택한 차트의 제목' 클릭

㉠ 무늬 tab: 차트제목의 내부색과 모양을 지정,

㉡ 글꼴 tab: 차트제목 글자에 대한 서체와 글꼴종류, 색상, 크기지정

⑤ 데이터 계열 : 차트 막대위에 커서를 놓고 [서식]메뉴 → 첫 번째 명령인 '선택한 데이터 계열' 클릭

㉠ 무늬 tab: 차트의 색과 표시모양을 지정, 색상에서는 '채우기'를 클릭하면 질감, 무늬, 그림도 표현가능

㉡ 데이터 이름표 tab: 차트의 값 또는 이름을 표시

⑥ 데이터 이름표 : 데이터 이름을 클릭하고 [서식]메뉴 → 첫 번째 명령인 '선택한 데이터 레이블' 클릭

㉠ 글꼴무늬 tab: 데이터 이름의 색과 표시모양을 지정

⑦ 축 : X 또는 Y축 위에 커서를 놓고 [서식]메뉴 → 첫 번째 명령인 '선택한 축' 클릭

㉠ 눈금 tab: X 또는 Y축 값에 대한 최대/최소값, 주/보조단위 지정

15. 함수

(1) 함수란?

함수란 지정된 순서에 따라 인수라는 특정 값을 사용하여 계산하는 미리 정의된 수식을 말한다.

(2) 함수형식

함수를 사용할 때는 함수 또한 수식이기에 등호(=)로 시작하여, 함수 이름을 입력하고, 쌍으로 움직이는 양괄호 안에 인수들을 콤마(,)를 사이에 입력하며 작성한다.

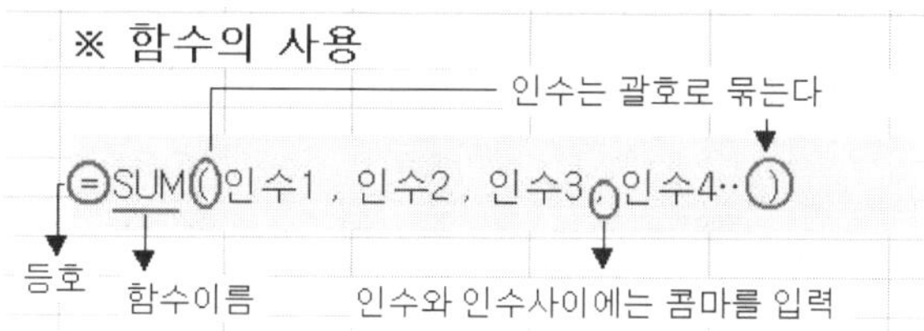

(3) 함수의 범주

함수의 범주는 300여 개에 이르는 함수를 종류별로 분류해 놓은 것이다.

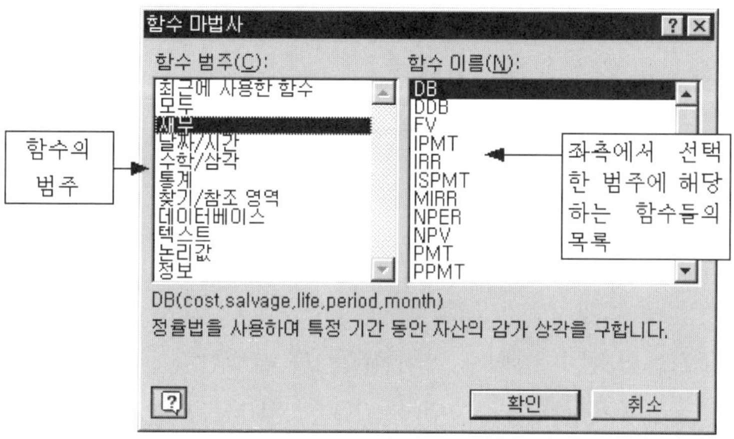

① **최근에 사용한 함수** : 사용자가 가장 최근에 사용했던 함수들의 목록들을 표시한다.

② **모두** : 엑셀에서 제공하는 모든 함수들의 목록을 표시한다. 따라서 사용하고자 하는 함수가 어떤 범주에 있는지 모를 경우에 사용하면 된다.

③ **재무** : 기업의 재무활동과 관련된 계산을 처리하는 함수들로 구성되어 있다.

④ **날짜/시간** : 시계열 수치자료로서 자주 사용되는 날짜와 시각에 관련된 함수들로 구성되어 있다.

⑤ **수학/삼각** : 대부분의 엑셀계산이 여기에 속하며, 삼각함수는 라디안이나 각도 등의 계산과 관련된 함수들로 구성되어 있다.

⑥ **통계** : 평균을 구하거나 표준편차, 분산 등을 구할 수 있는 통계영역에 관련된 함수들로 구성되어 있다.

⑦ **찾기/참조 영역** : 주로 데이터 검색과 관련된 함수들로 구성되어 있으며, 지정된 행/열번호로서 주소를 찾는 등의 계산을 한다.

⑧ **데이터베이스** : 데이터베이스 속에서 사용하는 함수들로 구성되어 있다.

⑨ **텍스트** : 문자열과 관련된 함수들로 구성되어 있다.

⑩ **논리값** : 논리적인 판단을 할 수 있는 AND, OR, NOT 등의 함수들로 구성되어 있다.

⑪ **정보** : 셀 또는 운영환경 등의 모든 정보와 관련된 함수들로 구성되어 있다.

(4) 함수마법사를 사용방법

표준도구모음의 '함수 마법사' 아이콘(fx)을 클릭한다.

ex A4셀에 숫자 3이 있고 B4셀에 숫자 5가 있어 A4셀과 B4셀의 값을 더할 경우

① 결과값을 넣을 C4셀을 클릭한다.

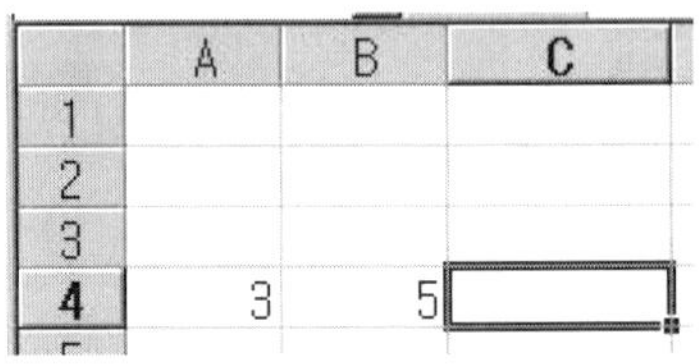

② 표준도구모음의 함수 마법사 아이콘(fx)을 클릭한다.

③ **함수종류(C)** : '수학/삼각'과 함수이름(N)은 'SUM'을 클릭하고 확인버튼을 클릭한다.

④ Sum함수 대화창이 A4셀과 B4셀 부분을 가리고 있다. 이때 회색부분을 클릭하여 움직이면 이동한다.

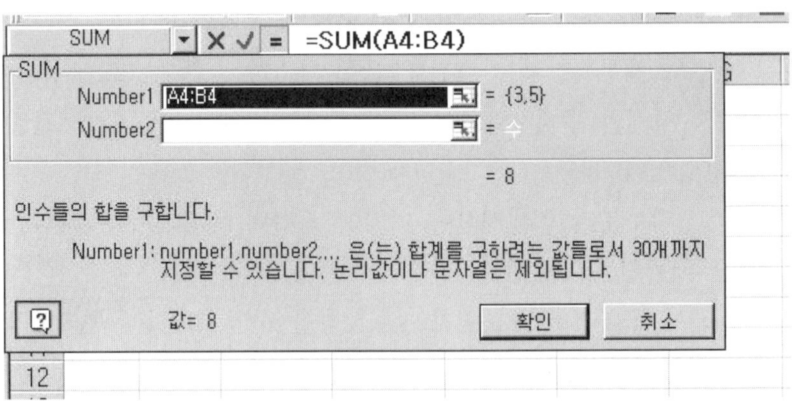

⑤ Number1에 커서를 놓은 후 A4:B4셀까지 드래그한다.

⑥ 확인버튼을 클릭하면 다음과 같은 결과가 나타난다.

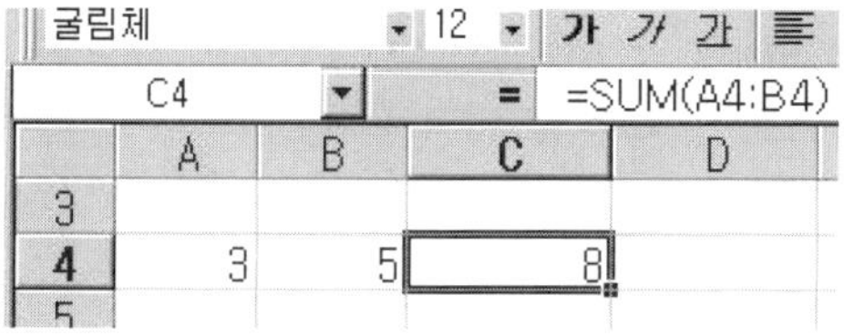

엑셀에서 특수문자를 입력 방법

엑셀에서는 특수문자를 입력하는 명령이 없다. 그러므로 일반 통신프로그램의 공개자료실에서 복사하여 사용한다. 또한 직접 명령을 사용하는 방법은 아니지만 아래와 같은 방법을 사용할 수도 있다.

① 특수문자를 입력할 커서를 클릭한다.
② 한글의 자음인 ㄱ,ㄴ,ㄷ,ㄹ....ㅎ까지 중 한가지를 입력하고
③ 키보드의 한자 버튼을 클릭한다.
④ 원하는 특수문자의 번호나 마우스로 클릭한다.

자주 사용하는 함수목록 총정리

① 논리함수

· AND : 인수가 모두 TRUE이면 TRUE를 표시하고, 하나 또는 그 이상의 인수가 FALSE이면 FALSE를 나타냅니다.
· IF : logical_test를 평가하여 그 값이 TRUE면 값을 나타내고 FALSE면 다른 값을 나타냅니다. IF를 사용하여 값이나 수식에 대한 조건부 검사를 할 수 있습니다.
· NOT : 인수 값의 역을 표시합니다. 값이 특정 값과 같지 않은지 확인할 때 NOT을 사용합니다.
· OR : TRUE인 인수가 있으면 TRUE를, 모든 인수가 FALSE이면 FALSE를 돌려줍니다.

② 수학과 삼각 함수

· ABS : 절대값을 구합니다. 절대값은 부호가 없는 숫자입니다.
· COMBIN : 주어진 개수의 개체로 만들 수 있는 조합의 개수를 구합니다.
· COS : 주어진 각도의 코사인 값을 구합니다.
· COUNTIF : 주어진 찾을 조건과 일치하는 셀의 개수를 셉니다.
· DEGREES : 라디안을 도 단위로 변환합니다.
· EXP : e를 Number 만큼 거듭 제곱한 값을 구합니다. e = 2.71828182845904이고 자연 로그의 밑입니다.
· FACT : 계승값을 구합니다. Number의 계승값은 1*2*3*...* Number입니다.

· GCD : 두 개 또는 그 이상의 정수에서 최대 공약수를 구합니다. 최대 공약수는 Number1과 Number2의 약수 중 가장 큰 수입니다.
· INT : 가장 가까운 정수로 내립니다.
· LCM : 정수의 최소 공배수를 구합니다. 최소 공배수는 모든 정수 인수의 배수 중 가장 작은 양수입니다. 분모가 다른 분수를 더할 때 LCM을 사용합니다.
· LN : 자연로그 값을 구합니다. 자연로그의 밑은 상수 e(2.71828182845904)입니다.
· LOG : 지정한 밑에 대한 로그 값을 구합니다.
· LOG10 : 밑이 10인 로그 값을 구합니다.
· MDETERM : 배열의 행렬식을 구합니다.
· MINVERSE : 배열로 저장된 행렬에 대한 역 행렬을 구합니다.
· MMULT : 두 배열의 행렬 곱을 구합니다. 결과는 Array1과 같은 수의 행과 Array2와 같은 수의 열을 가지는 배열입니다.
· MOD : Number를 Divisor로 나눈 나머지를 구합니다. 결과는 Divisor와 같은 부호를 갖습니다.
· PI : 3.14159265358979를 표시합니다. 수리 상수 π 15자리까지의 정밀도로 구합니다.
· POWER : 거듭 제곱 값을 구합니다.
· PRODUCT : 인수를 모두 곱한 결과를 표시합니다.
· QUOTIENT : 나눗셈의 몫을 구합니다. 나눗셈을 하고 나머지를 버릴 때 이 함수를 사용합니다.
· RADIANS : 도로 표시된 각의 크기를 라디안 값으로 변환합니다.
· RAND : 0과 같거나 크고 1보다 작은 난수를 구합니다. 워크시트가 계산될 때마다 새로운 난수가 구해집니다.
· RANDBETWEEN : 지정한 두 수 사이의 난수를 구합니다. 시트를 계산할 때마다 새로운 난수를 구합니다.
· ROMAN : 아라비아 숫자를 텍스트인 로마 숫자로 변환합니다.
· ROUND : 숫자를 지정한 자릿수로 반올림합니다.
· ROUNDDOWN : 0에 가까운 방향으로 내림합니다.
· ROUNDUP : 0에서 먼 방향으로 수를 올림합니다.
· SIGN : 숫자의 부호를 결정합니다. Number가 양수이면 1을 표시하고 0이면 0, 음수이면 -1을 표시합니다.
· SIN : 주어진 각도의 사인값을 표시합니다.
· SQRT : 양의 제곱근을 구합니다.
· SQRTPI : (number * pi)의 제곱근을 구합니다.
· SUM : 목록에 있는 숫자를 모두 합한 결과를 표시합니다.
· SUMIF : 주어진 조건에 따라 지정되는 셀의 합을 구합니다.
· TAN : 주어진 각도의 탄젠트 값을 구합니다.
· TANH : 하이퍼볼릭 탄젠트 값을 구합니다.

· TRUNC : 숫자의 소수점 이하를 버리고 정수로 변환합니다.

③ 통계 함수

· AVEDEV : 절대 편차의 평균을 구합니다. AVEDEV는 데이터 집합의 흩어진 정도를 나타내는 척도입니다.

· AVERAGE : 산술 평균을 구합니다.

· BINOMDIST : 이항 분포의 확률 값을 구합니다. 어떤 시행의 결과 값이 단지 성공 또는 실패일 뿐이고, 독립 시행이며, 성공 확률이 일정할 때 일정한 검정이나 시행 횟수에서 이 함수를 사용합니다. 예를 들어 3명의 신생아 중에서 2명의 남아가 출생할 확률을 계산할 때 이 함수를 사용합니다.

· CONFIDENCE : 모집단 평균의 신뢰구간을 구합니다. 신뢰구간은 표본 평균을 중심으로 한 일정 범위를 말합니다. 예를 들어 우편으로 물품을 주문했을 때 물품이 도착할 최단 시간과 최장 시간을 특정 신뢰도에서 결정할 수 있습니다.

· CORREL : array1과 array2 셀 범위 사이의 상관계수를 구합니다. 상관계수를 사용하면 둘 사이의 관계를 알 수 있습니다. 예를 들어 어떤 지역의 평균 기온과 에어콘 사용 사이의 상관 관계를 알아볼 수 있습니다.

· COUNT : 인수 목록에서 숫자를 포함한 셀과 숫자의 개수를 구합니다. COUNT를 사용하면 숫자 범위나 배열에서 숫자 필드의 항목 수를 구할 수 있습니다.

· CRITBINOM : 누적 이항 분포 확률값이 기준치 이상이 되는 최소 변수값을 구합니다. 품질 보증이 필요한 분야에서 이 함수를 사용합니다. 예를 들어 조립 라인 가동 중에 발생할 결함 부품의 최대 허용 개수를 결정할 때 이 함수를 사용합니다.

· EXPONDIST : 지수 분포의 확률값을 구합니다. 이 함수를 사용하여 현금 출납기가 현금을 내주는 데 걸리는 시간 등 사건 사이의 시간을 모델화할 수 있습니다. 예를 들어 그 과정이 1분 이내일 확률을 구할 수 있습니다.

· FDIST : f 확률 분포 값을 구합니다. 이 함수를 사용하여 두 데이터 집합이 서로 다른 산포도를 갖는지를 알아볼 수 있습니다. 예를 들어 고등학교에 입학하는 남녀 학생의 성적을 조사하여 남녀 학생들의 산포도가 서로 다른지를 알아볼 수 있습니다.

· FREQUENCY : 범위 내에서 해당되는 값의 빈도를 계산하여 수직 배열로 나타냅니다. 예를 들어 FREQUENCY 함수를 사용하여 지정한 점수 범위에 들어가는 시험 성적의 개수를 구할 수 있습니다. FREQUENCY는 배열을 사용하므로 배열식으로 입력해야 합니다.

· FTEST : f 검정의 결과를 나타냅니다. f 검정은 array1과 array2의 분산이 매우 다른가를 알아보는 단측 검정 확률을 구합니다. 이 함수는 두 표본이 서로 다른 분산을 갖고 있는가를 알아볼 때 사용합니다. 예를 들어 공립과 사립 학교의 시험 성적 분포가 서로 다른지를 검정할 수 있습니다.

· GAMMADIST : 감마 확률 분포를 구합니다. 이 함수를 사용하여 한쪽으로 몰리는 확률 분포의 변량을 연구할 수 있습니다. 감마 분포는 대기 행렬 분석에 주로 사용합니다.

- HARMEAN : 데이터 집합의 조화 평균을 구합니다. 조화 평균은 산술 평균의 역수입니다.
- KURT : 데이터의 첨도를 구합니다. 첨도란 분포의 뾰족한 정도를 정규 분포와 비교하여 나타내는 것으로 양의 첨도는 상대적으로 더 뾰족하고 음의 첨도는 덜 뾰족합니다.
- LARGE : 데이터 집합에서 k번째로 큰 값을 구합니다. 이 함수를 사용하여 상대 순위 값을 선택할 수 있습니다. 예를 들어 LARGE 함수를 사용하여 1등, 2등, 3등의 점수를 구할 수 있습니다.
- MAX : 인수 목록에서 최대값을 구합니다.
- MEDIAN : 주어진 수들의 중앙값을 구합니다. 중앙값은 수 집합에서 가운데에 있는 수입니다. 즉, 수의 반은 중앙값보다 큰 값을 가지고 나머지 반은 중앙값보다 작은 값을 가집니다.
- MIN : 인수 목록에서 가장 작은 수를 구합니다.
- MODE : 배열이나 데이터 범위에서 가장 빈도수가 높은 값을 구합니다. MEDIAN과 마찬가지로 MODE도 대표값입니다.
- NORMDIST : 누적 정규 분포의 확률을 구합니다. 이 함수는 가설 검정 등 통계의 광범위한 영역에서 응용됩니다.
- NORMSDIST : 표준 정규 누적 분포 함수의 확률값을 구합니다. 이 분포의 평균은 0이고 표준 편차는 1입니다. 표준 정규 곡선 면적 표 대신 이 함수를 사용합니다.
- PEARSON : -1.0에서 1.0까지의 값을 가지며 두 데이터 집합 사이의 선형 관계를 나타내는 피어슨의 곱 모멘트 상관 계수 r을 구합니다.
- PERCENTRANK : 데이터 집합에서 백분율 순위를 구합니다. 이 함수를 사용하여 데이터 집합에서 관측값의 상대 순위를 구할 수 있습니다. 예를 들어 PERCENTRANK 함수로 적성 검사 점수를 모집단으로 하여 점수의 상대 순위를 구할 수 있습니다.
- PERMUT : 숫자 개체들 중에서 주어진 개수의 개체를 선택하여 만들 수 있는 순열의 수를 구합니다. 순열은 나열 순서가 분명한 개체 또는 사건의 집합이거나 부분집합입니다. 순열은 나열순서가 분명하지 않은 조합과 다릅니다. 이 함수를 사용해 복권 스타일의 확률을 계산합니다.
- POISSON : 포아송 분포의 확률값을 구합니다. 포아송 분포를 사용하여 유료 주차장에 1분 동안 도착하는 자동차의 수를 알아 보는 것처럼 지정 시간에 일어나는 사건을 예측할 수 있습니다.
- PROB : 범위의 두 한계값 사이에 값이 들어갈 확률을 구합니다. upper_limit이 정의되지 않으면, x_range의 값이 lower_limit과 같을 확률입니다.
- QUARTILE : 데이터 집합의 사분위수를 구합니다. 사분위수는 판매 자료나 조사 자료의 모집단을 몇 개의 그룹으로 나눌 때 사용합니다. 예를 들어 QUARTILE 함수를 사용하여 모집단에서 수익이 상위 25%인 자료들을 구할 수 있습니다.

· RANK : 수의 목록에 있는 어떤 수의 순위를 구합니다. 수의 순위는 목록에 있는 다른 수와의 상대크기를 말합니다. 목록을 정렬하면 수의 위치와 순위가 같아질 수 있습니다.
· SKEW : 분포의 왜도를 구합니다. 왜도란 평균에 대한 분포의 비대칭 정도를 나타냅니다. 왜도가 양수이면 분포의 비대칭 꼬리가 양의 값 쪽으로 치우쳐 있으며, 왜도가 음수이면 이와 반대입니다.
· SLOPE : known_y's와 known_x's 사이의 데이터 요소에 대한 선형 회귀선의 기울기를 구합니다. 기울기는 선의 두 점 사이의 수직 거리를 수평 거리로 나눈 회귀선의 변화율입니다.
· SMALL : 데이터 집합에서 k번째로 작은 값을 구합니다. 이 함수를 사용하여 데이터 집합에서 특정 상대 순위를 갖는 값을 찾을 수 있습니다.
· STANDARDIZE : mean과 standard_dev로 특성화된 분포에서 표준화 변수의 값을 구합니다.
· STDEV : 표본의 표준 편차를 예측합니다. 표준 편차는 데이터들이 평균값에서 벗어나 있는 정도를 나타냅니다.
· STDEVA : 표본 집단의 표준 편차를 구합니다. 표준 편차는 데이터들이 평균값에서 벗어나 있는 정도를 나타냅니다. 텍스트와 TRUE 및 FALSE 같은 논리값도 계산에 포함됩니다.
· STDEVP : 인수로 주어진 모집단 전체의 표준 편차를 구합니다. 표준 편차는 데이터들이 평균값에서 벗어나 있는 정도를 나타냅니다.
· TREND : 선형 추세 위의 값을 구합니다. 최소 제곱법을 사용하여 known_y's와 known_x's 배열에 한 직선을 접근시키고, 지정한 new_x's의 배열에 대한 그 직선 위의 y값을 계산합니다.
· TTEST : 소분포 t 검정과 관련된 확률값을 구합니다. TTEST 함수를 사용하여 두 개의 표본이 같은 평균값을 갖는 두 개의 같은 모집단에서 추출한 것인지를 판단할 수 있습니다.
· VAR : 표본의 분산을 계산합니다.
· VARP : 모집단 전체의 분산을 구합니다.
· ZTEST : z 검정의 양측 P 값을 구합니다. z 검정은 데이터 집합과 배열에 대한 x의 표준 점수를 계산하여 정규 분포의 양측 확률을 구합니다. 이 함수를 사용하여 특정 관측값이 특정 모집단에서 추출된 것인지를 평가할 수 있습니다.

16. 컨트롤 도구상자의 Scrollbar(이동줄), TextBox(입력란) 사용법

(이차함수 $y=ax^2$의 그래프를 가지고 알아보도록 한다.)

(1) Sheet에 기본자료를 만든다.

– 정의역이 될 x의 값을 -5에서 5까지로 정해주고 공역 y의 자리에 비교될 기본 그래프 $y=x^2$의 식, 즉, 'B6'에 '=A6^2'를 입력한다.

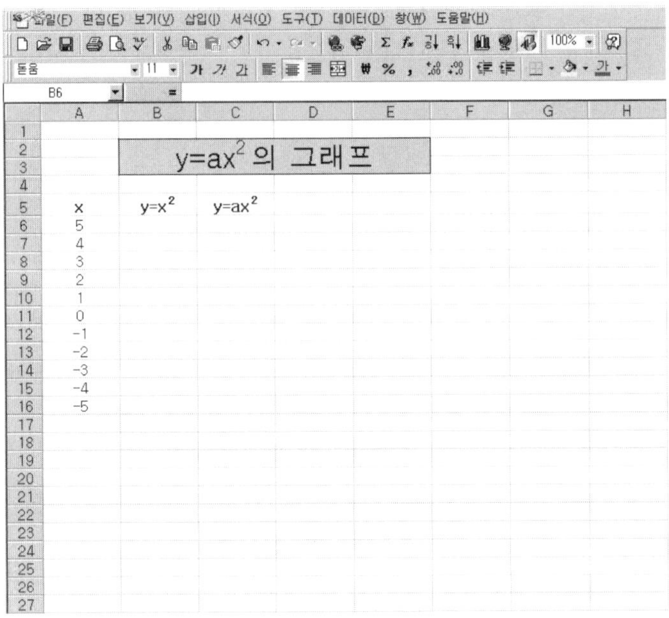

(2) 컨트롤 도구상자 내의 Scrollbar 표시 버튼을 찾아 클릭하여 활성화한다.

– '도구 → 사용자정의 → 컨트롤도구상자' 또는 '보기 → 도구상자 → 컨트롤도구상자'

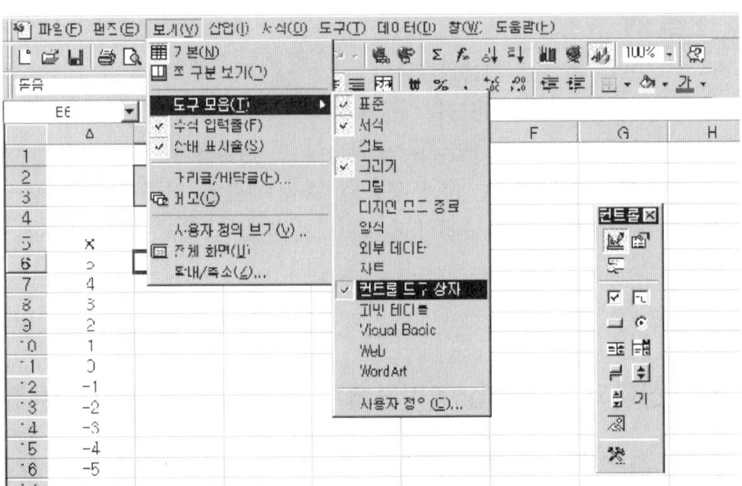

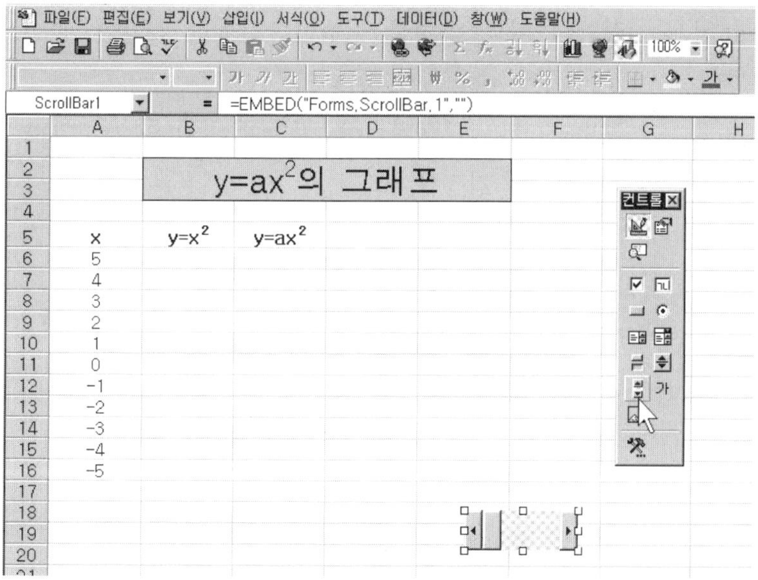

(3) 컨트롤 도구상자의 Scrollbar의 속성창에서 Scrollbar가 선택된 상태로 '속성'보기를 클릭한다.

– Scrollbar에서 마우스 오른쪽 버튼을 클릭한다.

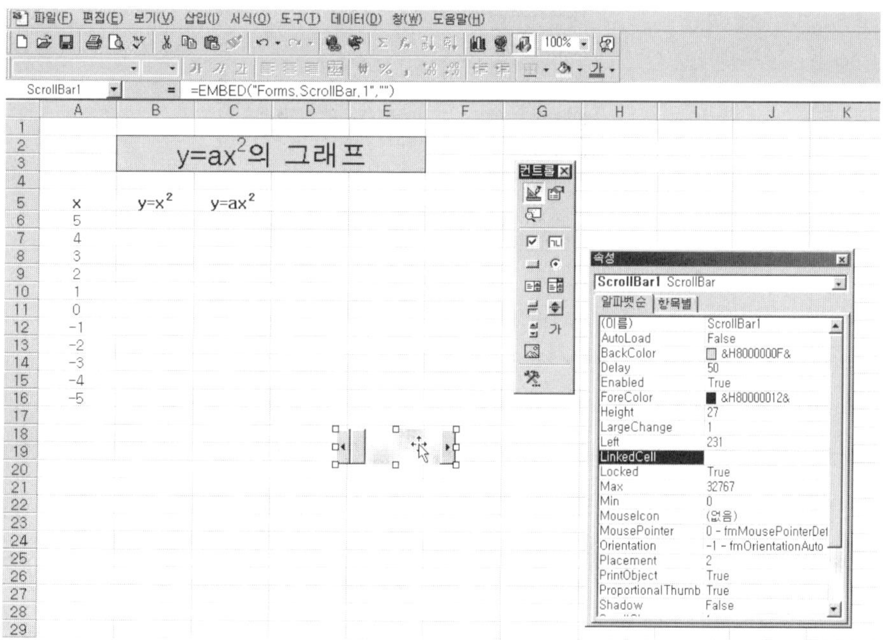

(4) Scrollbar의 속성창에서 다음 속성을 지정한다.

① backcolor : Scrollbar의 색을 지정한다.

② linkedcell : Scrollbar의 값이 연결되어 나타나는 cell을 지정한다.

– 임의의 빈 셀에 필히 지정하여야 하며, 여기에서는 'B17'을 지정한다.

③ max : Scrollbar의 최대값을 나타낸다.

– 여기에서는 100을 지정한다.

④ min : Scrollbar의 최소값을 나타낸다.

– 여기에서는 0을 지정한다.

⑤ smallchange : Scrollbar의 움직일 때 변화되는 값을 나타낸다.

– 여기에서는 1을 지정한다.

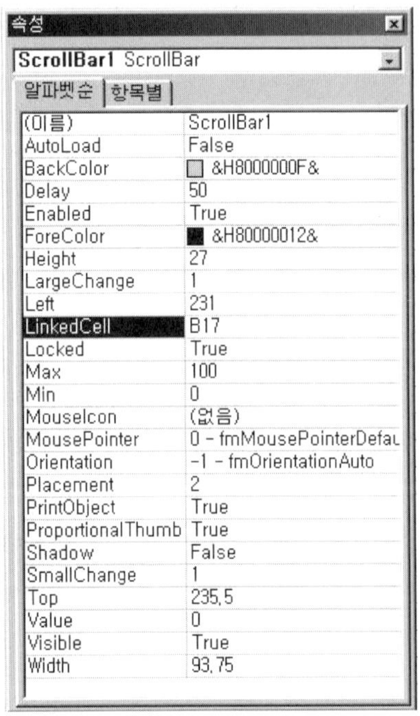

(5) Sheet의 'C17' 셀에 수식 '=(B17−50)/10'을 입력한다.

– 이것이 Scrollbar가 움직일 때 나오는 a값이다. Scrollbar가 0부터 100까지이므로 이때 나올 수 있는 a값을 생각해서 식을 만들면 된다. 여기서는 $-5 \leq a \leq 5$가 되도록 했다.

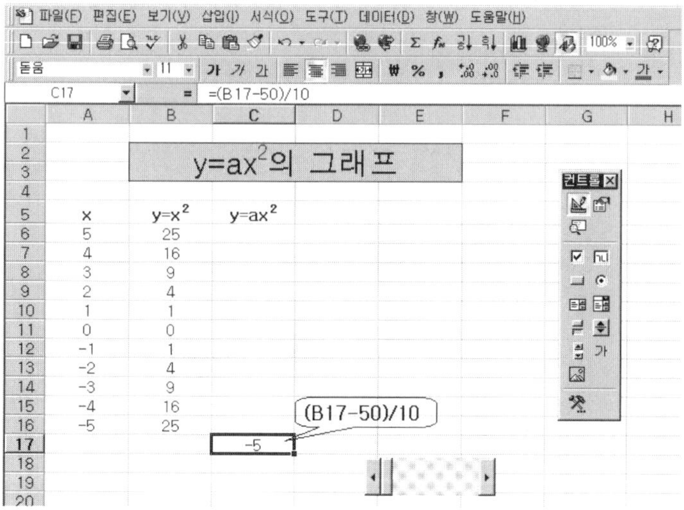

(6) **Sheet**의 **'C6'** 셀에 수식 **'=$C$17*A6^2'**를 입력한다.

(7) **Sheet**의 **'C6'**를 선택한 후 채우기 핸들을 이용하여 **'C16'**까지 드래그한다. 그러면 표가 전부 완성된다.

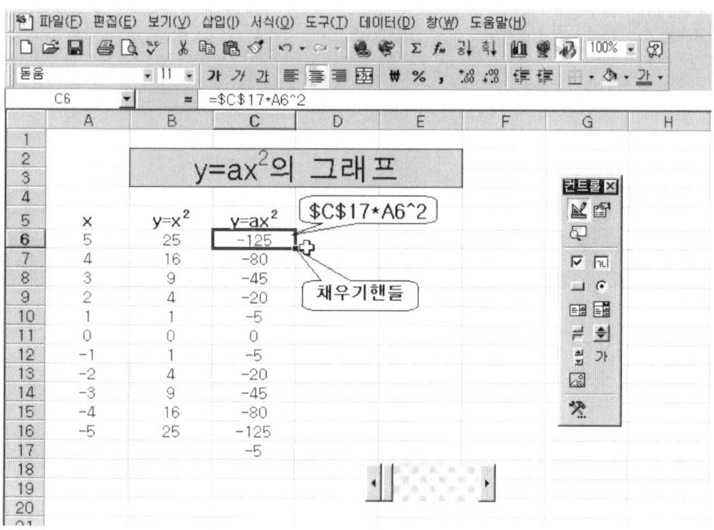

(8) **Sheet**의 **'A5'**에서 **'C16'**까지의 영역을 선택한 후 메뉴표시줄이나 표준도구모음의 차트마법사를 클릭한다.

(9) 차트마법사 중 1단계에서 차트종류는 분산형, 세부종류는 데이터 표시는 없고 완만한 선을 가진 분산형을 선택한다.

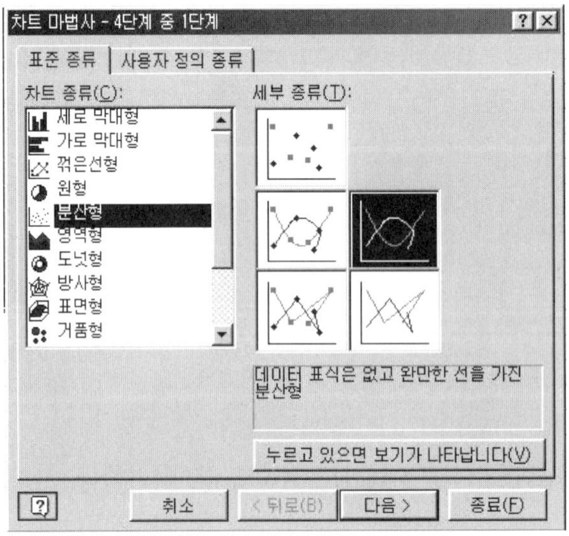

(10) 차트마법사 중 2단계에서는 다음을 클릭한다.

(11) 차트마법사 중 3단계에서는

① 제목 : 차트 제목, x축, y축을 없앤다.

② 눈금선 : x축, y축 눈금선에 기본 눈금선을 표시한다.

③ 범례 : 범례표시를 없앤다.

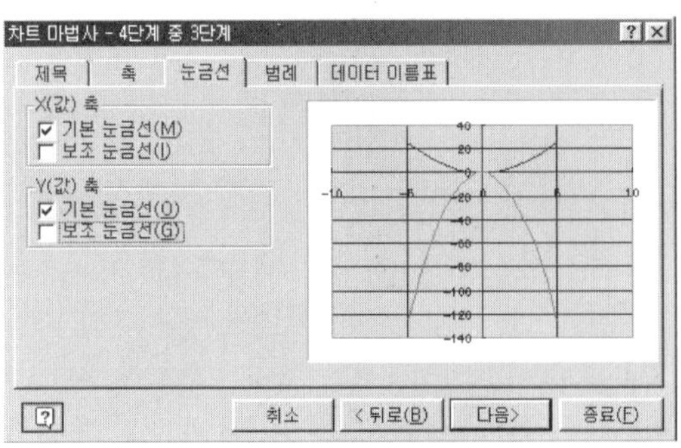

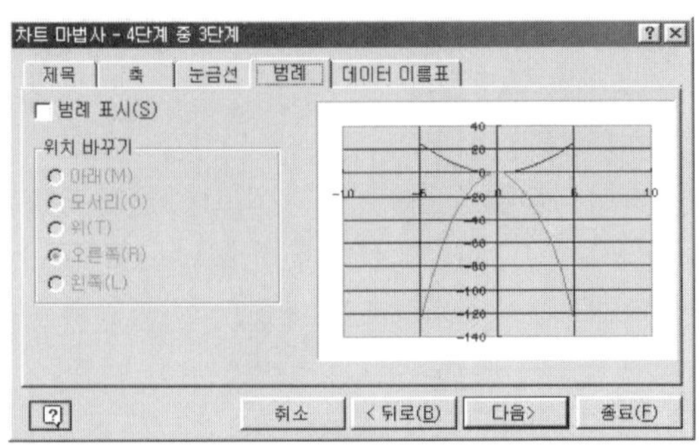

(12) 차트마법사 중 4단계에서는 워크시트에 삽입을 선택한 후 종료한다.

(13) 완성된 차트를 적당한 위치로 드래그하고, 크기를 조정한다.

(14) x축을 더블클릭하면 '축서식'창이 활성화되는데,

① 무늬 : 두께를 조정하여 준다.

② 눈금 : 최소값은 -5, 최대값은 5, 주단위는 1로 설정한다.

③ 글꼴 : 굵게, 12pt로 조정하는 것이 좋다.

(15) y축을 더블클릭하면 '축서식'창이 활성화되는데,

① 무늬 : 두께를 조정하여 준다.

② 눈금 : 최소값은 -6, 최대값은 6, 주단위는 1로 설정한다.

③ 글꼴 : 굵게, 12pt로 조정하는 것이 좋다.

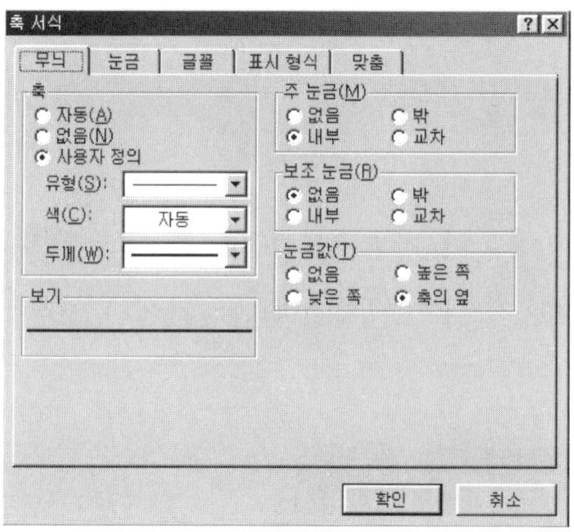

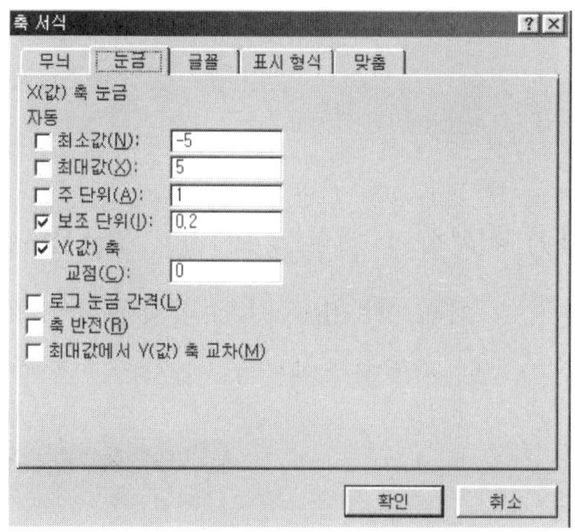

(16) 그래프, x축 기본선, y축 기본선도 더블클릭하여 두께를 임의로 조정한다.

(17) 그림영역, 차트영역 또한 더블클릭하여 보기 좋은 모양으로 임의로 조정한다.

(18) 컨트롤 도구 상자의 '디자인 모드()'를 한번 클릭하여 종료한 후, Scrollbar의 값을 변화시키보면 그래프의 모양이 변화됨을 알 수 있다. 이 때, $y = x^2$의 그래프는 모양의 변화 없이 기본으로 제공된다.

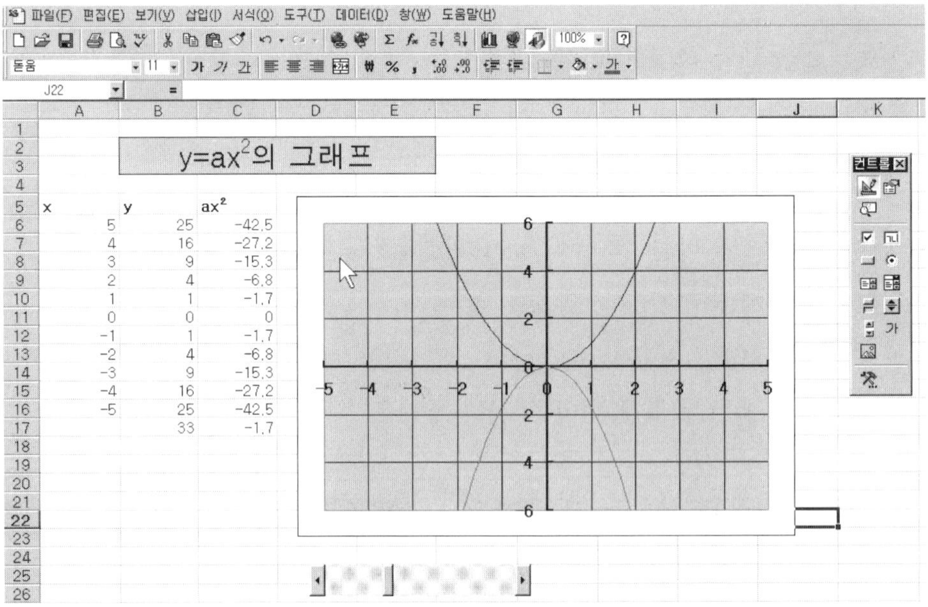

(19) 이차항의 계수 a의 값은 **TextBox**를 이용하여 바로 나타나게 할 수도 있다.

– 이때, TextBox의 속성창에서 linkedcell을 'C17'로 지정한다(a값이 나오는 셀로 지정하면 된다).

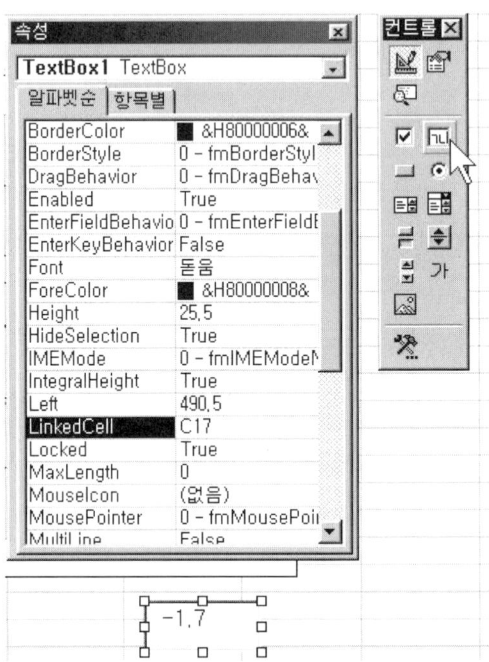

바로 가기 키 목록

Key	단독	Shift	Ctrl	Alt	Shift + Ctrl
F1	도움말	설명		삽입 차트	
F2	편집 상태	메모 편집		다른 이름으로 저장	
F3	이름 붙여넣기	함수 마법사	이름 정의		이름 만들기
F4	마지막 작업 반복	다음 찾기	(창)닫기	끝내기	
F5	이동	찾기	(창)이전 크기로		
F6	다음 창틀로 이동	이전 창틀로 이동	다음 통합문서로 이동		이전 통합문서로 이동
F7	맞춤법 검사		(창)이동		
F8	확장 선택	추가 선택	(창)크기 조절	매크로 목록	
F9	모두 계산	시트 재계산	(창)최소화		
F10	메뉴 활성화	바로 가기 메뉴	(창)복원		
F11	새 차트 삽입	새 시트 삽입	새 메크로 시트 삽입	VB Editor	
F12	다른 이름으로 저장	저장	열기		인쇄
A			모두 선택		함수 인수 나타내기
B			굵게		
C			복사		
D			아래쪽 채우기	데이터 메뉴	
E				편집 메뉴	
F			찾기	파일 메뉴	글꼴
G			이동		
H			바꾸기	도움말 메뉴	
I			기울임꼴	삽입 메뉴	
J					
K			하이퍼링크 삽입		
L					
M					
N			(통합문서)새로 만들기		
O			(통합문서)열기	서식 메뉴	메모가 있는 셀 선택
P			인쇄		글꼴 크기
Q					
R			오른쪽 채우기		
S			저장		
T				도구 메뉴	
U			밑줄		
V			붙여넣기		
W			(통합문서)닫기	창 메뉴	
X			잘라내기		
Y			마지막 작업 반복		
Z			실행 취소		

`(~)			수식 보기		일반 서식
1 (!)			셀 서식		숫자 서식
2 (@)					시간 서식
3 (#)					날짜 서식
4 ($)					통화 서식
5 (%)			취소선		백분율 서식
6 (^)					지수 서식
7 (&)					테두리 선 적용
8 (*)			윤곽		현재 영역 선택
9 (()			행 숨기기		행 숨기기 취소
0 ())			열 숨기기		열 숨기기 취소
–			삭제		테두리선 지우기
= (+)	수식입력			자동 합계	
[			직접 참조하는 셀 선택		직접 참조되는 셀 선택
]			모든 참조하는 셀 선택		모든 참조되는 셀 선택
; (semicolon)			날짜 삽입	화면에 보이는 셀 선택	시간 삽입
' (apostrophe)				스타일	바로 윗셀의 값 복사
: (colon)			시간삽입		
/			현재 배열 선택		
\			값이 다른셀 선택		
Insert	삽입모드				
Delete	지우기		마지막 줄까지 지우기		
Home	첫행으로		워크시트의 처음으로		
End	End 모드 켜기/끄기		워크시트의 마지막으로		
Page Up	한화면위로이동		이전 워크시트로	한화면 왼쪽 이동	
Page Down	한화면아래로이동		다음 워크시트로	한화면 오른쪽 이동	
Left Arrow	왼쪽으로 이동	왼쪽 데이터 선택	왼쪽 끝 데이터로		왼쪽 데이터 모두 선택
Right Arrow	오른쪽으로 이동	오른쪽 데이터 선택	오른쪽 끝 데이터로		오른쪽 데이터 모두 선택
Up Arrow	위로 이동	위쪽 데이터 선택	위쪽 끝 데이터로		위쪽 데이터 모두 선택
Down Arrow	아래로 이동	아래쪽 데이터 선택	아래쪽 끝 데이터로	목록에서 선택	아래쪽 데이터 모두 선택
Space Bar	공백 문자 입력	행 전체 선택	열 전체 선택	(창)조절메뉴	
Tab	다음으로 이동	이전으로 이동	다음 창으로	다음 응용프로그램으로	이전 창으로
BackSpace			활성셀로 이동		
Enter	입력, 하이퍼링크실행	입력	선택한 범위를 현재항목으로 채우기	도형 복사	배열 수식 입력

Ⅱ 중등학교수학을 위한 엑셀 학습 자료

배수와 소수

- **학습목표** : 배수를 조사하고 에라토스테네스의 체(코스키콘)의 방법을 이용하여 소수를 찾아볼 수 있다.
- **학습분야 및 학년** : 수와 연산, 중학교 2학년(7단계)

✻ 학습내용

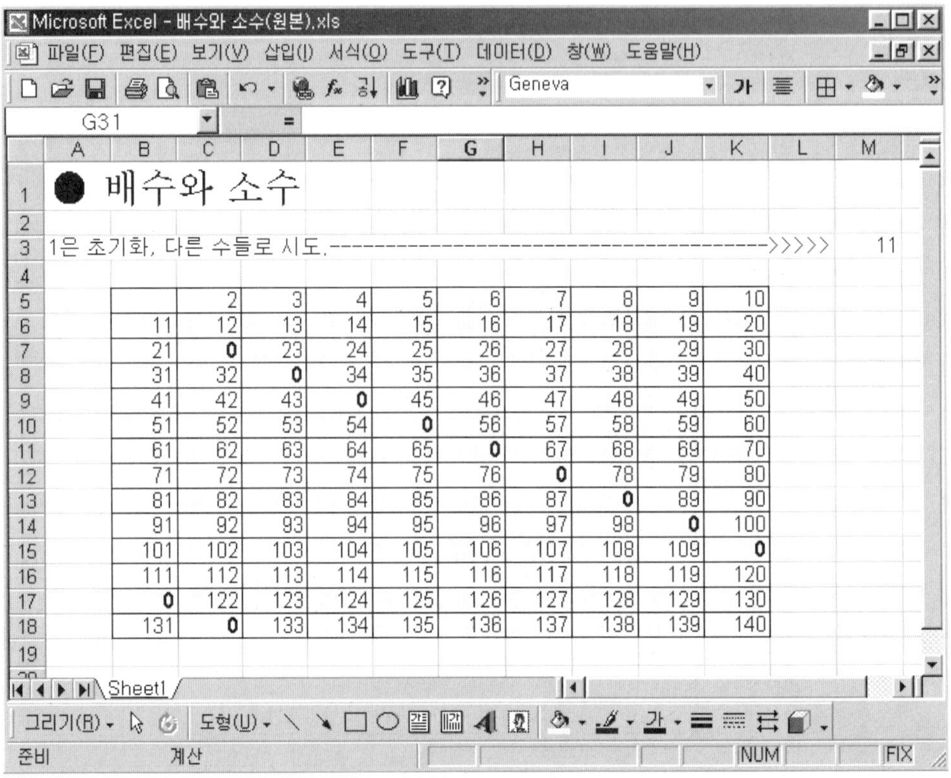

여기에 나온 예제는 14개 행과 10개 열로 2부터 140까지 배열되어 있다. 그림에서 보는 것처럼 11을 입력하게 되면 11보다 큰 수 중 11의 배수는 0으로 표시된다. 1을 입력하게 되면 초기화가 되고 다시 다른 수를 입력하므로 각각 수들의 배수를 0으로 만들 수 있다.

C5 를 예로 수식을 설명해본다.

=IF(M3=1,2,=IF(=AND(M3<>C5,C5/M3=INT(C5/M3)),0,C5))

이 IF함수는 만약 M3=1이면, C5에 2가 표시되고 나머지는 내부 조건문을 따른다.

=IF(=AND(M3<>C5,C5/M3=INT(C5/M3)),0,C5)

위의 내부 조건문은 만약 두 가지 관계 M3<>C5 (M3와 C5가 같지않다) 과 C5/M3=INT(C5/M3) (C5/M3 값이 정수이다) 이 모두 참이면, C5에 0이 표시되고 나머지는 C5 값이 그대로 표시된다.
실제로 보면, M3에 1을 입력하면 우선 수식에 의해 이 파일은 초기화가 된다. 다음으로 만약 M3에 1이 아닌 수를 입력하게 되면 우선 그 입력 값이 2인지를 확인하게 되고 2일 경우는 C15에 같은 값인 2가 그대로 있게 된다. 그러나 만약 2가 아니고 동시에 M3 값으로 나누어 떨어지게 되면 2의 배수들은 반드시 해당되는 셀에 0으로 표시가 된다.

☞ **셀수식 :**

C5 =IF(M3=1,2,=IF(=AND(M3<>C5,C5/M3=INT(C5/M3)),0,C5))
D5 =IF(M3=1,3,=IF(=AND(M3<>C5,C5/M3=INT(C5/M3)),0,D5))
E5 =IF(M3=1,4,=IF(=AND(M3<>C5,C5/M3=INT(C5/M3)),0,E5))
…

✻ 학습문제

01 M3에 1을 입력하여 초기화를 한다. 다음 3을 입력하게 되면 어떤 일이 나타나는가? 0으로 표시된 셀은 어떤 수들인가?

02 초기화를 한 후, 2를 입력한다. 0으로 표시된 수는 어떤 수들인가?

03 초기화를 한 후, 0으로 표시되는 셀들이 더 이상 없도록 1보다 큰 수를 계속 입력하여 보시오.

04 수를 입력하였을 때 배열 중에 0으로 나타나는 변화가 없었다면 어떤 이유일까?

05 어떤 수까지 입력하였을 때 0으로 나타나는 변화가 이 배열 중에서 일어나지 않았는가?

06 여기서 모든 소수가 아닌 합성수들을 0으로 만들기 위해서 입력하는 수는 어떻게 알 수 있을까?

07 여기서 얻어지는 결과가 의미하는 바를 설명하시오.

08 (응용문제) 용수는 재남이의 사물함에서 책을 꺼내 가기 위해 사물함 비밀번호를 물었다. 용수는 비밀번호 4자리를 바로 가르쳐 주는 대신, 1부터 100까지의 소수(prime number)의 개수와 그 소수들의 합을 더한 것이 비밀번호라고 말하였다. 재남이가 알아내야 하는 비밀번호 4자리를 구하시오.

최대공약수와 최소공배수

- **학습목표** : 소인수분해의 성질을 이용하여 최대공약수와 최소공배수의 뜻을 이해하고 구할 수 있다.
- **학습분야 및 학년** : 수와 연산, 중학교 1학년(7단계)

✻ 학습내용

이 파일은 우리가 이미 배운 소수를 가지고 자연수를 소인수분해 해보는 것이다. 각 자연수들은 주어진 소수를 인수로 가질 때 해당하는 셀이 0으로 표시된다. 하나의 셀 C4를 예로 들어 수식을 설명해본다.

=IF(MOD(B4,C3)=0,0,B4)

여기서 사용된 논리함수는 IF함수이다. 논리식에 해당하는 MOD(B4,C3)=0의 의미는 B4를 C3으로 나누었을 때 나머지가 0이라는 것이다. 즉, B4가 C3로 나누어 떨어지면 C4는 0으로 표시되고 그렇지 않으면 B4를 표시한다. 참고로 앞에서 배운 INT함수를 사용하여 B4/C3=INT(B4/C3)으로 사용할 수도 있다.
실제로 보면, 자연수 16을 보면 셀 C4만 0으로 표시되고 나머지 행의 셀들은 변함이 없음을 알 수 있다. 즉, 자연수 16은 주어진 소수 중 2만을 인수로 갖는다는 사실을 알 수 있는 것이다.
또한, 이 자료의 목표는 최대공약수와 최소공배수의 개념을 이해하는 것이기 때문에 학생 스스로 계산하는 과정을 완성해가야 한다. 공통인 소인수를 찾아 최대공약수와 최소공배수를 구하기 위해 간단한 수식을 이용한다. 16과 24의 공통인 소인수를 찾아 C17에 간단한 수식 =C16/B16을 이용한다면 공통인 소인수의 곱이 최대공약수라는 것과 공통인 소인수와 마지막 몫의 곱이 최소공배수라는 사실을 이용하여 구할 수 있다.

☞ **셀수식 :**

```
C4  =IF(MOD(B4,C3)=0,0,B4)    D4  =IF(MOD(B4,D3)=0,0,B4)    …
C5  =IF(MOD(B5,C3)=0,0,B5)    D5  =IF(MOD(B5,D3)=0,0,B5)    …
C6  =IF(MOD(B6,C3)=0,0,B6)    …
…
C17  =C16/B16    C18  =E16/B16
…
```

✻ 학습문제

01 (16, 30), (16, 75)...(391, 138) 등의 이들 두 수를 C11과 E11에 적어 넣어서 최소공배수와 최대공약수를 구하시오.

02 셀 B4:B9에 위와 다른 수들로 바꾸고, M3, N3이후의 셀에도 다음에 오는 소수들로 더욱 확장하여 만든 다음 선택한 두 수를 C11과 E11에 적어 넣어 두 수간의 최소공배수와 최대공약수를 구하시오.

03 두 수의 최대공약수가 1이면 서로 소라고 한다. 임의의 수 n과 n보다 작은 수 중에서 n과 서로 소인 정수를 찾는 모델을 만드시오.

진법변환(십진법을 n진법으로)하기

- **학습목표** : 진법의 의미를 알고 다양한 진법으로 진법간의 변환 규칙을 스스로 찾아 진법 변환을 할 수 있다.
- **학습분야 및 학년** : 수와 연산, 중학교 1학년(7단계)

학습내용

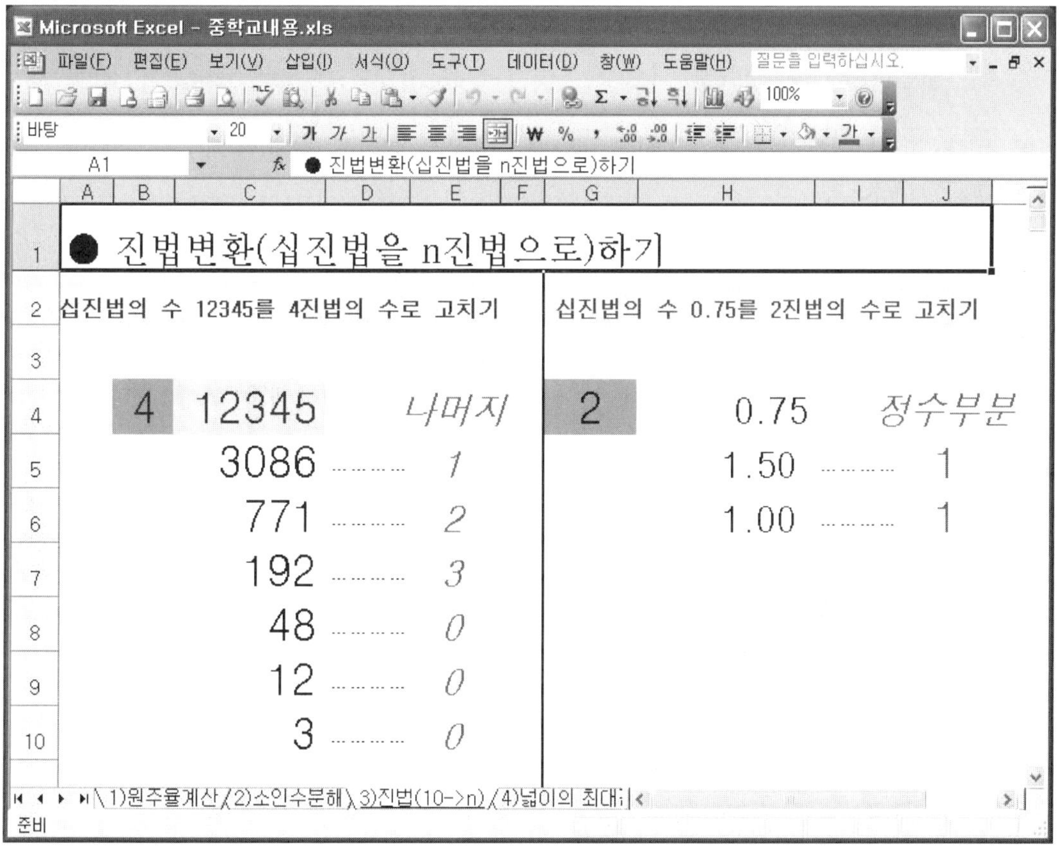

이 파일은 십진법의 수를 다른 수의 진법으로 고쳐보는 파일이다. 십진법의 표현 방법을 살펴본다. 예를 들어 123을 10으로 나누면, 몫은 12이고 나머지는 3, 몫 12를 10으로 나누면, 몫은 1이고 나머지는 2, 몫 1을 10으로 나누면, 몫은 0이고 나머지는 1이다. 이 나머지들은 거꾸로 쓰면 123이 된다. 즉, 123 = ((0 × 10 + 1) × 10 + 2) × 10 + 3이다. 이것을 이용하여 십진법을 다른 진법으로 고치는 방법을 생각해 볼 수 있다. 이 파일에서 십진법의 수 12345를 진법으로 고치면 12345를 4로 계속 나누어 그 몫이 0이 될 때 까지 계산을 계속한다. 그 후 구한 나머지를 역순으로 나열한 $3000321_{(4)}$이 십진법의 수 12345를 사진법으로 나타낸 수이다. 또한 중학교 1학년 심화문제로 소수진법이 나온다. 진법에서 각 자리는 지수를 나타낸다. 제일 마지막 자리는 0제곱이고 왼쪽으로 하나씩 올라갈수록 지수가 하나씩 늘어나는 것이다. 즉, 반대로 갈 경우에는 지수가 하나씩 줄어든다는 것이 된다. 즉 $1_{(2)}=2^0$이고 $0.1_{(2)}=2^{(-1)}=\frac{1}{2}$라는 뜻이다. 십진법의 수를 다른 진법의 수로 나타낼 때 정수는 나누었다면, 소수는 반대로 곱하면 된다. 예를 들어 십진법의 소수 0.75를 이진법으로 나타내려면 0.75에 2를 곱하여 나오는 정수부분을 역순으로 나열한 $0.11_{(2)}$이 십진법의 수 0.75를 이진법으로 나타낸 소수이다.

여기서 주로 사용된 함수는 IF함수와 INT함수, MOD함수이다. 먼저 셀 C5의 수식을 살펴보면,

=IF(C4="","",IF(INT(C4/$B$4)=0,"",INT(C4/$B$4)))으로 되어있다. 여기서 IF함수는 계속나누어가는 과정에서 몫이 0이 되었을 때 엑셀에서 셀에 나타내어지는 0이라는 숫자를 공란으로 안보이게 함으로써 시트를 좀 더 깔끔하게 보이게 하기 위한 수식으로 작성해보았다. INT는 소수 이하를 버리는 함수이다. 셀 C5는 C4가 공란이거나 C4를 B4로 나눈 몫이 0면 공란으로 나타내고 아니면 몫을 그대로 나타내라는 의미이다. 셀 E5에서는 MOD함수가 나오는데 MOD(수차, 제수)인 경우 수치를 제수로 나누었을 때의 나머지를 구하는 함수이다. 여기서 E5는 =IF(C5="","",MOD(C4,$B$4)). 이 의미는 C5가 공란이면 공란으로 나타내고 아닌 경우는 C4를 B4로 나눈 나머지를 구하라는 것이다.

그 외의 셀 H5나 J5의 셀수식도 진법변환과정만 이해했다면 어렵지 않게 해석할 수 있으리라 생각된다.

☞ 셀수식 :

A2	="십진법의 수 "&C4&"를 "&B4&"진법의 수로 고치기"				
B4	4	C4	12345	E4	나머지
C5	=IF(C4="","",IF(INT(C4/$B$4)=0,"",INT(C4/$B$4)))	D5	=IF(C5<>"","…………","")	E5	=IF(C5="","",MOD(C4,$B$4))
C5	=IF(C4="","",IF(INT(C4/$B$4)=0,"",INT(C4/$B$4)))	D5	=IF(C5<>"","…………","")	E5	=IF(C5="","",MOD(C4,$B$4))
…		…		…	
G2	="십진법의 수 "&H4&"를 "&G4&"진법의 수로 고치기"				
G4	2	H4	0.75	J4	정수부분
H5	=IF(H4="","",IF(((H4-INT(H4))*$G$4=0),"",(H4-INT(H4))*$G$4))	I5	=IF(H5<>"","…………","")	J5	=IF(H5="","",INT(H5))
H5	=IF(H4="","",IF(((H4-INT(H4))*$G$4=0),"",(H4-INT(H4))*$G$4))	I5	=IF(H5<>"","…………","")	J5	=IF(H5="","",INT(H5))
…		…		…	

✲ 학습문제

01 다음에 주어지는 십진법의 수를 지필로 이진법과 오진법의 수로 나타내보아라.

(1) 238 (2) 4413 (3) 25 (4) 0.1 (5) 0.23

02 이 파일을 이용하여 위의 1번 문제 답을 확인해 보시오.

소인수분해 하기

- **학습목표** : 소수와 합성수의 의미를 알고 소인수분해를 할 수 있다.
- **학습분야 및 학년** : 수와 연산, 중학교 1학년(7단계)

학습내용

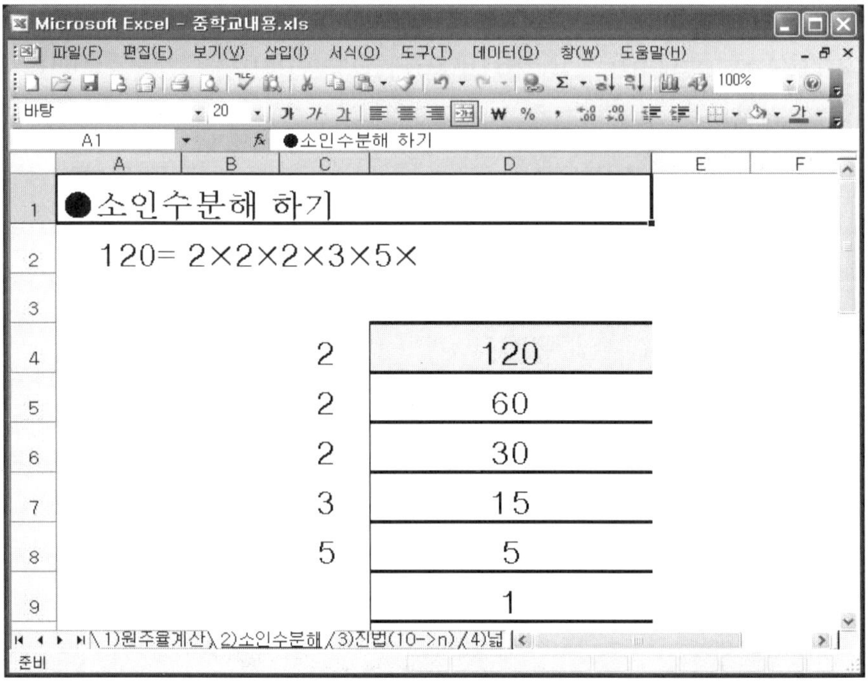

앞에서 '배수와 소수'라는 단원에서 엑셀을 이용한 에라토스테네스의 체의 방법으로 소수를 구하여 보았다. 이것을 이용하여 어떠한 자연수를 소수들만의 곱으로 나타내는 것을 소인수분해라하는데 이 파일은 이러한 소인수분해를 엑셀을 이용하여 좀 더 쉽게 확인하여보고 소인수분해에 대한 성질을 심화학습하는데 그 학습목표가 있다고 하겠다.

여기서 사용된 함수는 IF함수와 INT함수로 아주 단순하다. 셀 D5의 수식을 살펴보면, =IF(C4="","",IF(D4/C4=INT(D4/C4),D4/C4,"잘못 나누었습니다"))으로 되어있다. 여기서 IF함수는 계속 소수로 나누어가는 과정에서 몫이 소수가 되어 더 이상 나눌 수 없을 때 엑셀에서 셀을 공란으로 안보이게 함으로써 시트를 좀 더 깔끔하게 보이게 하기 위한 수식으로 작성해보았다. INT는 소수 이하를 버리는 함수이다. 여기서는 INT함수를 소수로 나누었을 때 나누어떨어지는 경우만을 셀에 표시하기 위해 사용하였다. 셀 D5는 만약 D4를 C4로 나누었을 때 나누어 떨어지면 D4를 C4로 나눈 몫을 나타내고 아닌 경우에는 '잘못 나누었습니다'라는 문구가 나타내라는 의미이다. 또한 셀 D5에서 더 이상 나눌 수 있는 소수가 없으면 그 다음 밑으로 나타나는 셀에서는 공란이 표시되게 하였다. 또 하나 이 파일에서는 소인수 결과를 표시해 주는 방법으로 연산자 "&"를 사용하였다. 여러 텍스트 항목을 한 텍스트로 결합하는 것으로 B2에 나와 있는 셀 수식 = C4 &"×"& C5 &"×"& C6 &"×"& C7 &"×"& C8 &"×"& C9의 의미는 C4, C5, C6, C7, C8, C9의 값을 ×라는 기호로 결합하여 나타내라는 것이다.

☞ 셀수식 :

A2 =D4&"=" B2 =C4&"×"&C5&"×"&C6&"×"&C7&"×"&C8&"×"&C9

C4 2 D4 120

C5 2 D5 =IF(C4="","",IF(D4/C4=INT(D4/C4),D4/C4,"잘못 나누었습니다"))

C6 2 D6 =IF(C5="","",IF(D5/C5=INT(D5/C5),D5/C5,"잘못 나누었습니다"))

… …

학습문제

01 다음에 주어지는 수를 소인수분해하여 나타내보아라.

(1) 52 (2) 60 (3) 125 (4) 300 (5) 72

02 소인수분해를 이용하여 72의 약수의 개수와 그 약수를 모두 구하여 보시오.

03 소인수분해를 이용하여 두 수 24와 30의 최대공약수를 구하여 보시오.

04 소인수분해를 이용하여 세 수 12, 60, 120의 최대공약수를 구하여 보시오.

제곱근

- **학습목표** : 나누고 평균내는 방법으로 수의 제곱근을 구할 수 있다.
- **학습분야 및 학년** : 수와 연산, 중학교 3학년(9단계)

학습내용

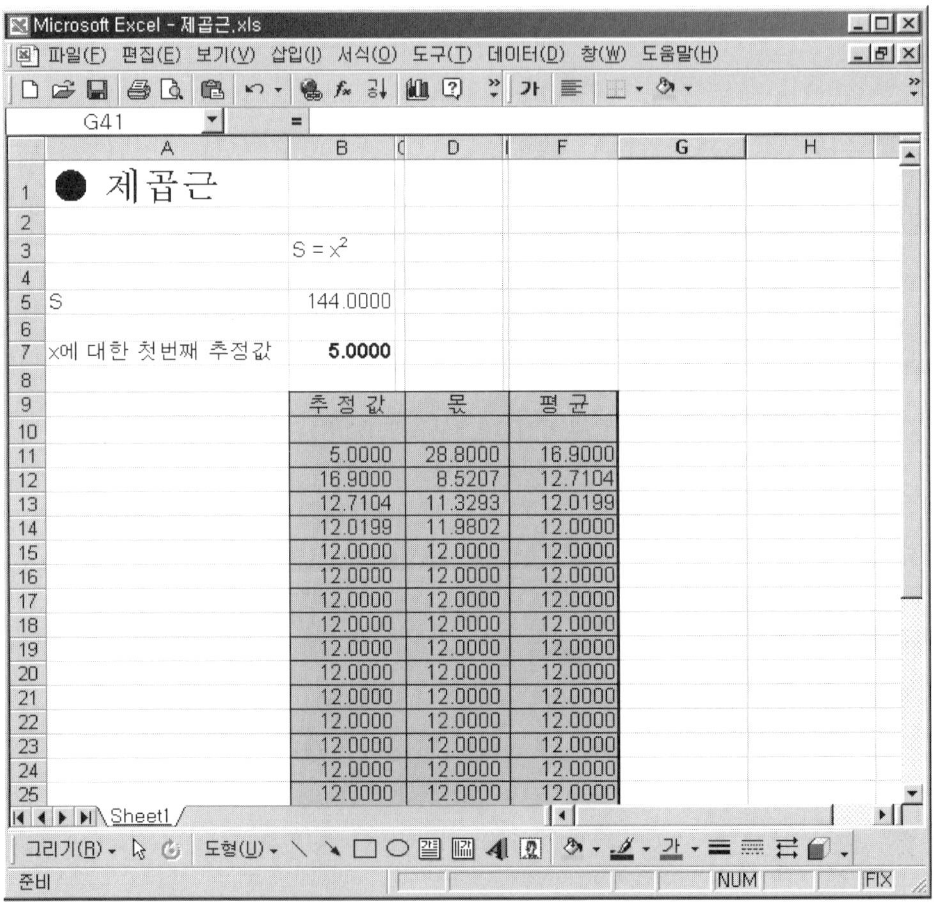

추 정 값	몫	평 균
5.0000	28.8000	16.9000
16.9000	8.5207	12.7104
12.7104	11.3293	12.0199
12.0199	11.9802	12.0000
12.0000	12.0000	12.0000
12.0000	12.0000	12.0000
12.0000	12.0000	12.0000
12.0000	12.0000	12.0000
12.0000	12.0000	12.0000
12.0000	12.0000	12.0000
12.0000	12.0000	12.0000
12.0000	12.0000	12.0000
12.0000	12.0000	12.0000
12.0000	12.0000	12.0000
12.0000	12.0000	12.0000

이 파일은 수식 $S = x^2$을 표현한 것으로 S는 주어진 수 x의 제곱이다.
셀 B5은 S에 대한 선택된 값이다. 여기서는 144.000이다.
셀 B7은 x에 대한 첫 번째 추정값으로 여기서는 5.000이다.

셀 B11은 S의 제곱근에 대한 첫 번째 추정값이고 셀 D11은 S를 첫 번째 추정값으로 나눈 몫이며 셀 F11은 이 두 값의 평균이다.

$S=x^2$에서 양변을 x로 나누면 $x=\frac{S}{x}$이 됨을 이용한 것이다.

☞ **셀수식 :**

B11 =B7	D11 =B5/B7	F11 =0.5*(B11+D11)
B12 =F11	D12 =$B$5/B12	F12 =0.5*(B12+D12)
B13 =F12	D13 =$B$5/B13	F13 =0.5*(B13+D13)
B14 =F13	D14 =$B$5/B14	F14 =0.5*(B14+D14)
B15 =F14	D15 =$B$5/B15	F15 =0.5*(B15+D15)
…	…	…

학습문제

01 이 엑셀 작업은 어떻게 한 것인가? 수가 표시된 셀에 커서를 위치한 후 사용한 방법이 무엇인지 밝히시오.

02 만약 제곱근에 대한 첫 번째 추정값을 너무 크게 하거나 너무 작게 하면 어떤 일이 일어나는가?

03 144의 제곱근을 알기 위해 추정값을 5로 하면 몇 번 나누었을 때 제곱근 값을 구할 수 있는가?

04 S에 해당하는 B5값을 383으로 바꾸어 입력하시오. 추정값을 5로 하였을 때 383의 제곱근을 구하려면 몇 번 나누어야 하는가?

05 12345678의 제곱근을 이 파일을 이용하여 구하려고 한다. x에 대한 첫 번째 추정값을 얼마로 하는 것이 좋을까?

06 가능한 적은 횟수의 나눗셈으로 어느 수의 제곱근을 결정하거나 빨리 작업을 끝내려면 어떻게 하여야 하는가?

원주율(Π)값 구하기

- **학습목표** : 아르키메데스가 계산한 방법으로 엑셀을 이용하여 원주율의 근사값을 구할 수 있다.
- **학습분야 및 학년** : 도형, 중학교 3학년(9단계)

학습내용

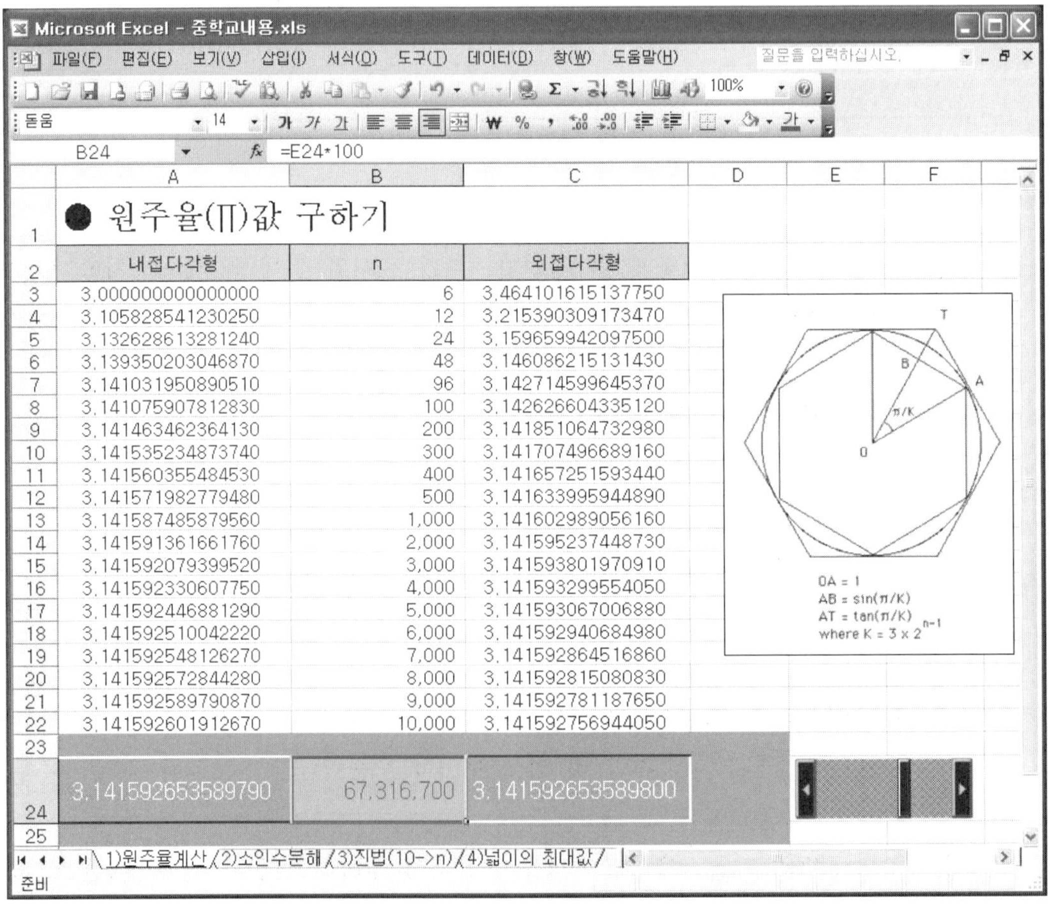

내접다각형	n	외접다각형
3.000000000000000	6	3.464101615137750
3.105828541230250	12	3.215390309173470
3.132628613281240	24	3.159659942097500
3.139350203046870	48	3.146086215131430
3.141031950890510	96	3.142714599645370
3.141075907812830	100	3.142626604335120
3.141463462364130	200	3.141851064732980
3.141535234873740	300	3.141707496689160
3.141560355484530	400	3.141657251593440
3.141571982779480	500	3.141633995944890
3.141587485879560	1,000	3.141602989056160
3.141591361661760	2,000	3.141595237448730
3.141592079399520	3,000	3.141593801970910
3.141592330607750	4,000	3.141593299554050
3.141592446881290	5,000	3.141593067006880
3.141592510042220	6,000	3.141592940684980
3.141592548126270	7,000	3.141592864516860
3.141592572844280	8,000	3.141592815080830
3.141592589790870	9,000	3.141592781187650
3.141592601912670	10,000	3.141592756944050
3.141592653589790	67,316,700	3.141592653589800

이 파일은 원주율을 구해보는 파일로서 아르키메데스가 계산했던 방법을 엑셀을 이용하여 근사값을 구하는 것이다.

아르키메데스는 원의 둘레는 그 원에 내접하는 다각형의 둘레보다 길고 그 원에 외접하는 다각형의 둘레보다 짧다는 것을 이용했다. 여기서 원의 지름을 1이라고 하면 원둘레가 그대로 원주율이 된다. 아르키메데스는 이 방법을 이용하여 원에 내접하는 정 6각형, 정 12각형, 정 24각형, 정 48각형의 둘레의 길이를 계산했다. 원에 내접하는 정 96각형의 둘레를 계산하여 원주율이 $3\frac{10}{71}$보다 크다는 것을 발견했다. 이어 원에 외접하는 정 96각형의 둘레를 계산하여 원주율이 $3\frac{1}{7}$보다 작다는 것을 발견했다. 이것을 부등식으로 나타내면 $3\frac{10}{71} < \pi < 3\frac{1}{7}$이고 이것을 소수로 나타내면 $3.140845 < \pi < 3.142857$이다. 물론 엑셀을 이용하여 좀 더 정확한 근사값을 구한 결과 아르키메데스가 구한 계산값이 약간의 오차가 있는 것을 알 수 있으나 당시 삼각함수도 이용할 수 없었고, 소수 표기법도 몰랐는데 이 정도의 정확한 값을 구할 수 있었다는 것은 매우 놀랄만한 일이 아닐 수 없다.
여기서는 좀 더 n값을 크게 하여 원에 가깝도록 만들어 보기 위해 스크롤 바를 이용하여 시각화 하였다. LinkedCell은 E24로 하였고 Max값을 1,000,000까지 하여 최대한 원에 가까운 다각형을 만들었을 때의 원주율의 근사값을 구해보았다.

☞ 셀수식 :

A3	=B3*SIN(PI()/B3)	B3	=6	C3	=B3*TAN(PI()/B3)
A4	=B4*SIN(PI()/B4)	B4	=12	C4	=B4*TAN(PI()/B4)
A5	=B5*SIN(PI()/B5)	B5	=24	C5	=B5*TAN(PI()/B5)
…		…			

* 스크롤 바에 의한 LinkedCell은 E24로 하였으며 E24셀과 연결된 B24 = E24*100으로 하여 더욱 원에 가까운 다각형을 만들어 보았다.

✻ 학습문제

01 이 파일에서 사용된 다각형의 개념을 가지고 원둘레의 길이와 원의 넓이를 구하여 보아라.

02 <심화문제> 지구의 적도를 걸어서 일주했다고 하자. 머리 꼭대기는 발끝보다 어느 정도 더 여행했을까? (단, 사람의 신장을 1.7m라 생각한다)

03 <심화문제> 지구 적도에 철사를 한 바퀴 두른 다음 이 철사의 길이를 1m 길게 한다면 쥐가 철사와 지구사이를 빠져나갈 수 있을까?

04 주어진 엑셀 파일을 이용하여 위의 문제 2번에 주어진 이차함수와 x축과의 교점의 개수를 확인하여 보시오.

두 직선의 위치관계

- **학습목표** : 두 직선이 만날 때, 평행일 때, 수직일 때의 조건을 이해하고, 이를 활용할 수 있다.
- **학습분야 및 학년** : 도형, 고등학교 1학년(10단계)

학습내용

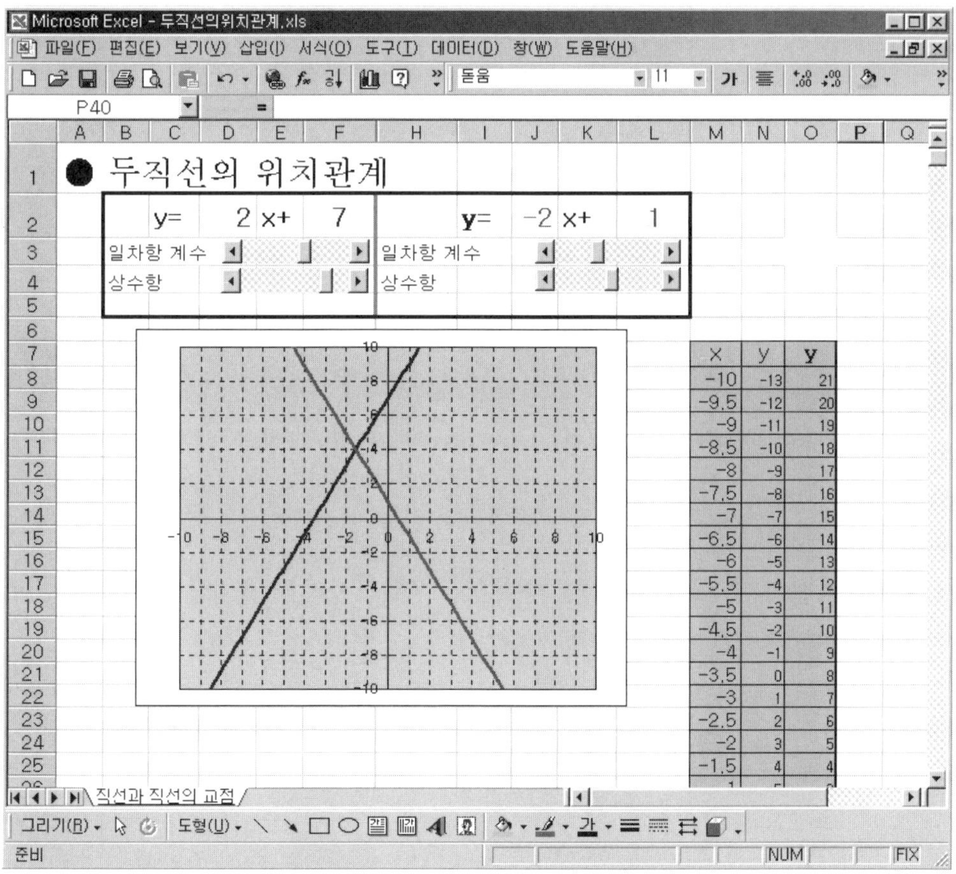

두 직선의 방정식이 $y = mx + n$, $y = m'x + n'$일 때

(1) **한 점에서 만날 조건** : $m \neq m'$ (2) **평행일 조건** : $m = m'$, $n \neq n'$

(3) **일치할 조건** : $m = m'$, $n = n'$ (4) **수직일 조건** : $mm' = -1$

두 직선의 방정식이 $ax + by + c = 0$, $a'x + b'y + c' = 0$과 같은 일반형일 때에는 표준형으로 고쳐서 생각하면 쉽다.

(1) **한 점에서 만날 조건** : $\frac{a'}{a} \neq \frac{b'}{b}$ (2) **평행일 조건** : $\frac{a'}{a} = \frac{b'}{b} \neq \frac{c'}{c}$

(3) **일치할 조건** : $\frac{a'}{a} = \frac{b'}{b} = \frac{c'}{c}$ (4) **수직일 조건** : $aa' + bb' = 0$

> ☞ **셀수식 :**
>
> N8 =$D$2*M8+$F$2 O8 = $J$2 *M8+$L$2
> N9 =$D$2*M9+$F$2 O9 = $J$2 *M9+$L$2
> N10 =$D$2*M10+$F$2 O10 = $J$2 *M10+$L$2
> … …

✻ 학습문제

01 이 파일에 사용된 스크롤 바를 이용하여 다음 두 직선을 각각 그려보시오.

(1) $\begin{cases} y = 2x + 7 \\ y = -3x + 1 \end{cases}$ (2) $\begin{cases} y = 2x + 1 \\ y = 2x - 4 \end{cases}$ (3) $\begin{cases} y = 2x - 1 \\ y = -0.5x + 3 \end{cases}$

02 위의 1번 문제에서 그려지는 두 직선을 보고 교점의 개수를 생각하여보고 그 이유를 설명해보시오.

03 두 직선이 수직으로 만나기 위해서는 두 직선의 기울기들의 곱이 -1이 되어야 한다. 그 이유를 증명하여 보시오.

헤론의 공식

- **학습목표** : 헤론의 공식을 증명할 수 있다. 헤론의 공식을 이용하여 삼각형의 최대 넓이와 최대 넓이를 가지는 세변의 길이를 구할 수 있다.
- **학습분야 및 학년** : 도형, 고등학교 1학년(10단계)

학습내용

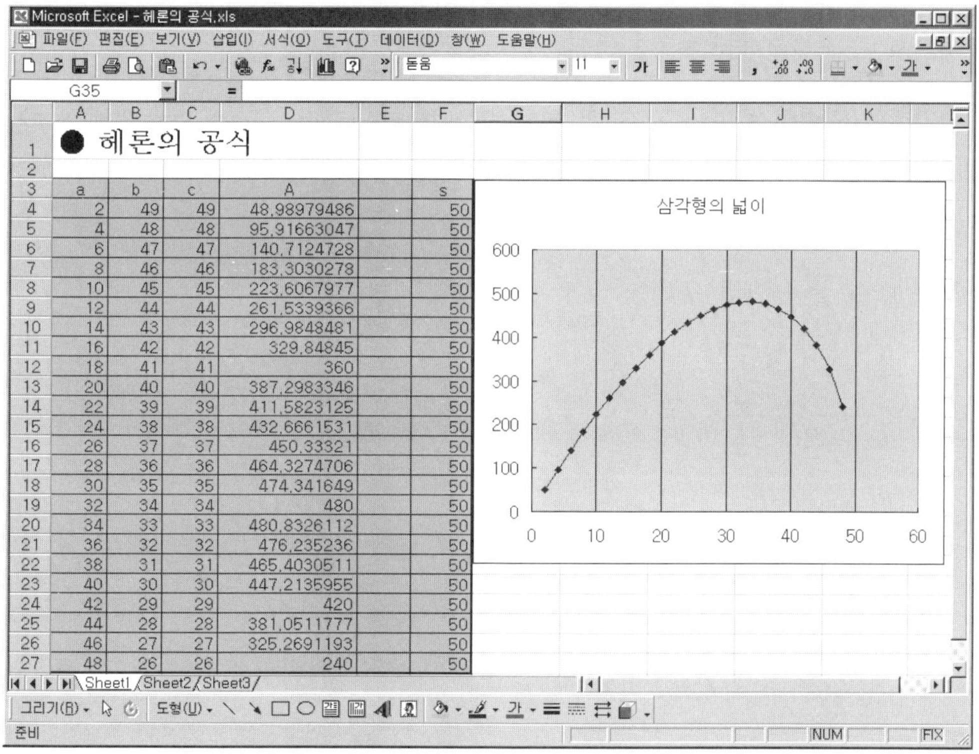

a	b	c	A		s
2	49	49	48.98979486		50
4	48	48	95.91663047		50
6	47	47	140.7124728		50
8	46	46	183.3030278		50
10	45	45	223.6067977		50
12	44	44	261.5339366		50
14	43	43	296.9848481		50
16	42	42	329.84845		50
18	41	41	360		50
20	40	40	387.2983346		50
22	39	39	411.5823125		50
24	38	38	432.6661531		50
26	37	37	450.33321		50
28	36	36	464.3274706		50
30	35	35	474.341649		50
32	34	34	480		50
34	33	33	480.8326112		50
36	32	32	476.235236		50
38	31	31	465.4030511		50
40	30	30	447.2135955		50
42	29	29	420		50
44	28	28	381.0511777		50
46	27	27	325.2691193		50
48	26	26	240		50

헤론의 공식은 다음과 같다.

세 변의 길이가 a, b, c일 때, 삼각형의 넓이 A는

$$A=\sqrt{s(s-a)(s-b)(s-c)} \quad (\text{단, } s=\frac{a+b+c}{2})$$

이다. 헤론의 공식을 증명하는 방법에는 여러 가지가 있다. 여기서는 기하와 대수

의 초등 지식만으로 증명해 보려고 한다. 사전 지식으로는 피타고라스의 정리와 삼각형의 넓이 구하는 공식을 알아두자.

삼각형 세변의 길이가 a, b, c이고 높이를 h라 하자.

이때 $s=\frac{a+b+c}{2}$라 하면

$$2s=a+b+c$$
$$2(s-a)=-a+b+c$$
$$2(s-b)=a-b+c$$
$$2(s-c)=a+b-c$$

임을 알 수 있다.

여기서, 삼각형의 넓이는 $A=\frac{1}{2}ch$이다.

삼각형의 밑변 c를 $c=p+q$라 하자. 그러면 피타고라스의 정리에 의해

$h^2+p^2=a^2$, $h^2+q^2=b^2$ 이다. $q=c-p$이므로 $q^2=(c-p)^2$ 즉,

$q^2=c^2-2cp+p^2$

양변에 h^2을 더하면 $h^2+q^2=h^2+c^2-2cp+p^2$

$b^2=a^2-2cp+c^2$

$p=\frac{a^2+c^2-b^2}{2c}$

$$\begin{aligned}h^2&=a^2-p^2\\&=(a+p)(a-p)\\&=(a+\frac{a^2+c^2-b^2}{2c})(a-\frac{a^2+c^2-b^2}{2c})\\&=\frac{(2ac+a^2+c^2-b^2)(2ac-a^2-c^2+b^2)}{4c^2}\\&=\frac{((a+c)^2-b^2)(b^2-(a-c)^2)}{4c^2}\\&=\frac{(a+b+c)(a+c-b)(b+a-c)(b-a+c)}{4c^2}\\&=\frac{(a+b+c)(-a+b+c)(a-b+c)(a+b-c)}{4c^2}\end{aligned}$$

$$= \frac{2s\,2s(s-a)\,2(s-b)\,2(s-c)}{4c^2}$$

$$= \frac{4s(s-a)\,(s-b)\,(s-c)}{c^2}$$

따라서, $h=\frac{2\sqrt{s(s-a)(s-b)(s-c)}}{c}$ 이다. 삼각형의 넓이 A는

$$A = \frac{1}{2}ch = \frac{1}{2}c\left(\frac{2\sqrt{s(s-a)(s-b)(s-c)}}{c}\right)$$

그러므로 삼각형의 넓이는 $A=\sqrt{s(s-a)(s-b)(s-c)}$ 이다.

증명을 마치면 다음과 같은 학습문제를 제시한다.

☞ **셀수식 :**

B4 =(100－A4)/2	C4 =100－A4－B4	D4 =SQRT(F4*(F4－A4)*(F4－B4)*(F4－C4))	F4 =(A4+B4+C4)/2
B5 =(100－A5)/2	C5 =100－A5－B5	D5 =SQRT(F5*(F5－A5)*(F5－B5)*(F5－C5))	F5 =(A5+B5+C5)/2
B6 =(100－A6)/2	C6 =100－A6－B6	D6 =SQRT(F6*(F6－A6)*(F6－B6)*(F6－C6))	F6 =(A6+B6+C6)/2
B7 =(100－A7)/2	C7 =100－A4－B4	D4 =SQRT(F4*(F4－A4)*(F4－B4)*(F4－C4))	F4 =(A4+B4+C4)/2
…	…	…	…

✻ 학습문제

01 100m 길이를 가지고 서로 다른 삼각형 모양을 만들어 보시오. 이때 각 삼각형은 넓이를 구하여보시오. 넓이가 최대가 될 때의 삼각형은 어떤 모양인가?

02 삼각형의 모양이 정삼각형일 때 최대 넓이가 됨을 보이시오.

03 이등변 삼각형이 아닌 다른 삼각형 중에서 변의 길이와 넓이가 정수가 되는 삼각형을 찾아보시오.

04 삼각형 세 변의 길이의 합이 12가 되는 삼각형 중에서 변의 길이와 넓이가 정수가 되는 삼각형을 찾아보시오.

자료수집과 분석(키와 팔길이)

- **학습목표** : 표와 그래프를 이용하여 만들어 봄으로써 자료를 수집하고 분석할 수 있다.
- **학습분야 및 학년** : 확률과 통계, 중학교 1학년(7단계)

학습내용

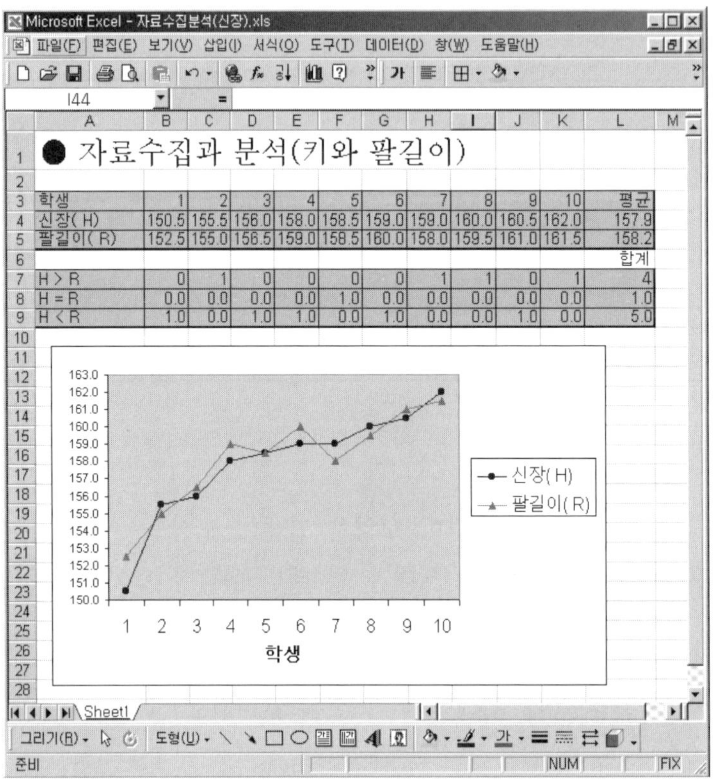

● 자료수집과 분석(키와 팔길이)

학생	1	2	3	4	5	6	7	8	9	10	평균
신장(H)	150.5	155.5	156.0	158.0	158.5	159.0	159.0	160.0	160.5	162.0	157.9
팔길이(R)	152.5	155.0	156.5	159.0	158.5	160.0	158.0	159.5	161.0	161.5	158.2
											합계
H > R	0	1	0	0	0	0	1	1	0	1	4
H = R	0.0	0.0	0.0	0.0	1.0	0.0	0.0	0.0	0.0	0.0	1.0
H < R	1.0	0.0	1.0	1.0	0.0	1.0	0.0	0.0	1.0	0.0	5.0

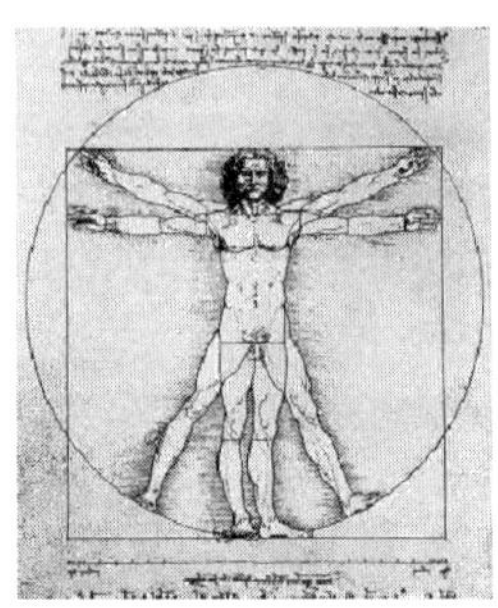

이 파일은 10명의 학생들의 신장과 팔 길이를 표에 입력해 놓았다. 신장과 팔길이의 평균을 구하고 신장이 팔길이보다 긴지, 같은지, 짧은지를 차례로 조사한다. 이 정보를 꺾은선 그래프를 사용하여 나타낸다.

☞ 셀수식 :

L4 =AVERAGE(B4:K4)

L5 =AVERAGE(B5:K5)

B7 =IF(B4>B5,1,0) ... K6 =IF(K4>K5,1,0) L6 =SUM(B7:K7)

B8 =IF(B4=B5,1,0) ... K8 =IF(K4=K5,1,0) L8 =SUM(B8:K8)

B9 =IF(B4<B5,1,0) ... K9 =IF(K4<K5,1,0) L9 =SUM(B9:K9)

학습문제 : 다음 순서대로 활동을 전개하시오.

01 10명의 학생들에 대하여 신발을 신지 않고 신장을 재어보시오.

02 엑셀 표에 신장이 작은 학생부터 큰 학생 순으로 기록하시오.

03 같은 10명의 학생들의 팔 길이를 손끝에서 손끝까지 재어본다. 팔 길이를 잴 때는 등을 벽에 대고 가능한 한 팔을 쫙 편 상태로 바닥과 평행이 되도록 한 후 재는 것이 정확하다. 엑셀의 셀에 그들의 팔 길이를 기록하시오.

04 팔 길이가 가장 짧은 학생과 가장 긴 학생은? 신장보다 팔 길이가 긴 학생과 짧은 학생은? 둘 다 같은 학생은? 10명의 학생들의 신장과 팔 길이의 평균은?

05 다른 10명의 학생들로 신장과 팔 길이를 다시 재어보고 결과를 비교해 보시오.

06 같은 활동을 저학년에서 고학년까지 다시해보고 결과를 비교해 보시오.

자료수집과 분석(설문조사)

- **학습목표** : 표와 그래프를 이용하여 만들어 봄으로써 자료를 수집하고 분석할 수 있다.
- **학습분야 및 학년** : 확률과 통계, 중학교 1학년(7단계)

학습내용

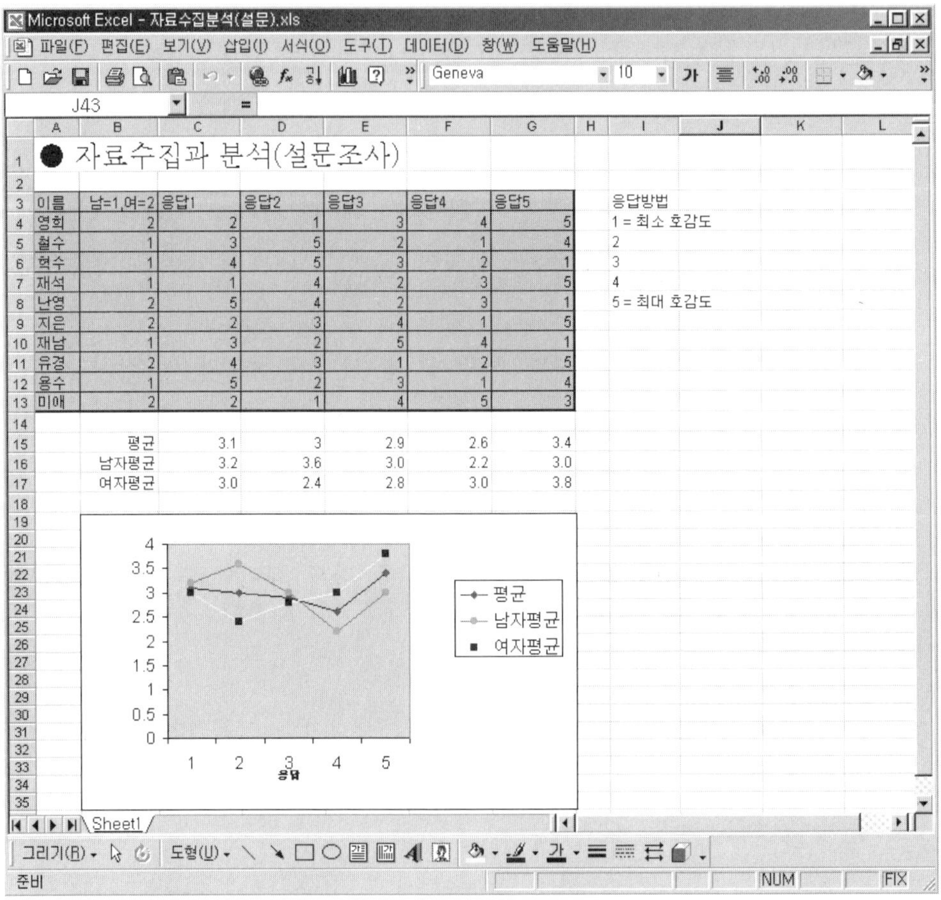

이름	남=1,여=2	응답1	응답2	응답3	응답4	응답5
영희	2	2	1	3	4	5
철수	1	3	5	2	1	4
혁수	1	4	5	3	2	1
재석	1	1	4	2	3	5
난영	2	5	4	2	3	1
지은	2	2	3	4	1	5
재남	1	3	2	5	4	1
유경	2	4	3	1	2	5
용수	1	5	2	3	1	4
미애	2	2	1	4	5	3
	평균	3.1	3	2.9	2.6	3.4
	남자평균	3.2	3.6	3.0	2.2	3.0
	여자평균	3.0	2.4	2.8	3.0	3.8

이 파일은 10명의 학생들에게 각각 다섯 개의 질문을 한 후 그 응답을 입력한 것이다. 각 질문에 대한 모든 응답, 남학생 응답, 여학생 응답의 평균을 계산한다.

그리고 그 정보를 가지고 꺾은선 그래프를 사용하여 나타낸다.

☞ 셀수식 :

C15 =AVERAGE(C4:C13) … G15 =AVERAGE(G4:G13)

C16 =SUM(IF(B4=1,C4),IF(B5=1,C5),IF(B6=1,C6),IF(B7=1,C7),IF(B8=1,C8),
IF(B9=1,C9),IF(B10=1,C10),IF(B11=1,C11),IF(B12=1,C12),IF(B13=1,C13))
/(COUNT(IF(B4=1,1,A33),IF(B5=1,1,A33),IF(B6=1,1,A33),IF(B7=1,1,A33),
IF(B8=1,1,A33),IF(B9=1,1,A33),IF(B10=1,1,A33),IF(B11=1,1,A33),
IF(B12=1,1,A33), IF(B13=1,1,A33))

D16 부터 G16 까지는 위 수식의 C자리에 각각 D, E, F, G 로 대신하여 입력.

C17 =SUM(IF(B4=2,C4),IF(B5=2,C5),IF(B6=2,C6),IF(B7=2,C7),IF(B8=2,C8),
IF(B9=2,C9),IF(B10=2,C10),IF(B11=2,C11),IF(B12=2,C12),
IF(B13=2,C13))
/(COUNT(IF(B4=2,1,A33),IF(B5=2,1,A33),IF(B6=2,1,A33),IF(B7=2,1,A33),
IF(B8=2,1,A33),IF(B9=2,1,A33),IF(B10=2,1,A33), IF(B11=2,1,A33),
IF(B12=2,1,A33),IF(B13=2,1,A33))

D17 부터 G17 까지는 위 수식의 C자리에 각각 D, E, F, G 로 대신하여 입력.

✻ 학습문제 : 다음 순서대로 활동을 전개하시오.

01 다섯 개의 탄산음료에 대한 조사를 만들어 보시오. 10명의 학생들에게 가장 낮은 호감도를 1로, 가장 높은 호감도를 5로 하여 다섯 개의 음료를 조사하시오.

02 엑셀 표에 조사한 정보를 입력 후, 준비된 열에 남학생은 1로 여학생은 2로 성별을 입력하시오.

03 모든 사람에게 가장 인기있는 음료는 어떤 것인가? 남학생과 여학생들에게 가장 인기있는 음료는 어떤 것인가?

04 가장 높은 평가와 가장 낮은 평가를 받은 음료는 어떤 것인가? 모든 응답의 남학생과 여학생의 평균이 어떤지를 비교하시오.

05 이 설문으로부터 조사할 수 있는 다른 질문은 어떤 것이 있는지 설명하시오.

06 다른 10명의 학생들로 같은 설문조사를 해보시오. 결과를 비교하시오.

성적평가철

- **학습목표** : 평균의 개념을 이해하고 합, 수세기, 최소값, 최대값, 평균을 구하는 방법을 알 수 있다.
- **학습분야 및 학년** : 확률과 통계, 중학교 1학년(7단계)

학습내용

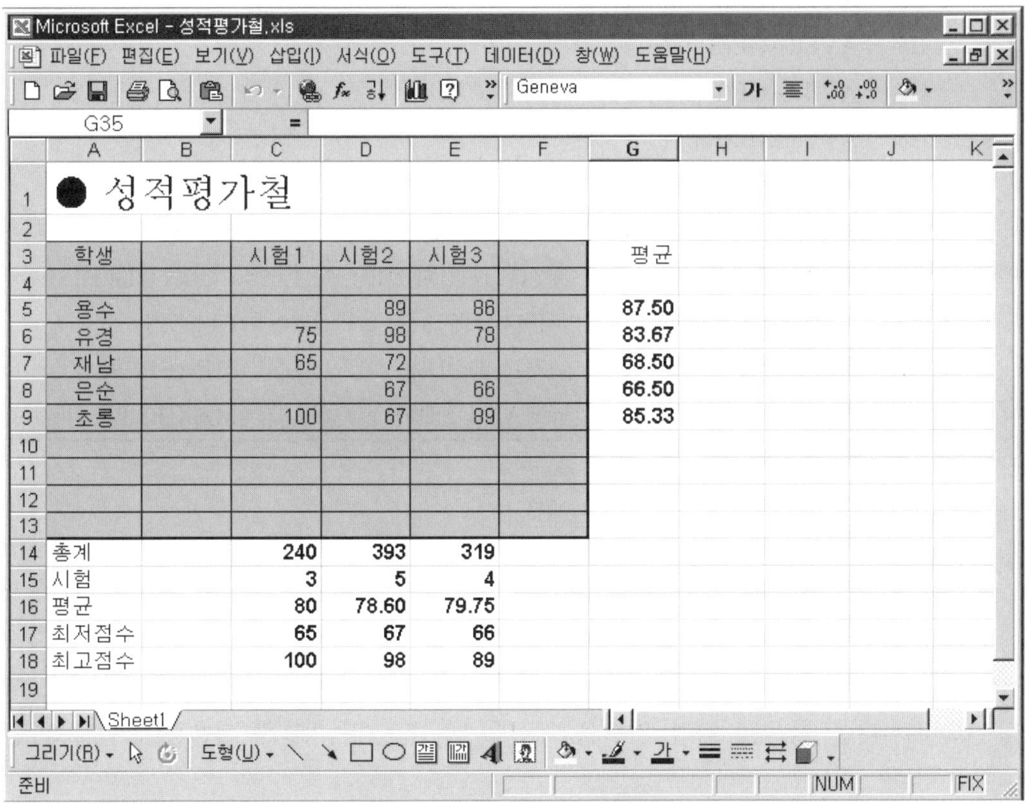

Microsoft Excel - 성적평가철.xls

● 성적평가철

학생		시험1	시험2	시험3		평균
용수			89	86		87.50
유경		75	98	78		83.67
재남		65	72			68.50
은순			67	66		66.50
초롱		100	67	89		85.33
총계		240	393	319		
시험		3	5	4		
평균		80	78.60	79.75		
최저점수		65	67	66		
최고점수		100	98	89		

이 파일은 각 학생들의 단순히 시험성적을 기록하는 것이 아니라 각 학생이 선택한 시험에 대한 평균성적까지도 계산하는 성적평가철 견본이다. 주어진 각 시험에 대하여 이 파일은 교실 전체 점수와 시험 본 학생의 수, 시험성적 평균, 최고점수와 최저점수까지 표시한다.

여기서 사용된 함수를 하나씩 살펴보시오. 먼저 SUM함수는 셀 범위에 포함되는 수치를 전부 합한 값을 구할 때 사용한다.

COUNT함수는 셀 범위에서 각 항목에 포함되는 수치 개수의 합계를 구할 때 사용한다.

MIN함수는 셀 범위에서 최소의 수치를 구할 때, MAX함수는 최대의 수치를 구할 때 사용한다.

AVERAGE함수는 셀에 표시된 수들의 수학적인 평균값을 구할 때 사용한다.

☞ **셀수식 :**

G5 =AVERAGE(B5:F5)
G6 =AVERAGE(B6:F6)
G7 =AVERAGE(B7:F7)
G8 =AVERAGE(B8:F8)
G9 =AVERAGE(B9:F9)

C14 =SUM(C4:C13)	D14 =SUM(D4:D13)	E14 =SUM(E4:E13)
C15 =COUNT(C4:C13)	D15 =COUNT(D4:D13)	E15 =COUNT(E4:E13)
C16 =C14/C15	D16 =D14/D15	E16 =E14/E15
C17 =MIN(C5:C9)	D17 =MIN(D5:D9)	E17 =MIN(E5:E9)
C18 =MAX(C5:C9)	D18 =MAX(D5:D9)	E18 =MAX(E5:E9)

✻ 학습문제

01 시험 2에서 최고점수를 받은 사람은 누구인가? 시험3을 본 학생은 몇 명인가? 시험 1의 평균 점수는 몇 점인가?

(02~04) 다음 물음은 직접 지필로 계산을 한 후, 이 파일을 이용하여 답을 확인해 보시오.

02 용수가 시험 1에서 92점을 받았다면 세 번의 시험 성적 평균은 몇 점인가?

03 재남이의 세 번의 시험 성적 평균이 70점이 되었다면 시험 3의 성적이 몇 점을 받으면 되는가?

04 재남이의 세 번의 시험 성적 평균이 70점일 때, 교실 전체의 시험3에 대한 평균점수는 몇 점이 되는가?

05 새로운 학생 무얼이를 첨가하려 한다. 무얼이가 세 번의 시험을 각각 70점, 83점, 69점을 받았다면 평균은 어떻게 되는가?

도수분포표

- **학습목표** : 도수분포표, 히스토그램, 도수분포다각형 등 자료를 정리하는 방법과 그래프를 그리는 방법을 알 수 있으며, 상대도수와 누적도수의 뜻을 이해하고 활용할 수 있다.
- **학습분야 및 학년** : 확률과 통계, 중학교 1학년(7단계)

학습내용

Microsoft Excel - 도수분포표.xls

● 도수분포표

(표 : 키 조사) (단위 : Cm)

남학생		여학생	
번호	키	번호	키
1	138.6	31	142.4
2	142	32	142.2
3	144.3	33	142.9
4	146.5	34	143.2
5	144	35	145
6	144.1	36	145.9
7	147.3	37	149.5
8	144.2	38	149.9
9	146.8	39	151.6
10	146.6	40	149.5
11	144	41	152.3
12	146.1	42	152.7
13	148.5	43	151.7
14	153.5	44	150.1
15	163.8	45	151.5
16	152.9	46	152.6
17	172	47	151
18	152.8	48	149
19	153.7	49	153.8
20	158.7	50	153.2
21	155.5	51	156
22	154.9	52	157.2
23	158	53	153.7
24	162	54	137
25	164.6	55	157.4
26	162.2	56	156.9
27	164	57	160.2
28	165	58	161.2
29	168.7	59	160.2
30	171	60	161.3

상대도수 분포표

(cm)	남학생		여학생	
	명수	상대도수	명수	상대도수
135-140	1	0.03	1	0.03
140-145	6	0.20	4	0.13
145-150	6	0.20	6	0.2
150-155	5	0.17	11	0.37
155-160	3	0.10	4	0.13
160-165	5	0.17	4	0.13
165-170	2	0.07	0	0
170-175	2	0.07	0	0
합 계	30	1.00	30	1

누적도수 분포표

(cm)	남학생		여학생	
	명수	누적도수	명수	누적도수
135-140	1	1	1	1
140-145	6	7	4	5
145-150	6	13	6	11
150-155	5	18	11	22
155-160	3	21	4	26
160-165	5	26	4	30
165-170	2	28	0	30
170-175	2	30	0	30
합 계	30		30	

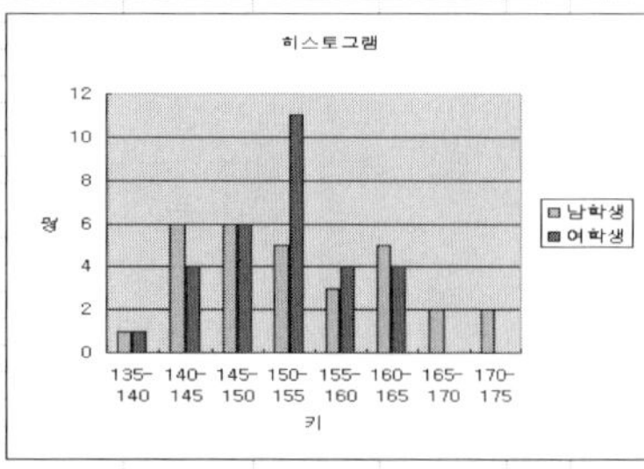

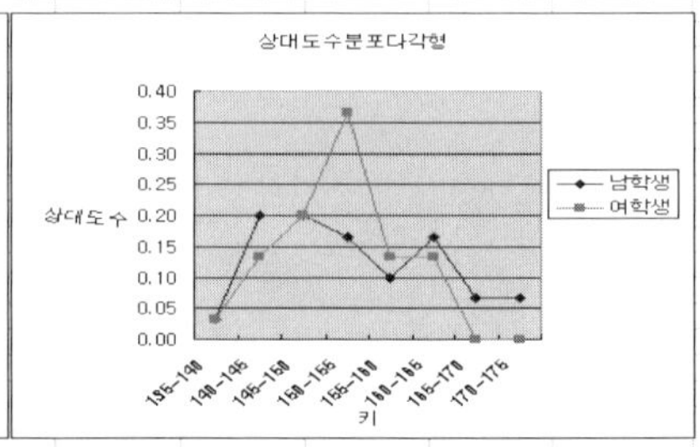

Sheet1 / Sheet2 / Sheet3

이 파일은 주어지는 자료를 도수분포표로 만들어 히스토그램, 도수분표다각형같은 그래프로 그린 후 분포상태를 쉽게 알아보는 것이다. 이 파일에서는 자료를 어떻게 분석하여 도수분포표를 만들었는지 셀 G8을 예를 들어 설명해 보시오.

=COUNTIF(B7:B36,"<140")

여기서 사용된 함수는 COUNTIF라는 통계함수이다. 셀 B7부터 B36까지 중에서 140보다 작은 값의 셀 수를 G8에 나타낸다.
이렇게 만들어진 도수분포표를 히스토그램으로 그릴 때는 차트 종류를 '세로 막대형'으로, 도수분포다각형으로 그릴 때는 '꺽은 선형'으로 선택한다.
또한, 상대도수는 그 계급의 도수를 도수의 총합으로 나눈 것이므로 셀 H8은 =G8/G16 으로, 누적도수는 계급이 가장 작은 쪽의 도수부터 차례로 더한 합이므로 셀 H28은 =SUM(G21:G28)으로 수식을 표현한다.

☞ **셀수식 :**

G8 =COUNTIF(B7:B36,"<140") H8 =G8/G16 I8 =COUNTIF(D7:D36,"<140") J8 =I8/I16
G9 =COUNTIF(B7:B36,"<145")−SUM(G8:G8)
I9 =COUNTIF(D7:D36,"<145")−SUM(I8:I8)
G10 =COUNTIF(B7:B36,"<150")−SUM(G8:G9)
I10 =COUNTIF(D7:D36,"<150")−SUM(I8:I9)
…
G16 =SUM(G8:G15) H16 =SUM(H8:H15) I16 =SUM(I8:I15) J16 =SUM(J8:J15)
H21 =SUM(G21:G21) J21 =SUM(I21:I21)
H22 =SUM(G21:G22) J22 =SUM(I21:I22)
…

✻ 학습문제

01 이 파일에서 남학생과 여학생 각각 도수가 가장 큰 계급과 가장 작은 계급을 구하시오.

02 이 도수분포표를 보고 히스토그램과 도수분포다각형으로 나타내시오.

03 도수분포다각형에서 나타나는 각 꼭지점은 무엇을 나타내는 것인가?

04 남학생과 여학생 각각 키 150 이상 155 미만인 계급에 대한 상대도수를 구하고, 그것을 비교하여 설명하시오.

05 상대도수에 대한 분포다각형을 그려보시오.

06 키가 150 미만인 학생 수와 160 이상인 학생 수를 각각 구하시오.

07 계급의 크기를 4cm로 하여 도수분포표를 만들고, 히스토그램과 도수분포다각형, 상대도수와 누적도수를 구하시오.

동전던지기

- **학습목표** : 한 개의 동전을 던지는 모의실험을 통하여 확률의 개념을 알 수 있다.
- **학습분야 및 학년** : 확률과 통계, 중학교 1학년(7단계)

학습내용

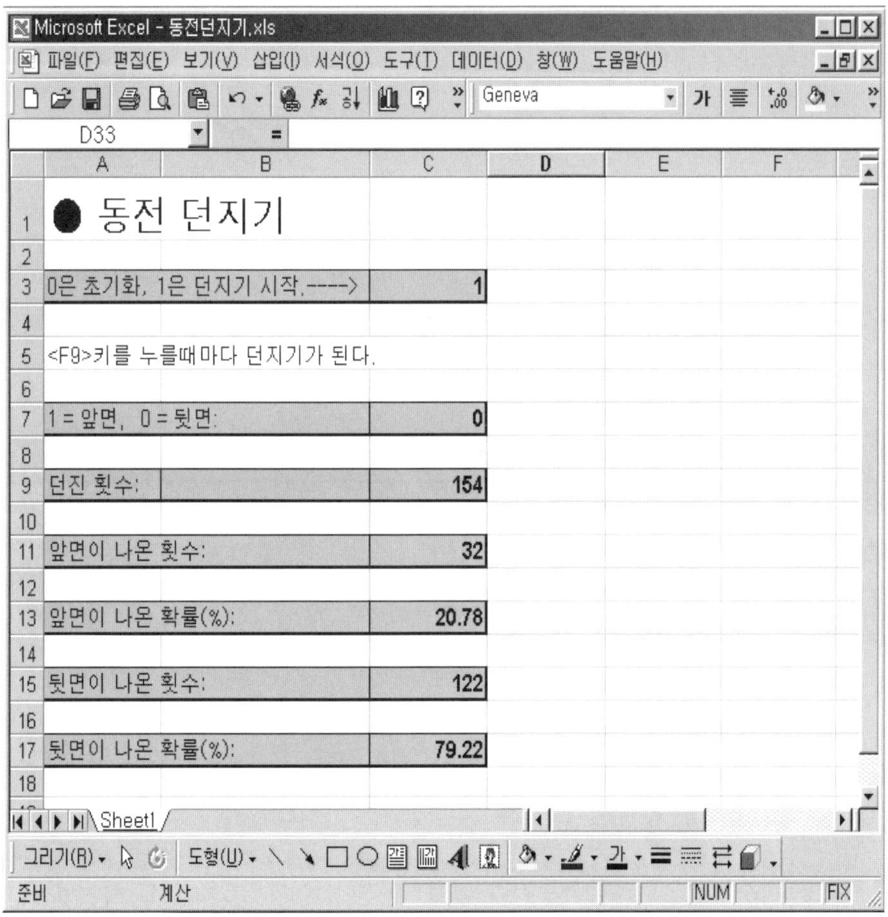

이 파일은 동전을 던지는 모의실험이다. 여기서 예를 든 것은 동전을 154번 던졌을 때 나온 결과로 앞면은 32번(20.78%), 뒷면은 122번(79.22%) 나온 경우이다. 이 파일은 "0은 초기화, 1은 던지기 시작"이라고 말하고 있다. 그 다음은 동전의 매번 던지기를 <F9>를 눌러 화면상으로 확인할 수 있다. 이 파일에서는 숫자 1과 2를 무작위로 생성하는 RAND함수를 이용하여 지정된 C7셀에 결정되게 작성한다.

셀 C17에서 RAND함수는 0 이상이고 1보다 작은 난수(즉, 0과 0.999999999 사이의 난수)를 발생시킨다. 결국 수식 2*(RAND())은 0이상이고 2미만인 난수(즉, 0과 1.999999999 사이의 난수)를 발생시킨다. 수식 INT(2*RAND())는 0 또는 1의 정수만을 표시한다. 나머지 C열에서는 IF함수를 사용한다. 셀 C9는 만약 C3=0이면 0이 표시되고 나머지 경우에는 1씩 증가하며 표시된다. 셀 C11는 C3=0이면 0이 표시되고 그렇지 않을 경우에는 C7=1일 때 1씩 증가하며 표시되고 나머지는 같은 값이 표시된다. 셀 C13은 C3=0이면 0이 표시되고 그렇지 않은 경우 C9를 C11로 나눈 몫에 100을 곱하여 표시한다.

☞ **셀수식 :**

```
C7  =IF(C3=0,0,INT(2*RAND()))
C9  =IF(C3=0,0,C9+1)
C11=IF(C3=0,0,IF(C7=1,C11+1,C11))
C13  =IF(C3=0,0,C11/C9*100)
C15  =C9-C11
C17  =IF(C9=0,0,100-C13)
```

학습문제

01 초기화한 후, 하나의 동전을 10번 던지는 모의실험을 한다. 동전의 앞면과 뒷면은 각각 몇 번 나오는가? 각각을 백분율로 나타내면 얼마인가?

02 파일을 초기화한 후, 동전을 100번 던져본다. 동전의 앞면과 뒷면이 나오는 횟수와 각각의 백분율을 기록하여 보시오.

03 파일을 초기화한 후, 다시 동전을 100번 던진다. 앞의 결과와 비교하여 보시오.

04 만약 동전을 1000번 던진다면, 앞면이 나올 횟수가 몇 번이 되리라 예상되는가?

05 하나의 동전을 던지는 것에 대하여 일반화시켜 설명하시오.

주사위 던지기

- **학습목표** : 주사위 두 개를 던지는 모의실험을 통하여 확률의 개념을 알 수 있다.
- **학습분야 및 학년** : 확률과 통계, 중학교 1학년(7단계)

학습내용

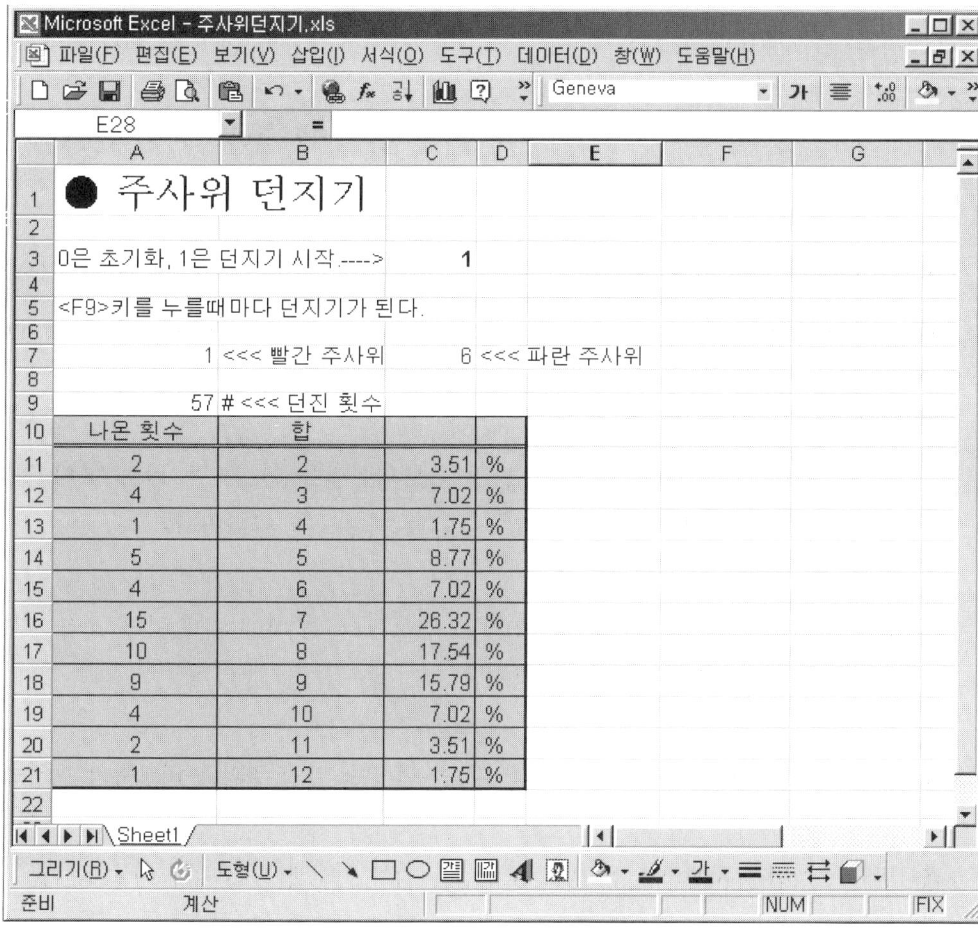

이 파일은 주사위 두 개를 던지는 모의 실험이다. 여기서 예를 든 것은 주사위를 57번 던졌을 때의 결과로 눈의 합이 2인 경우는 2번(3.51%), 3인 경우는 4번(7.02%), 4인 경우는 1번(1.75%), 5인 경우는 5번(8.77%), 6인 경우는 4번

(7.02%), 7인 경우는 15번(26.32%), 8인 경우는 10번(17.54%), 9인 경우는 9번(15.79%), 10인 경우는 4번(7.02%), 11인 경우는 2번(3.51%), 12인 경우는 1번(1.75%)이다.

이 파일은 "0은 초기화, 1은 던지기 시작"이라고 말하고 있다. 그 다음은 주사위의 매번 던지기를 <F9>를 눌러 화면상으로 확인할 수 있다. 이 파일에서는 1부터 6까지의 수를 무작위로 생성하는 RAND함수를 이용하여 지정된 A7과 C7 셀에 결정되게 작성한다.

☞ **셀수식 :**

A7 =IF(C3=0,0,INT(6*RAND()+1))	C7 =IF(C3=0,0,INT(6*RAND()+1)
A9 =IF(C3=0,0,A9+1)	
A11 =IF(C3=0,0,IF(A7+C7=2,A11+1,A11))	C11 =IF(C3=0,0,IF(A9=0,A11,100*A11/A9))
A12 =IF(C3=0,0,IF(A7+C7=3,A12+1,A12))	C12 =IF(C3=0,0,IF(A9=0,A12,100*A12/A9))
…	…
A21 =IF(C3=0,0,IF(A7+C7=12,A21,+1,A21))	C21 =IF(C3=0,0,IF(A9=0,A21,100*A21/A9))

✻ 학습문제

01 파일 초기화 후 주사위를 10번 던지는 모의실험을 한다. 각 눈의 합의 결과는 어떻게 나타나는가? 각 해당하는 합의 백분율은 얼마인가?

02 파일을 초기화한 후, 주사위를 100번 던져본다. 주사위의 합이 나오는 횟수와 각각의 백분율을 기록하여 보시오.

03 파일을 초기화한 후, 다시 주사위를 100번 던진다. 앞의 결과와 비교하여 보시오.

04 만약 주사위를 1000번 던진다면, 눈의 합은 각각 어떻게 될 것이라 예상되는가?

05 두 개의 주사위를 던지는 것에 대하여 일반화시켜 설명하시오.

난수의 활용(생일 비교하기)

- **학습목표** : 열 명의 무작위 선택된 사람들의 생일을 비교하는 실행을 통해 확률 개념을 알 수 있다.
- **학습분야 및 학년** : 확률과 통계, 중학교 2학년(8단계)

✻ 학습내용

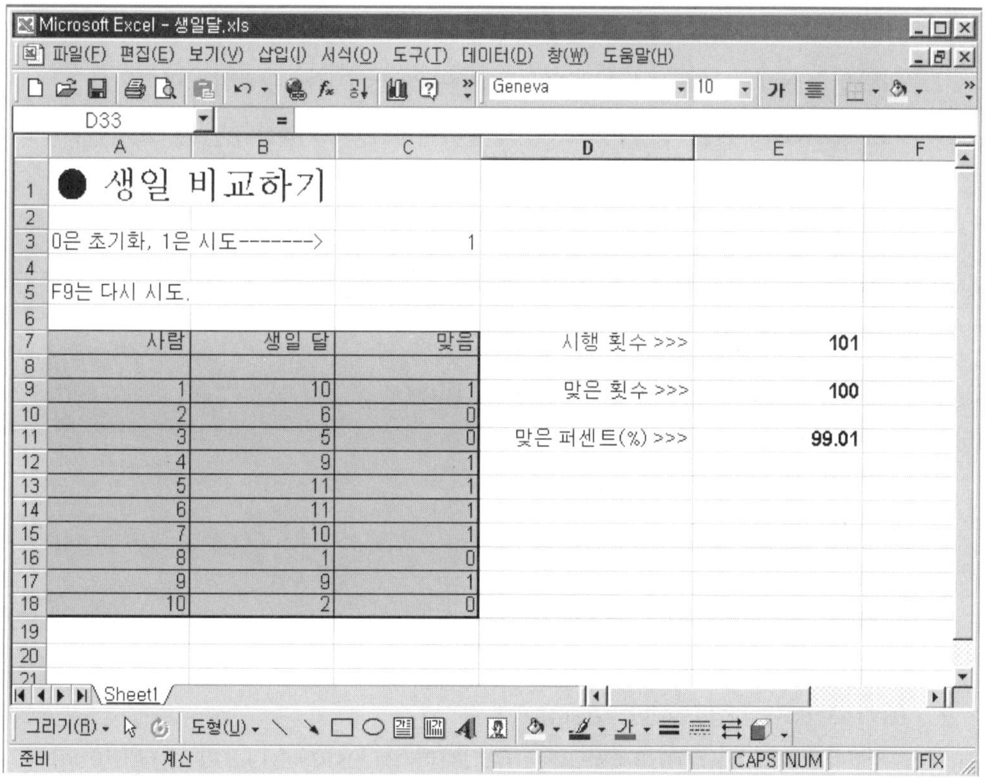

이 파일은 열 명의 무작위 선택된 사람들의 태어난 달이 적어도 두 명 이상이 같은 달이 있는지를 조사하는 시뮬레이션이다. 여기 예제에서 보는 것처럼 101번의 무작위 선택결과 두 명 이상이 같은 달에 태어난 경우가 100번 있었다.

수식을 살펴보면 여기서 사용된 함수는 크게 IF함수, RAND함수, INT함수로 볼 수 있다.

셀 E9와 B9를 예로 설명을 해보시오. 먼저 E9 는

=IF(C3 =0,0,IF(SUM((C9:C18)>0,E9+1,E9)

내부 조건문을 보면 맞음열(C9부터 C18)까지의 합이 0보다 크면 그 값을 1씩 증가시키고, 그 밖에는 그대로 표시한다.
셀 B9에서 B18까지는 같은 형식을 가지므로 B9를 예로 들어 설명한다.

=IF(C3 =0,0,INT(12*RAND()+1))

C3 =0이면 셀은 0으로 된다. 그밖에는 1부터 12까지의 숫자가 무작위로 그 셀이 표시된다. 수식 RAND()이라는 것은 0 이상이고 1보다 작은 난수(즉, 0과 0.999999999 사이의 난수)를 발생시킨다. 결국 수식 12*(RAND())은 0 이상이고 12 미만인 난수(즉, 0과 11.999999999 사이의 난수)를 발생시킨다. 수식 INT(12*RAND()+1)는 1 이상 13 미만인 난수 중 정수부분만을 표시한다. 즉, 1, 2, 3, 4, 5, 6, 7, 8, 9, 10, 11, 12 중 한 숫자가 선택되어 표시되는 것이다.

☞ **셀수식 :**

```
E7   =IF(C3=0,0,E7+1)
E9   =IF(C3=0,0,IF(SUM((C9:C18)>0,E9+1,E9)
E11  =IF(C3=0,0,E9/E7*100)
B9   =IF(C3=0,0,INT(12*RAND()+1))
B10  =IF(C3=0,0,INT(12*RAND()+1))
…
B18  =IF(C3=0,0,INT(12*RAND()+1))
C9   =IF(C3=0,0,IF(OR(B9=B10,B9=B11,B9=B12,B9=B13,B9=B14,B9=B15,
       B9=B16,B9=B17=,B9=B18)1,0))
C10  =IF(C3=0,0,IF(OR(B10=B9,B10=B11,B10=B12,B10=B13,B10=B14,B10=B15,
       B10=B16,B10=B17=,B10=B18)1,0))
…
C18  =IF(C3=0,0,IF(OR(B18=B9,B18=B10,B18=B11,B18=B12,B18=B13,B19=B14,
       B18=B15,B18=B16=,B18=B17)1,0))
```

✻ 학습문제

01 파일을 초기화 한 후 1을 입력하여 시행한다. 10명 중 적어도 두 명의 태어난 달이 같으면 맞은 횟수가 증가함을 알 수 있다. 이 시행은 얼마나 잘 맞추어지는가?

02 10번의 시행 후 같은 달에 태어난 사람이 적어도 두 명 이상 되는 경우를 기록해보시오. 태어난 달이 맞는 백분율은 얼마나 되나?

03 100번 시행 후 앞서 실시한 결과와 비교하여 보시오.

04 많은 시행을 거듭할수록 태어난 달을 맞춰 비교하는 확률에 대해 일반화를 시킨다면 어떻게 정리할 수 있을까?

카드 복원추출

- **학습목표** : 52장의 표준 카드 한 벌을 가지고 카드뽑기(복원추출)를 통해 확률의 개념을 알 수 있다.
- **학습분야 및 학년** : 확률과 통계, 중학교 2학년(8단계)과 고등학교 수학 I

학습내용

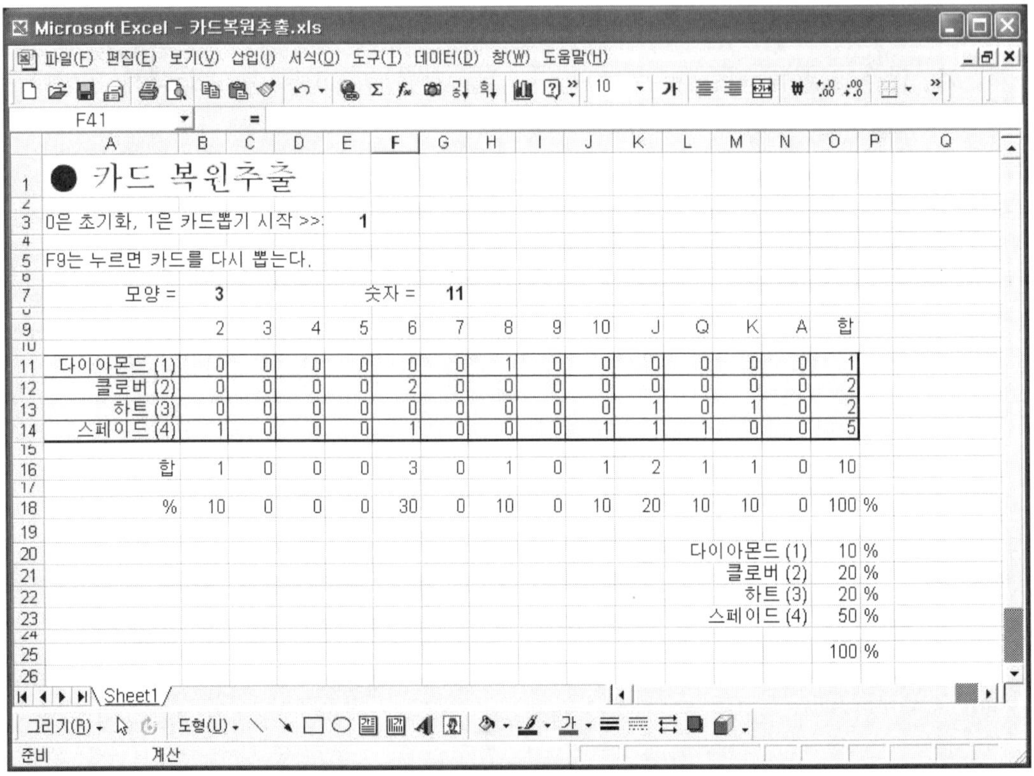

● 카드 복원추출

0은 초기화, 1은 카드뽑기 시작 >>: 1

F9는 누르면 카드를 다시 뽑는다.

모양 = 3 숫자 = 11

	2	3	4	5	6	7	8	9	10	J	Q	K	A	합
다이아몬드 (1)	0	0	0	0	0	0	1	0	0	0	0	0	0	1
클로버 (2)	0	0	0	0	2	0	0	0	0	0	0	0	0	2
하트 (3)	0	0	0	0	0	0	0	0	0	1	0	1	0	2
스페이드 (4)	1	0	0	0	1	0	0	0	1	1	1	0	0	5
합	1	0	0	0	3	0	1	0	1	2	1	1	0	10
%	10	0	0	0	30	0	10	0	10	20	10	10	0	100 %

다이아몬드 (1)	10 %
클로버 (2)	20 %
하트 (3)	20 %
스페이드 (4)	50 %
	100 %

이 파일은 52장의 표준카드 한 벌을 가지고 무작위 추출을 하는 시뮬레이션이다. 여기서 카드를 뽑을 때 복원추출이므로 한번 뽑았던 동일한 카드를 여러 번 다시 뽑을 수 있다.

여기 예제에서 10번의 무작위 추출 결과는 다이아몬드 8이 한 번, 클로버 6이 두 번, 하트 J가 한 번, 하트 K가 한 번, 스페이드 2가 한 번, 스페이드 6이 한 번,

스페이드 10이 한 번, 스페이드 J가 한 번, 스페이드 Q가 한 번 뽑혔다. 여기서 보듯이 복원추출이므로 두 번 뽑히는 경우가 생긴다. 카드 추출이 복원이기 때문에 셀 수식 작성 시 주의해야 한다. 셀 B11을 예로 들어보시오.

=IF(E3=0,0,IF(AND(B7=1,G7=2),B11+1,B11))

내부 조건문을 살펴보면 B7=1이고 G7=2 (즉, 같은 카드가 나온 경우)이면, B11+1 (횟수를 한번 더함)로 나타내주도록 수식을 작성한다.

☞ **셀수식 :**

```
B7  =IF(E3=0,0,INT(4*RAND()+1))
G7  =IF(E3=0,0,INT(13*RAND()+1))
B11 =IF(E3=0,0,IF(AND(B7=1,G7=2),B11+1,B11))
C11 =IF(E3=0,0,IF(AND(B7=1,G7=3),C11+1,C11))
…
N11 =IF(E3=0,0,IF(AND(B7=3,G7=1),N11+1,N11))
O11 =IF(E3=0,0,SUM(B11:N11))
B12 =IF(E3=0,0,IF(AND(B7=2,G7=2),B12+1,B12))
C12 =IF(E3=0,0,IF(AND(B7=2,G7=3),C12+1,C12))
…
N12 =IF(E3=0,0,IF(AND(B7=2,G7=1),N12+1,N12))
O12 =IF(E3=0,0,SUM(B12:N12))
…
B16 =SUM(B11:B14)                  …   O16 =SUM(O11:O14)
B18 =IF(E3=0,0,(B16/O16*100))      …   O18 =IF(E3=0,0,(O16*100))
                                       O20 =IF(E3=0,0,(O11/O16)*100))
                                       …
                                       O23 =IF(E3=0,0,(O14/(O16)*100))
                                       O25 =SUM(O20:O23)
```

✻ 학습문제

01 이 파일을 초기화 한 후 1을 입력하여 카드 뽑기를 시작한다. 무작위로 카드 한 장을 뽑았을 때 알 수 있는 것은 무엇인가?

02 100번의 카드뽑기를 실행한 후 결과를 관찰한다. 어떤 카드를 얼마나 많이 뽑았는지 결과를 기록한다. 초기화 후 다시 100번을 실행한 후 앞에 실행한 결과와 비교해 보시오.

03 1000번의 카드뽑기를 실행해 보시오. 여기서 얻어지는 확률에 대하여 일반화시킨다면 어떻게 말할 수 있을까?

04 카드의 비복원 추출을 시도하려면 위 프로그램의 어떤 수식을 바꾸면 되는가?

파스칼의 삼각형과 이항정리

- **학습목표** : 파스칼의 삼각형을 이용하여 이항정리를 할 수 있다.
- **학습분야 및 학년** : 확률과 통계, 고등학교 수학 I

학습내용

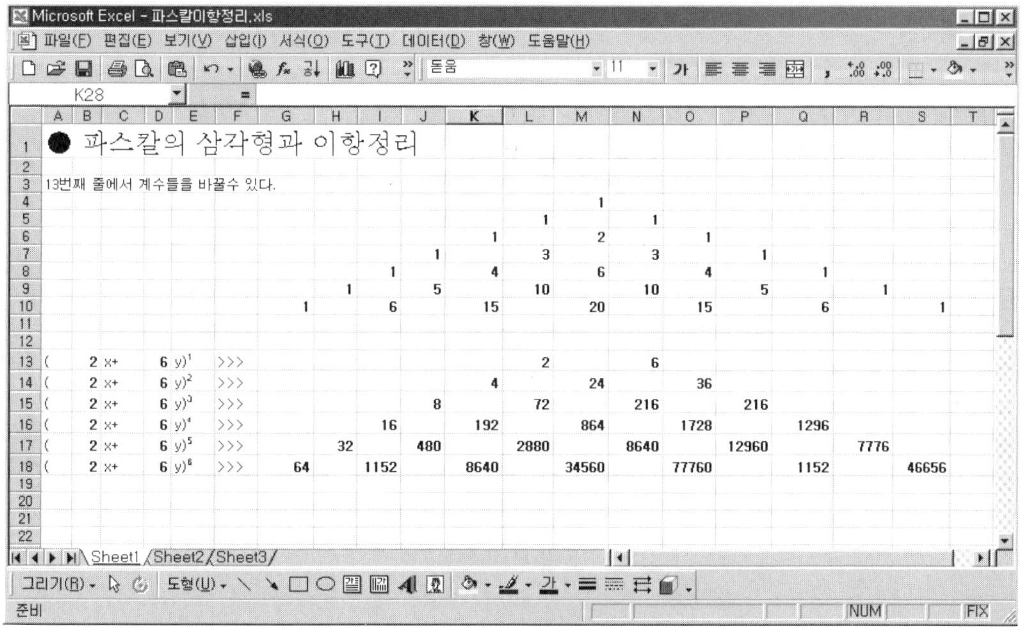

이 파일은 두 개의 삼각형이 있다. 첫 번째 삼각형은 파스칼 삼각형의 일반적인 형태로 1행에서 6행까지 나타나있다. 두 번째 삼각형은 첫 번째 삼각형으로 생성된 수를 이용하여 두 번째 삼각형의 각 행 왼쪽에 있는 이항전개를 나타낸 것이다. 이 파일은 13번째 항에 있는 계수를 바꾸므로 새롭게 계산될 수 있다.

이항정리

$$(a+b)^n = {}_nC_0 a^n + {}_nC_1 a^{n-1}b + \cdots + {}_nC_r a^{n-r}b^r + \cdots + {}_nC_n b^n$$

$$= \sum_{r=0}^{n} {}_nC_r a^{n-r}b^r$$

여기서 $(a+b)^n$을 전개하는 것을 이항정리라 하며, 전개식의 각 항의 계수

$_nC_0$, $_nC_1$, ⋯, $_nC_r$, ⋯, $_nC_n$을 이항계수라 한다. 이때, 이항계수를 다음과 같이 나타낸 것을 파스칼의 삼각형이라 한다.

$n=1$일 때	$_1C_0$ $_1C_1$	1 1
$n=2$일 때	$_2C_0$ $_2C_1$ $_2C_2$	1 2 1
$n=3$일 때	$_3C_0$ $_3C_1$ $_3C_2$ $_3C_3$	1 3 3 1
$n=4$일 때	$_4C_0$ $_4C_1$ $_4C_2$ $_4C_3$ $_4C_4$	1 4 6 4 1

☞ **셀수식 :**

L13 =L5*(B13)
N13 =N5*(D13)
K14 =K6(B13^2)
M14 =M6*(B13*D13)
O14 =O6*(D13^2)
J15 =J7*(B13^3)
L15 =L7*(B13^2)*(D13^1)
N15 =N7*(B13^1)*(D13^2)
P15 =P7*(D13^3)
I16 =I8*(B13^4)
K16 =K8*(B13^3)*(D13^1)
M16 =M8*(B13^2)*(D13^2)
O16 =O8*(B13^1)*(D13^3)
Q16 =Q8*(D13^4)
H17 =H9*(B13^5)
J17 =J9*(B13^4)*(D13^1)
L17 =L9*(B13^3)*(D13^2)
N17 =N9*(B13^2)*(D13^3)
P17 =P9*(B13^1)*(D13^4)
R17 =R9*(B13^5)
G18 =G10*(B13^6)
I18 =I10*(B13^5)*(D13^1)
K18 =K10*(B13^4)*(D13^2)
M18 =M10*(B13^3)*(D13^3)
O18 =O10*(B13^2)*(D13^4)
Q18 =Q10*(B13^1)*(D13^5)
S18 = S10*(D13^6)

학습문제

01 이 파일에서 위에 있는 첫 번째 삼각형에 나와 있는 각 행의 수들은 어떻게 만들어진 것인가?

02 13번째 행에 $(1x + 1y)^1$과 같이 계수를 바꾼다면 두 번째 삼각형은 어떻게 변하는가?

03 13번째 행에 $(1x-2y)^1$과 같이 계수를 바꾸어 보시오. 이제 직접 전개한 후 결과를 비교해보시오.

04 13번째 행에 다른 계수를 넣고 18번째 행 이후 더욱 확장하여 3번의 활동을 반복하시오. 이 규칙성을 이용하여 수를 구하여봄으로써 자신이 확장할 수 있는 정도를 가늠하여 보시오.

일차방정식

- **학습목표** : 일차방정식의 해를 구하기 위한 알고리즘을 알 수 있다.
- **학습분야 및 학년** : 문자와 식, 중학교 1학년(7단계)

학습내용

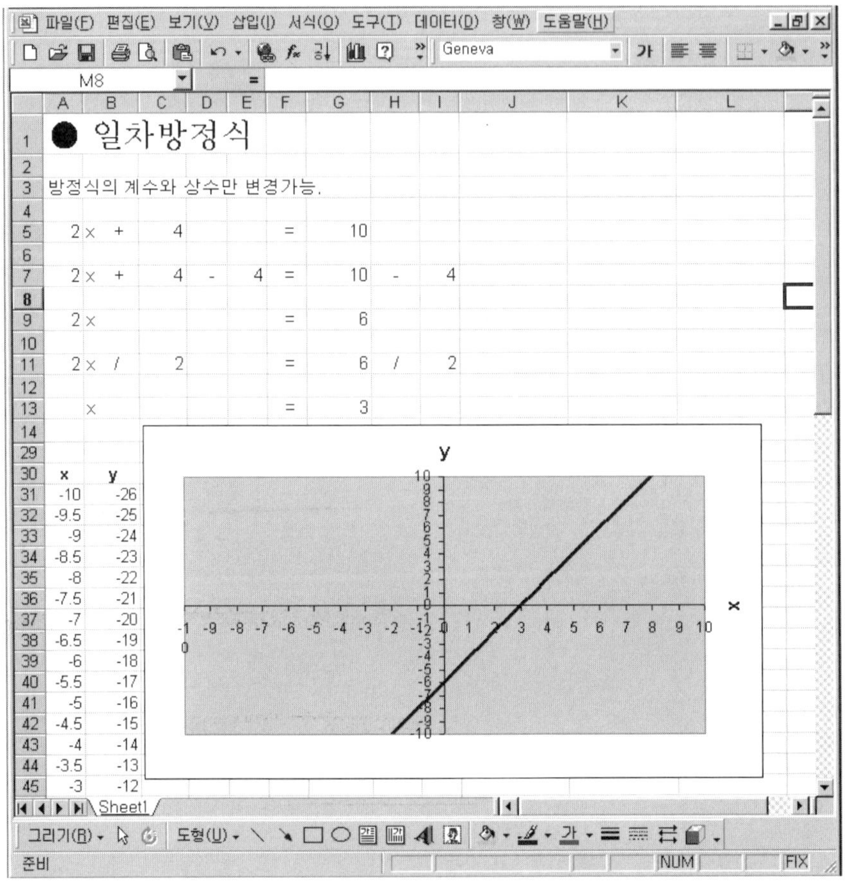

이 파일은 일차방정식 $2x + 4 = 10$의 해를 구하기 위해서 단계별로 진행해 나가고 있다. 단지 5행의 수들을 변경함으로서 새로운 일차방정식을 만들 수 있다. 셀구간 A31:B71의 값으로 그린 그래프는 주어진 일차방정식에 대한 직선을 나타낸 것이다.

☞ **셀수식 :**

A7 =A5	C7 =C5	E7 =C5	G7 =G5	I7 =C5
A9 =A5			G9 =G7−C5	
A11 =A5	C11 =A5	G11 =G9	I11 =A5	
			G13 =G9/A5	
A31 =−10		B31 =$A$5*A31+$C$5−$G$5		
A32 =A31+.5		B32 =$A$5*A32+$C$5−$G$5		
…		…		
A71 =A70+.5		B71 =$A$5*A71+$C$5−$G$5		

✻ 학습문제

이 파일에서 보여지는 일차방정식 $2x+4=10$ 에 대하여 다음 물음에 답하시오.

01 5행의 방정식으로부터 7행의 방정식이 만들어지기 위해 되어진 일은?

02 7행의 방정식으로부터 9행의 방정식이 만들어지기 위해 되어진 일은?

03 9행의 방정식으로부터 11행의 방정식이 만들어지기 위해 되어진 일은?

04 11행의 방정식으로부터 13행의 방정식이 만들어지기 위해 되어진 일은?

05 5행에 있는 수들을 변경하면 어떤 일이 벌어지는가? 다시 1번 문제부터 4번 문제까지를 반복하시오.

06 문제 1부터 4까지의 대답을 일반화하여 설명하시오.

07 문제 6에서 일반화된 정답을 가지고 직접 일차방정식을 푸시오.

08 여기서 발견한 알고리즘은 항상 사용 가능한가? 그렇다면 그 이유는? 그렇지 않다면 그 이유는?

09 다른 일차방정식을 만들고 해를 구하시오.

미지수가 2개인 연립일차방정식

- **학습목표** : 미지수가 2개인 연립일차방정식의 해를 구하기 위한 알고리즘을 알 수 있다.
- **학습분야 및 학년** : 문자와 식, 중학교 2학년(8단계)

학습내용

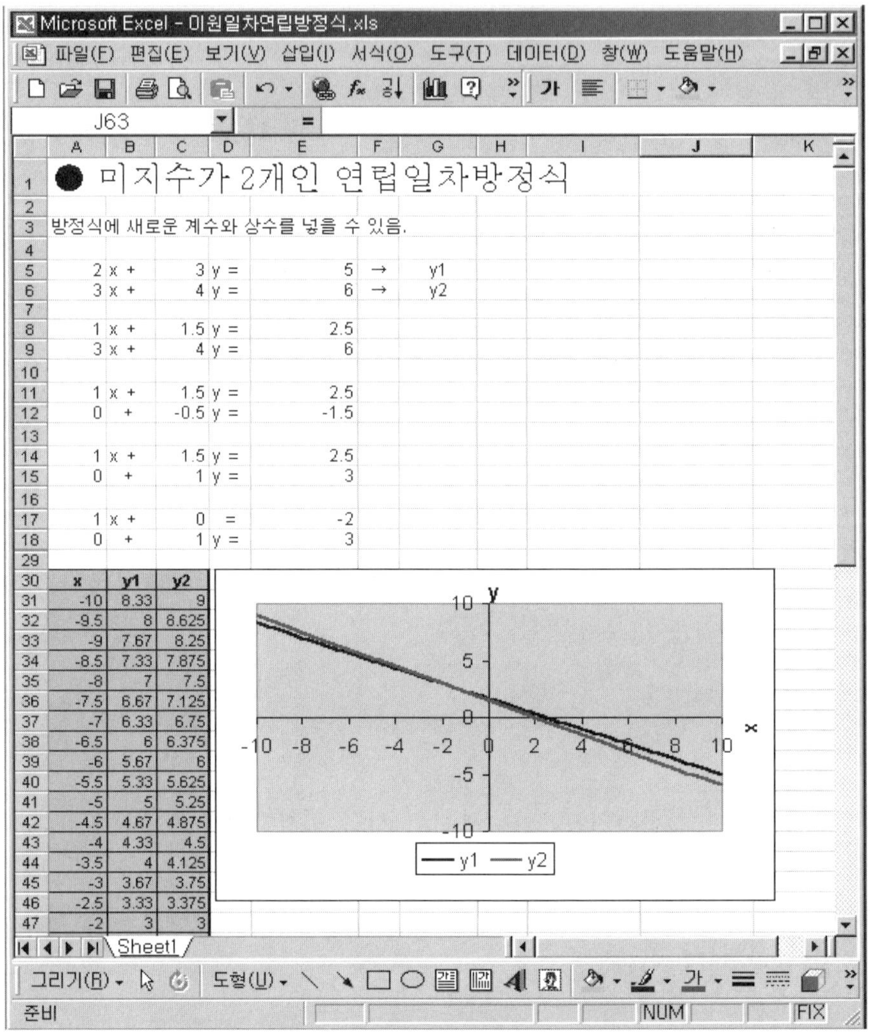

이 파일은 미지수가 두 개인 연립일차방정식

$$\begin{cases} 2x + 3y = 5 \\ 3x + 4y = 6 \end{cases}$$

의 해를 구하기 위해서 단계별로 진행해 나가고 있다. 5행과 6행의 계수와 상수들을 변경함으로서 새로운 연립일차방정식을 만들 수 있다. 셀구간 A31:B71의 값으로 그린 그래프는 주어진 연립일차방정식에 대한 직선들을 나타낸 것이다.

☞ **셀수식 :**

A8 =A5/A5　C8 =C5/A5　E8 =E5/A5
A9 =A6　C9 =C6　E9 =E6
A11 =A8　C11 =C8　E11 =E8
A12 =A9−(A9*A8)　C12 =C9−(A9*C8)　E12 =E9−(A9*E8)
A14 =A11　C14 =C11　E14 =E11
A15 =A12　C15 =C12/C12　E15 =E12/C12
A17 =A14−(C14*A15)　C17 =C14−(C14*C15)
E17 =E14−(C14*E15)
A18 =A15　C18 =C15　E18 =E15
A31 =−10　B31 =($A$5*A31−$E$5)/−$C$5　C31 =($A$6*A31−$E$6)/$C$6
A32 =A31+0.5　B32 =($A$5*A32−$E$5)/−$C$5　C32 =($A$6*A32−$E$6)/$C$6
…　…　…
A71 =A70+0.5　B71 =($A$5*A71−$E$5)/−$C$5　C71 =($A$6*A71−$E$6)/−$C$6

학습문제

01 5행의 방정식이 8행의 방정식이 되려면 어떻게 하여야 하는가?

02 8행과 9행의 방정식이 12행의 방정식이 되려면 어떻게 하여야 하는가?

03 12행의 방정식이 15행의 방정식이 되려면 어떻게 하여야하는가? (비록 12행에 0이 나왔다 하더라도 비효과적으로 제거되었으므로 방정식의 근이 구해진 것이 아니다.)

04 14행과 15행의 방정식이 17행의 방정식이 되려면 어떻게 하여야하는가? (비록 15행에 0이 나왔다 하더라도 비효과적으로 제거되었으므로 방정식의 근이 구해진 것이 아니다.)

05 5행과 6행의 새로운 계수와 상수를 입력한다면 어떤 일이 벌어지는가? 문제 1번부터 4번까지 반복하시오.

06 문제 1부터 4까지의 대답을 일반화하여 설명하시오.

07 문제 6에서 일반화된 정답을 가지고 지필로 연립일차방정식을 푸시오.

08 여기서 발견한 알고리즘은 항상 사용 가능한가? 그렇다면 그 이유는? 그렇지 않다면 그 이유는?

09 다른 연립일차방정식을 만들고 해를 구하시오.

곱셈공식

- **학습목표** : 다항식의 곱을 전개할 때 사용하는 곱셈공식을 이해할 수 있다.
- **학습분야 및 학년** : 문자와 식, 중학교 3학년(9단계)과 고등학교 1학년(10단계)

학습내용

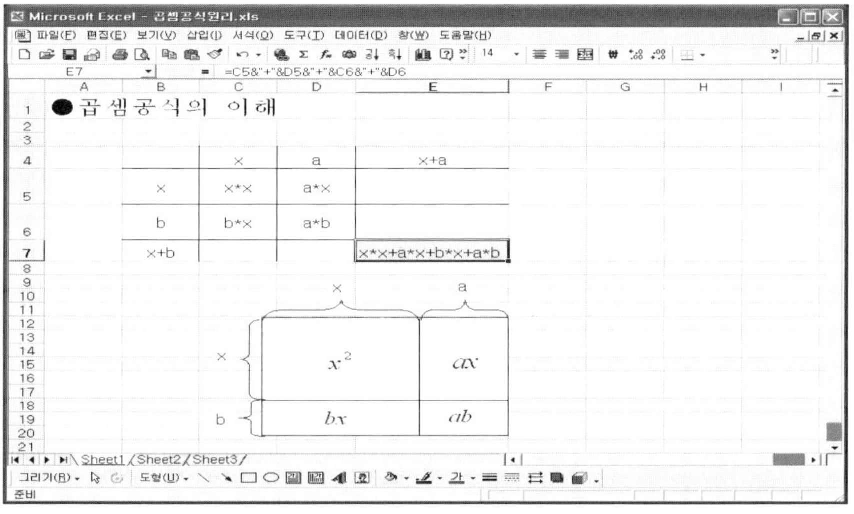

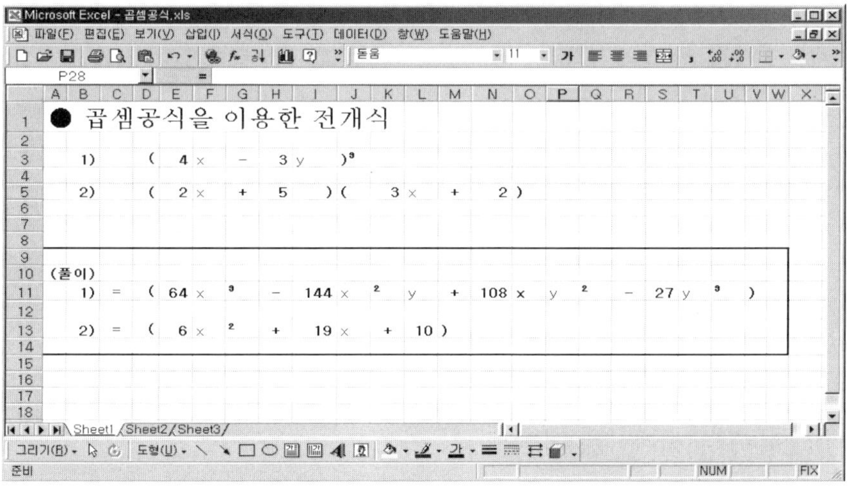

두 다항식의 곱으로 된 식을 전개하는 원리는 어느 한 다항식의 모든 항들을 다른 다항식의 각 항에 곱하여 이들의 합을 구하는 것이다. 다항식을 전개한 결과는 어느 한 문자에 대하여 차수가 높은 항부터 시작하여 점차 차수가 낮아지는 순서로 나타내고, 식을 전개했을 때 동류항이 생기는 경우에는 동류항끼리 정리하여 간단히 나타낸다.

여기서 사용되는 셀 수식 중에서 "&"연산자는 CONCATENATE구문으로서 여러 텍스트 항목을 한 텍스트로 결합하는 것입니다. E4셀에 나와 있는 셀 수식 C4&"+"&D4의 의미는 C4의 값과 D4의 값을 "+"라는 기호로 결합하라는 의미가 된다. 역시 C6=B6&"*"&C4의 의미는 B6의 값과 C4의 값을 "*"라는 기호로 결합한 값을 C6에 저장하는 것이 된다.

☞ **셀수식 :**

1. 곱셈공식의 이해

		C4	=x	D4	=a	E4	=C4&"+"&D4
B5	=x	C5	=C4&"*"&B5	D5	=D4&"*"&B5		
B6	=b	C6	=B6&"*"&C4	D6	=D4&"*"&B6		
						E7	=C5&"+"&D5&"+"&C6&"+"&D6

2. 곱셈공식을 이용한 전개식

E11	=E3^3	I11	=3*E3^2*H3	N11	=3*E3*H3^2	S11	=H3^3
E13	=E5*K5	I13	=E5*N5+H5*K5	L13	=H5*N5		

학습문제

01 $(a+b)^2$, $(a-b)^2$ 의 전개식은 어떻게 되는가?

02 $(x+a)(x+b)$ 의 전개식은 어떻게 되는가?

03 $(ax+b)(cx+d)$ 의 전개식은 어떻게 되는가?

04 $(a+b)(a-b)$의 전개식은 어떻게 되는가?

05 곱셈공식을 이용한 전개식을 지필로 구하시오.

(1) $(a+2b)^2$

(2) $(3x+2)(4x-5)$

(3) $(2x+3)(2x-3)$

(4) $(x+y-1)^2$

(5) $(2a+b)^3$

(6) $(4x-3y)^3$

(7) $(2a+1)(4a^2-2a+1)$

06 위의 문제 5번에서 지필로 구한 정답을 엑셀을 이용하여 확인하여 보시오.

이차방정식 풀이(완전제곱 이용)

- **학습목표** : 완전제곱 방법을 이용하여 이차방정식의 해를 구할 수 있다.
- **학습분야 및 학년** : 문자와 식, 중학교 3학년(9단계)과 고등학교 1학년(10단계)

학습내용

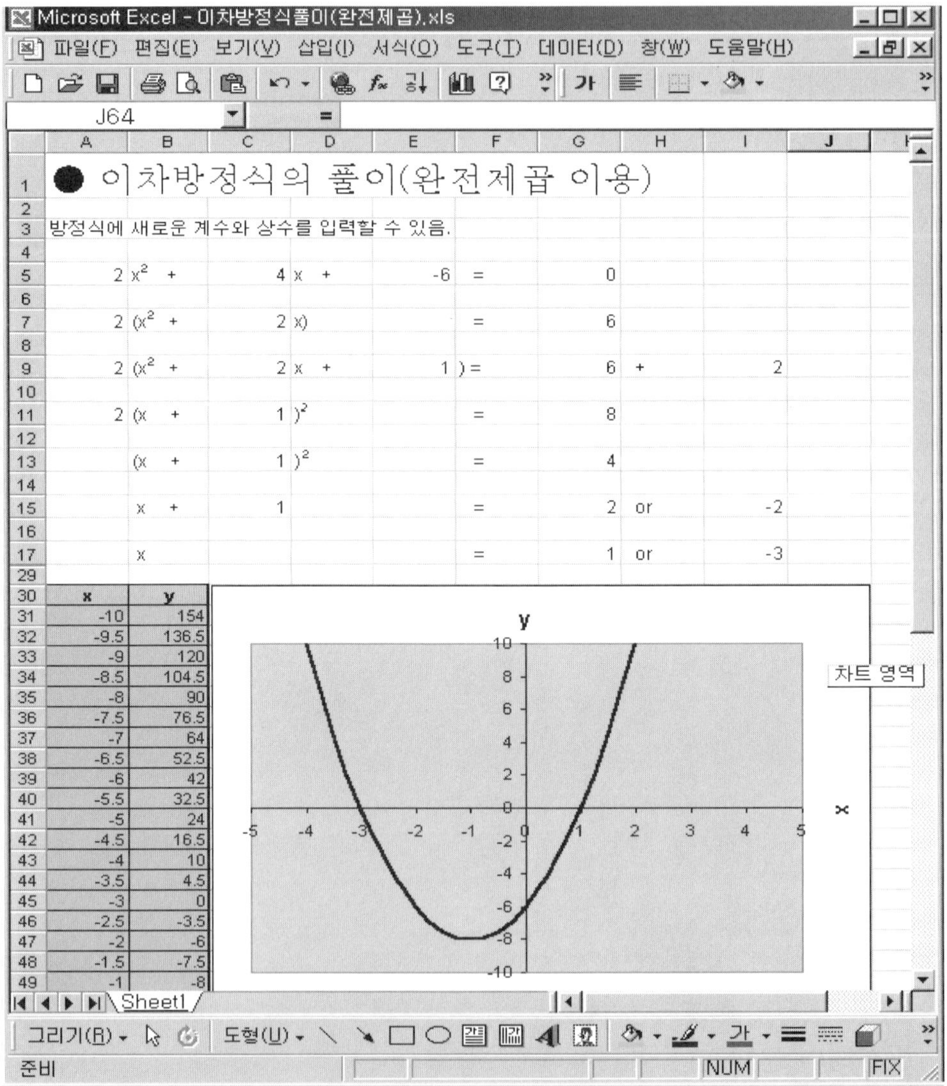

이 파일은 이용자에게 "방정식에 새로운 계수와 상수를 입력할 수 있음"이라고 말하고 있다.

여기서 표시된 방정식은 $2x^2 + 4x - 6 = 0$ 이다.

이 파일은 완전제곱을 이용하여 해를 구하기 위해 단계별로 진행해 나가고 있다. 셀구간 A31:B71의 값으로 그린 그래프는 주어진 이차방정식에 대한 포물선을 나타낸 것이다.

☞ **셀수식 :**

```
A7  =A5   C7  =C5/A5                  G7  =-E5
A9  =A5   C9  =C7    E9 =(.5*C9)^2  G9  =E5         I9 =A5*E9
A11 =A5   C11 =0.5*C9                 G11 =-E5+I9
          C13 =0.5*C9                 G13 =G11/A11
          C15 =0.5*C9                 G15 =SQRT(G13)  I15 =-SQRT(G13)
                                      G17 =G15-C15    I17 =I15-C15

A31 -10        B31 =$A$5*A31^2+$C$5*A31+$E$5
A32 =A31+0.5   B32 =$A$5*A32^2+$C$5*A32+$E$5
...            ...
A71 =A70+0.5   B71 =$A$5*A71^2+$C$5*A71+$E$5
```

✻ 학습문제

위에 표시된 이차방정식 $2x^2 + 4x - 6 = 0$ 을 보고 문제 1부터 6번까지 풀어보시오.

01 5행에서 상수항은 무엇인가? 7행의 방정식은 5행의 방정식에서 상수항인 −6을 양변에서 뺀 것이다. 그 다음, 좌변은 이차항의 계수를 인수로 분해한다. x에 대한 이차항의 계수는?

02 7행에서 일차항의 계수는 무엇인가? 9행의 방정식은 7행의 방정식에서 일차항의 계수에 $\frac{1}{2}$ 을 곱한 값을 제곱하여 괄호 안에 더한 것이다. 그 다음,

양변이 같아지기 위해서 괄호 안에 더했던 수와 괄호 밖의 인수를 곱하여 우변에 더하시오.

03 9행의 방정식이 11행의 방정식이 되려면 어떻게 하여야하는가?

04 11행의 방정식이 13의 방정식이 되려면 어떻게 하여야하는가?

05 13행의 방정식이 15행의 방정식이 되려면 어떻게 하여야하는가?

06 15행의 방정식이 17의 방정식이 되려면 어떻게 하여야하는가?

07 만약 상수항을 2로 바꾸면 어떤 일이 일어나는가?

08 만약 상수항을 5로 바꾸면 어떤 일이 일어나는가?

09 상수항을 2부터 5 사이의 값으로 바꾸어 시도해 보시오. 또한 5보다 큰 수를 입력해 보시오. 어떤 일이 일어나는가?

10 상수항을 −6부터 2 사이의 값으로 바꾸어 시도해 보시오. 또한 −6보다 작은 수를 입력해 보시오. 어떤 일이 일어나는가?

11 x에 대한 일차항의 계수나 이차항의 계수도 다른 값들을 입력해 보고 어떤 일이 일어나는지 확인해보시오.

12 여기서 사용된 알고리즘은 항상 사용 가능한가? 그렇다면 그 이유는? 그렇지 않다면 그 이유는?

판별식

- **학습목표** : 계수가 실수인 이차방정식의 근이 실수인지 허수인지를 판별하는 방법을 이해할 수 있다.
- **학습분야 및 학년** : 문자와 식, 고등학교 1학년(10단계)

학습내용

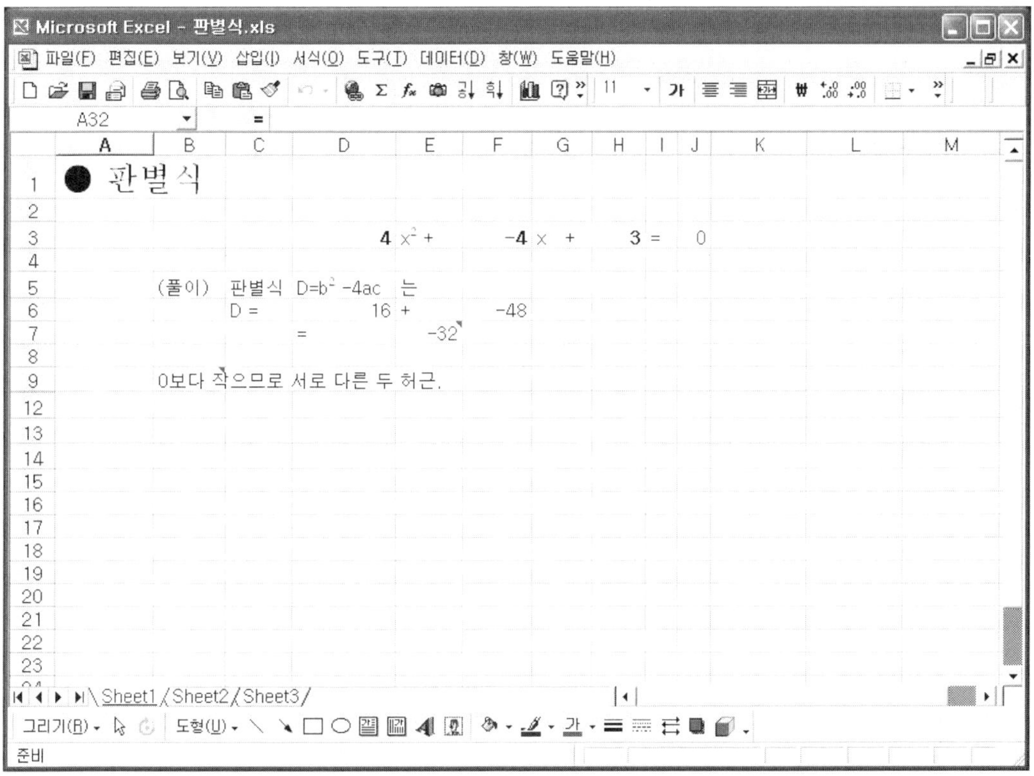

이차방정식 $ax^2+bx+c=0\ (a\neq 0)$의 근 $x=\frac{-b}{2a}\pm\frac{(b^2-4ac)}{2a}$가 실수인지 허수인지는 근호 안에 있는 b^2-4ac의 값의 부호에 따라 결정된다. 이 때, b^2-4ac를 이차방정식의 판별식이라 하고 D로 나타낸다. 즉, 판별식을

$D = b^2 - 4ac$ 라고 하면

① $D > 0$ ⇔ 서로 다른 두 실근을 가진다.

② $D = 0$ ⇔ 중근(서로 같은 두 실근)을 가진다.

③ $D < 0$ ⇔ 서로 다른 두 허근을 가진다.

☞ **셀수식 :**

D6 =$F$3^2　　　F6 =−4*$D$3*$H$3

E7 =$F$3^2−4*$D$3*$H$3

B9 =IF(E7>0,"0보다 크므로 서로 다른 두 실근.",IF(E7<0,"0보다 작으므로 서로 다른 두 허근.","0이므로 중근."))

학습문제

01 주어진 이차방정식의 계수에 다른 수를 입력한 후 그 변화를 살펴보시오.

02 근이 서로 다른 두 실근, 중근(서로 같은 두 실근), 서로 다른 두 허근으로 판별되는 이유를 설명하여 보시오.

03 다음 이차방정식의 근을 판별해 보시오.

(1) $x^2 - 3x - 2 = 0$

(2) $x^2 + 12x + 36 = 0$

(3) $3x^2 - 2x + 1 = 0$

04 중근이 나올 경우의 주어지는 이차방정식의 계수를 비교해 보고, 완전제곱 형태로 바꾸어 보시오.

조립제법과 정수 근

- **학습목표** : 조립제법을 이용하여 정수 근을 가지는 고차방정식의 해를 구할 수 있다.
- **학습분야 및 학년** : 문자와 식, 고등학교 1학년(10단계)

✽ 학습내용

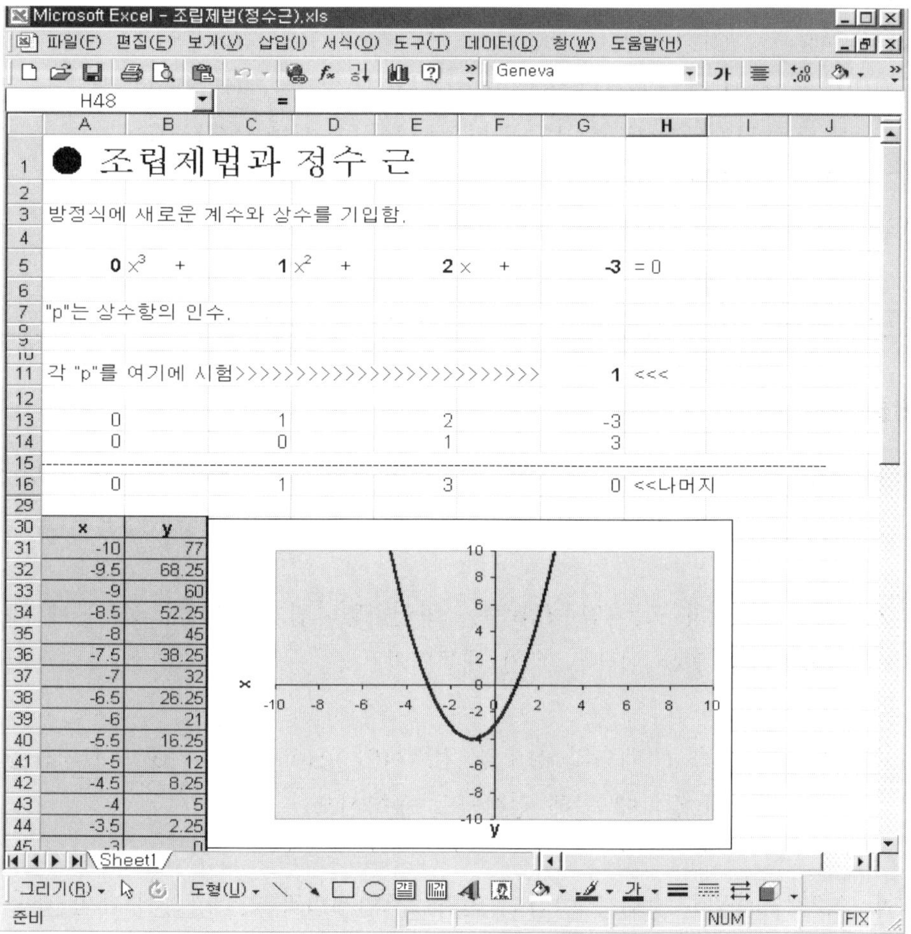

이 파일은 이용자에게 "방정식에 새로운 계수와 상수를 입력할 수 있음"이라고 말하고 있다.

여기서 표시된 방정식은 $0x^3 + 1x^2 + 2x - 3 = 0$ 이다.
예로 들은 위의 방정식을 보면, 11행에서 각 p를 확인할 것을 표시해 두고 있다. 단, 여기서 p는 상수항의 인수(약수)이다. 구한 p의 각 값을 입력하게 되면, 이 파일은 그 수를 조립제법 절차에 의해 확인한다. 만약 그 수가 근이면 "나머지"에 해당하는 셀 G16에 0이라는 수가 나타난다. 만약 근이 아니면 셀 G16에 나머지가 나올 것이다. 셀구간 A31:B71의 값으로 그린 그래프는 주어진 방정식을 나타낸 것이다.

☞ **셀수식 :**

```
A13  =A5         C13  =C5         E13  =E5         G13  =G5
A14  0           C14  =G11*A16    E14  =G11*C16    G14  =G11*E16
A16  =A13+A14    C16  =C13+C14    E16  =E13+E14    G16  =G13+G14
A31  -10         B31  =$A$5*A31^3+$C$5*A31^2+$E$5*A31+$G$5
A32  =A31+0.5    B32  =$A$5*A32^3+$C$5*A32^2+$E$5*A32+$G$5
...              ...
A71  =A70+0.5    B71  =$A$5*A71^3+$C$5*A71^2+$E$5*A71+$G$5
```

✻ 학습문제

01 상수항의 인수(약수) p값 모두를 적어 보시오. 그 중에서 주어진 방정식의 정수근이 되는 것을 확인하시오.

02 만약 상수항의 모든 인수(약수)를 확인하였다면, 방정식의 정수근에 대한 확인을 할 수 있는 이유는 무엇 때문인가?

03 방정식에 새로운 계수와 상수를 입력하여 $2x^3 - 9x^2 + 3x + 4 = 0$ 을 만들었다. 주어진 절차에 의해 정수근을 구하시오.

04 여기서 사용된 방법은 어떤 것인가? 조립제법과 인수정리에 대한 내용을 교과서에서 찾아 정리하여 보시오.

05 다른 이차방정식과 삼차방정식에 대한 정수근도 이 파일을 이용하여 구해보시오.

조립제법과 유리 근

- **학습목표** : 조립제법을 이용하여 고차방정식의 해를 구할 수 있다.
- **학습분야 및 학년** : 문자와 식, 고등학교 1학년(10단계)

학습내용

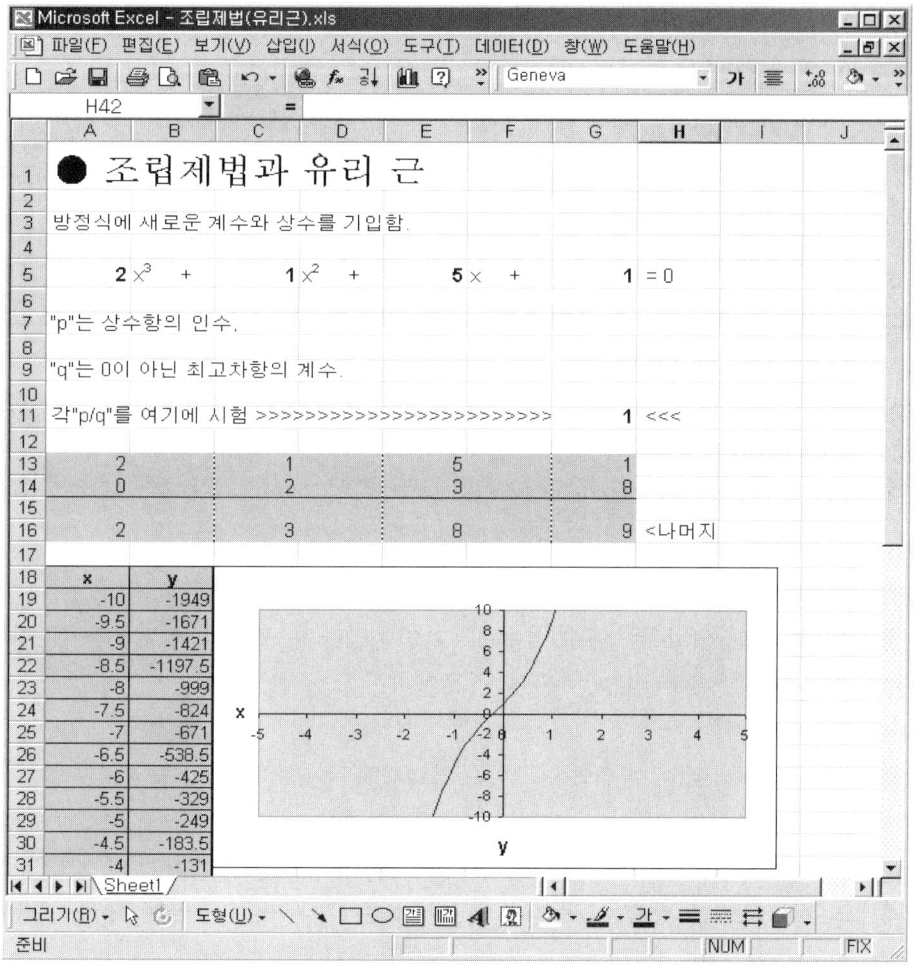

이 파일은 이용자에게 “방정식에 새로운 계수와 상수를 입력할 수 있음”이라고 말하고 있다. 여기서 표시된 방정식은 $2x^3+1x^2+5x+1=0$이다.

예로 들은 위의 방정식을 보면, 11행에서 각 p를 확인할 것을 표시해 두고 있다. 단, 여기서 $\frac{p}{q}$는 상수항의 인수(약수)이고 q는 0이 아닌 최고차항의 계수이다. 구한 $\frac{p}{q}$의 각 값을 입력하게 되면, 이 파일은 그 수를 조립제법 절차에 의해 확인한다. 만약 그 수가 근이면 "나머지"에 해당하는 셀 G16에 0이라는 수가 나타난다. 만약 근이 아니면 셀 G16에 나머지가 나올 것이다. 셀구간 A31:B71의 값으로 그린 그래프는 주어진 방정식을 나타낸 것이다.

☞ **셀수식 :**

A13	=A5	C13	=C5	E13	=E5	G13	=G5
A14	0	C14	=G11*A16	E14	=G11*C16	G14	=G11*E16
A16	=A13+A14	C16	=C13+C14	E16	=E13+E14	G16	=G13+G14
A31	−10	B31	=$A$5*A31^3+$C$5*A31^2+$E$5*A31+$G$5				
A32	=A31+0.5	B32	=$A$5*A32^3+$C$5*A32^2+$E$5*A32+$G$5				
…		…					
A71	=A70+0.5	B71	=$A$5*A71^3+$C$5*A71^2+$E$5*A71+$G$5				

학습문제

01 상수항의 인수(약수) p값과 q값을 모두 적어 보시오. 각 $\frac{p}{q}$값들 중에서 주어진 방정식의 유리근이 되는 것을 확인하시오.

02 만약 상수항의 모든 인수(약수)를 확인하였다면, 방정식의 유리근에 대한 확인을 할 수 있는 이유는 무엇 때문인가?

03 방정식에 새로운 계수와 상수를 입력하여 $2x^3 + 1x^2 - 10x - 5 = 0$을 만들었다. 주어진 절차에 의해 유리근을 구하시오.

04 여기서 사용된 방법은 어떤 것인가? 조립제법과 인수정리에 대한 내용을 교과서에서 찾아 정리하여 보시오.

05 다른 이차방정식과 삼차방정식에 대한 유리근도 이 파일을 이용하여 구해보시오.

미지수가 3개인 연립일차방정식(행렬식 이용)

- **학습목표** : 행렬식을 이용하여 미지수가 3개인 연립일차방정식을 풀 수 있다.
- **학습분야 및 학년** : 대수, 고등학교 수학 I

❋ 학습내용

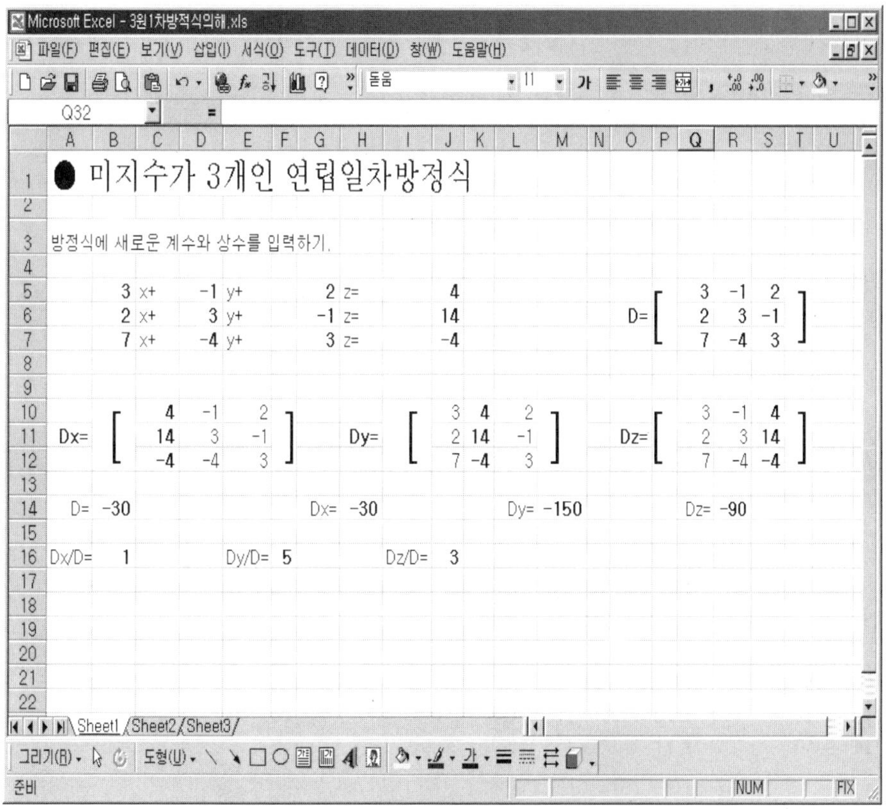

이 파일은 주어진 미지수가 3개인 연립일차방정식을 푸는 방법이다.

$$\begin{cases} 2x+3y+4z=5 \\ 9x+8y-7z=6 \\ 4x+5y+4z=-2 \end{cases}$$

이것은 행렬식을 이용한 크라메르의 법칙을 사용하여 연립방정식을 푸는 것이다. 각 행렬식의 값은 맨 위 행의 소행렬식을 전개하여 계산한다. 소행렬식은 행렬의 성분을 포함한 행과 열을 제거한 2×2행렬식을 말한다. 이 같은 절차는 다음과 같은 방법으로 얻을 수 있다.

$$D= x_1(y_2z_3-y_3z_2)-y_1(x_2z_3-x_3z_2)-z_1(x_2y_3-x_3y_2)$$

$$D_x= c_1(y_2z_3-y_3z_2)-y_1(c_2z_3-c_3z_2)-z_1(c_2y_3-c_3y_2)$$

$$D_y= x_1(c_2z_3-c_3z_2)-c_1(x_2z_3-x_3z_2)-z_1(x_2c_3-x_3c_2)$$

$$D_z= x_1(y_2c_3-y_3c_2)-y_1(x_2c_3-x_3c_2)-c_1(x_2y_3-x_3y_2)$$

그러면, x, y, z값은 $x=\frac{D_x}{D}$, $y=\frac{D_y}{D}$, $z=\frac{D_z}{D}$로 계산된다.

☞ **셀수식 :**

```
Q5  =A5R5  =D5  S5  =G5
Q6  =A6R6  =D6  S6  =G6
Q7  =A7R7  =D7  S7  =G7

C9  =J5 D9  =D5  E9  =G5
C10  =J6            D10  =D6 E10  =G6
C11  =J7            D11  =D7 E11  =G7

J9  =A5 K9  =J5  L9  =G5
J10  =A6            K10  =J6 L10  =G6
J11  =A7            K11  =J7 L11  =G7

Q9  =A5R9  =D5  S9  =J5
Q10  =A6            R10  =D6 S10  =J6
Q11  =A7            R11  =D7 S11  =J7
B13  =(A5*((D6*G7)-(D7*G6)))-(D5*((A6*G7)-(A7*G6)))+(G5*((A6*D7)-(A7*D6)))
H13  =(J5*((D6*G7)-(D7*G6))-(D5*((J6*G7)-(J7*G6)))+(G5*((J6*D7)-(J7*D6)))
M13  =(A5*((J6*G7)-(J7*G6))-(J5*((A6*G7)-(A7*G6)))+(G5*((A6*J7)-(A7*J6)))
R13  =(A5*((D6*J7)-(D7*J6)))-(D5*((A6*J7)-(A7*J6)))+(J5*((A6*D7)-(A7*D6)))
E16  =H13/B13
L16  =M13/B13
S16  =R13/B13
```

✻ 학습문제

01 크라메르 법칙을 이용하여 이 파일에서 주어진 연립방정식의 행렬식 D, D_x, D_y, D_z를 구하시오.

02 언제든지 이 알고리즘을 이용한 풀이가 가능한가? 이유는?

03 다른 예제를 만들어 풀어보시오.

마술 배열 (마방진)

- **학습목표** : 마술 배열의 성질을 이용하여 문제해결력을 개발시켜 나갈 수 있다. 또한 필요에 따라 덧셈, 뺄셈, 곱셈, 나눗셈 연습을 할 수 있다.
- **학습분야 및 학년** : 규칙성과 함수, 초등학교 6학년(6단계)

학습내용

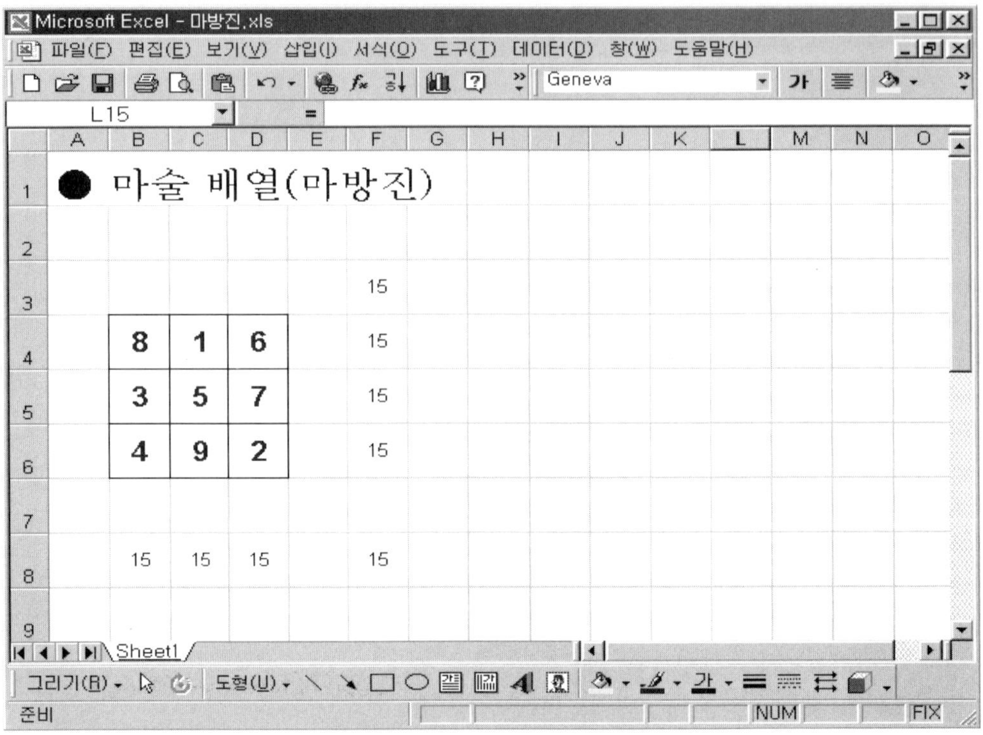

이 파일은 3×3배열로 각 셀은 0으로 되어있다. 또한 각 행과 열의 합도 0으로 되어있다. 주어진 셀의 값을 변화시킴에 따라 각 행과 열의 합을 나타내는 셀의 값도 변화한다.

☞ 셀수식 :

F3	=D4+C5+B6	B8	=SUM(B4:B6)
F4	=SUM(B4:D4)	C8	=SUM(C4:C6)
F5	=SUM(B5:D5)	D8	=SUM(D4:D6)
F6	=SUM(B6:D6)		
F8	=D6+C5+B4		

✻ 학습문제

01 1부터 9까지의 수를 아홉 개의 칸에 입력하여 각 행과 열의 합이 같아지도록 배열을 완성하시오. 얼마나 많은 경우가 생기는가?

02 마술 배열 후, 같은 수를 가지고 각 셀을 빼고 곱하고 나누어 보면 어떤 일이 나타나는가? 이 배열을 완성했을 때 일어나는 일을 설명하시오.

03 H2 셀과 H18 셀에 대각선으로 있는 세 개의 수가 더해지도록 수식을 만드시오. 행과 열 그리고 대각선으로 더한 모든 값이 같아지는 이 마술배열을 마방진이라 한다.

04 4×4 배열, 5×5 배열을 완성해 보시오.

수 패턴

- **학습목표** : 수 패턴 탐구 학습을 통해 규칙성을 찾아보고 이런 귀납적인 다양한 경험을 유사한 문제해결에 활용할 수 있다.
- **학습분야 및 학년** : 규칙성과 함수, 중학교 1학년(7단계)

학습내용

1	1	1	1
2	11	11	121
3	111	111	12321
4	1111	1111	1234321
5	11111	11111	123454321
6	111111	111111	12345654321
7	1111111	1111111	1234567654321
8	11111111	11111111	123456787654321

풀 이

x(n)	y(n)	y(n)	g(n)
1	1	1	1
2	11	11	121
3	111	111	12321
4	1111	1111	1234321
5	11111	11111	123454321
6	111111	111111	12345654321
7	1111111	1111111	1234567654321
8	11111111	11111111	123456787654321
x(n)=x(n-1)	y(n)=10^(x(n-1))+y(n-1)		g(n)=y(n)*y(n)

1×1	=	1
11×11	=	121
111×111	=	12321
1111×1111	=	1233321
11111×11111	=	123454321
111111×111111	=	12345654321
1111111×1111111	=	1234567654321
11111111×11111111	=	123456787654321
111111111×111111111	=	12345678987654321

위 그림에서 나타나는 수의 나열을 수를 직접 입력하지 말고, 관계를 찾아서 나타내 본다. 이와 같은 배열을 나타내기 위해서는 먼저 1, 11, 111, 1111, 11111, … 의 배열을 나타내면 된다. 이 배열의 관계는 $y(n)=10^{(x(n)-1)}+y(n-1)$이 된다. 그런 다음 각각의 1, 11, 111, 1111, 11111, …끼리 곱해주면 위의 배열이 나오게 된다.

☞ **셀 수식 :**

			…	E14	=C14*D14
C15	=10^(B15−1)+C14	D15	=10^(B15−1)+D14	E15	=C15*D15
C16	=10^(B16−1)+C15	D16	=10^(B15−1)+C14		…

✻ 학습 문제

01 피라미드 형태의 수 패턴에서 규칙을 찾아 밑줄 친 곳에 숫자로 빈 곳을 채우시오.

1	=	1×1
1 2 1	=	2×2
1 3 3 1	=	3×3
1 4 6 4 1	=	4×4
1 ____ 1	=	5×5
1 ____ 1	=	6×6
1 ____ 1	=	7×7
1 ____ 1	=	8×8
1 ____ 1	=	9×9

02 피라미드 형태의 수 패턴에서 규칙을 찾아 연산의 기호와 숫자로 빈 곳을 채우시오.

$1 \times 8 + 1$	=	9
$12 \times 8 + 2$	=	98
______	=	987
________	=	9876
_________	=	98765
__________	=	987654
___________	=	9876543
____________	=	98765432
_____________	=	987654321

03 문제 2를 엑셀에 입력하여보시오. 단, 숫자를 그냥 입력하지 말고 규칙성을 활용한 수식을 찾아 엑셀의 자동화기능으로 입력하여 보시오.

도형수

- **학습목표** : 도형수의 배열을 보고 귀납적으로 수의 패턴 찾아 이들을 함수 관계식으로 나타낼 수 있다.
- **학습분야 및 학년** : 규칙성과 함수, 중학교 1학년(7단계)

학습내용

●도형수

	사각수	직사각수	오각수	육각수	삼각추수
x(n)	y(n)	y(n)	y(n)	y(n)	y(n)
1	1	2	1	1	1
2	4	6	5	6	5
3	9	12	12	15	14
4	16	20	22	28	30
5	25	30	35	45	55
6	36	42	51	66	91
7	49	56	70	91	140
8	64	72	92	120	204
9	81	90	117	153	285
10	100	110	145	190	385
11	121	132	176	231	506
12	144	156	210	276	650
13	169	182	247	325	819
14	196	210	287	378	1015
15	225	240	330	435	1240
16	256	272	376	496	1496

도 형 수	모 형	함 수 식
사 각 수	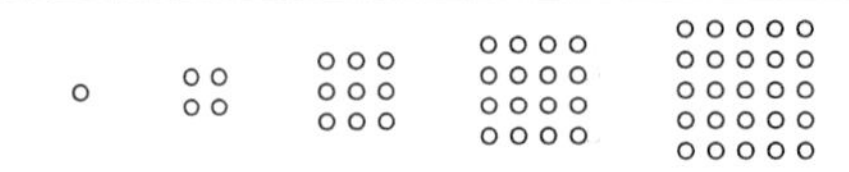	$y(n)=x(n)^2$
직사각수	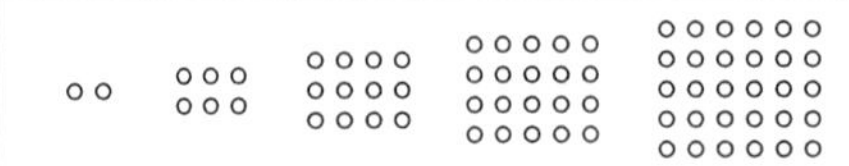	$y(n)=x(n)^2+x(n)$
오 각 수	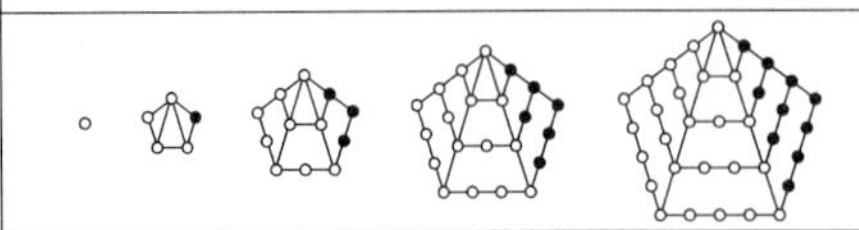	$y(n)=\frac{3}{2}x(n)^2-\frac{1}{2}x(n)$
육 각 수	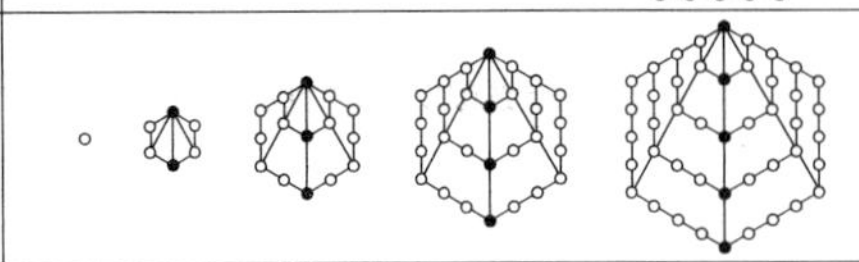	$y(n)=2x(n)^2-x(n)$
삼각추수	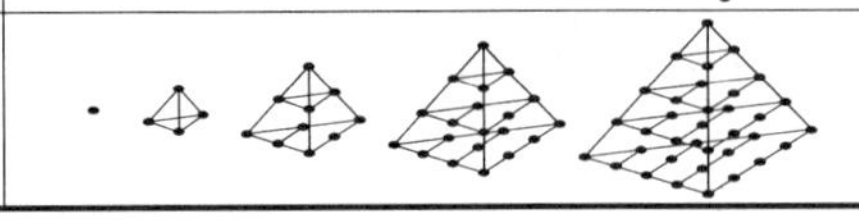	$y(n)=\frac{1}{6}(2x(n)^3+3x(n)^2+x(n))$

☞ **셀수식 :**

B5 =A5^2　D5 =A5^2+A5　F5 =3/2*(A5^2)－1/2*A5　H5 =2*(A5^2－A5)
J5 =1/6*(2*A5^3+3*A5^2+A5)

❋ 학습문제

01 사각추수, 오각추수, 육각추수 등 그 이상의 경우에서도 규칙성을 찾아 수식을 만들어 엑셀에 첨가하시오.

02

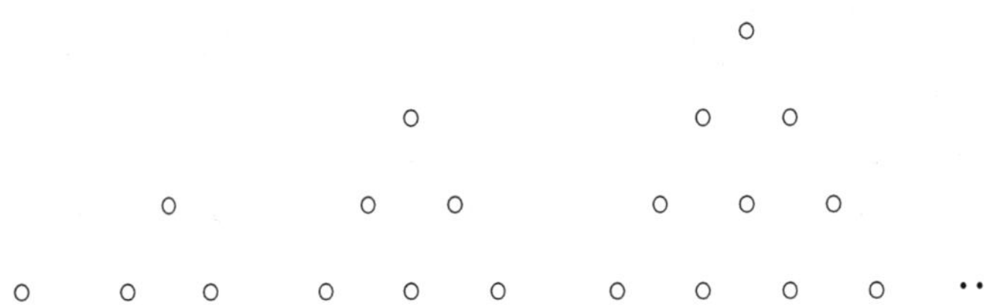

위의 그림 속에서 존재하는 수 패턴을 찾아 일반식을 세우고 엑셀에 첨가하시오.

순서쌍을 좌표평면에 나타내기

- **학습목표** : 순서쌍을 이용하여 평면 위의 모든 점의 좌표를 정할 수 있다.
- **학습분야 및 학년** : 규칙성과 함수, 중학교 1학년(7단계)

학습내용

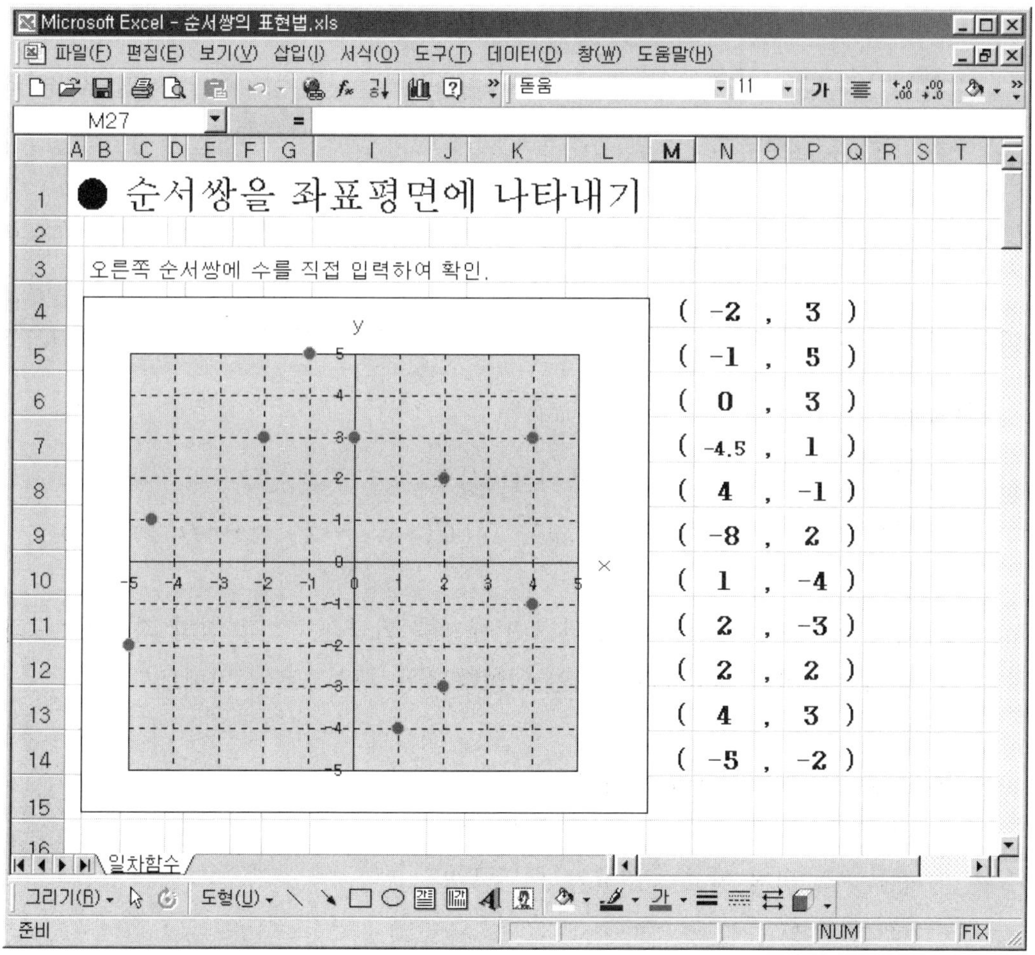

두 직선이 점 O에서 수직으로 만날 때, 점 O를 원점에 대응하는 점으로 하는 두 수직선을 만든다. 이 때, 점 O를 기준으로 하여 가로의 수직선을 x축, 세로의 수

직선을 y축이라 하고, 이 두 축을 통틀어 좌표축이라고 하며, 기준이 되는 두 좌표축의 교점 O를 원점이라고 한다. x축 위의 점에는 원점 O의 오른쪽에 양수, 왼쪽에 음수를 대응시키고, y축 위의 점에는 원점 O의 위쪽에 양수, 아래쪽에 음수를 대응시킨다. 점 P에서 x축과 y축에 각각 수선을 그어 두 좌표축과 만나는 점을 각각 M , N이라고 하자. M의 좌표를 a, N의 좌표를 b라 하면, 이들의 순서쌍 (a, b)로 점 P의 위치를 나타낸다. 이때, 이 순서쌍 (a, b)를 점 P의 좌표라 하고, a를 x좌표, b를 점 P의 y좌표라고 한다. 또, 좌표가 (a, b)인 점 P를 기호로 $P(a, b)$와 같이 나타낸다. 그리고 모든 점을 좌표로 나타낼 수 있는 평면을 좌표평면이라고 한다.

여기서 이 파일은 차트마법사 1단계에서 차트종류를 분산형, 하위종류를 값을 점으로 비교하는 모양( )으로 선택하면 된다.

☞ **셀수식** : 없음

✻ 학습문제

01 좌표평면 위에 다음 각 점을 나타내시오.

(1) $A(4, 3)$ (2) $B(-2, 3)$ (3) $C(-5, -2)$ (4) $D(2, -3)$

02 주어진 파일을 이용하여 위의 1번 문제를 확인한 후 각 점의 좌표를 "x좌표가 ( )이고 y좌표가 ( )인 점이다"라는 형식으로 설명해보시오.

03 다음 각 점의 좌표를 구하시오.

(1) x좌표가 -5이고 y좌표가 4인 점 A

(2) x축 위에 있고 x좌표가 3인 점 B

(3) 원점 O

4. 주어진 파일을 이용하여 각 사분면에 있는 점 (x, y)의 x좌표, y좌표의 부호를 생각하여 보고 아래 표를 완성해보시오.

	제1사분면	제2사분면	제3사분면	제4사분면
x좌표의 부호				
y좌표의 부호				

05 다음 각 점은 몇 사분면에 있는지 말해보시오.

(1) $A(1, 3)$ (2) $B(-2, 3)$ (3) $C(-1, -3)$ (4) $D(2, -4)$

혼합물

- **학습목표** : 문제해결을 위한 도구로서 엑셀을 이용할 수 있다.
- **학습분야 및 학년** : 규칙성과 함수, 중학교 1학년(7단계)

학습내용

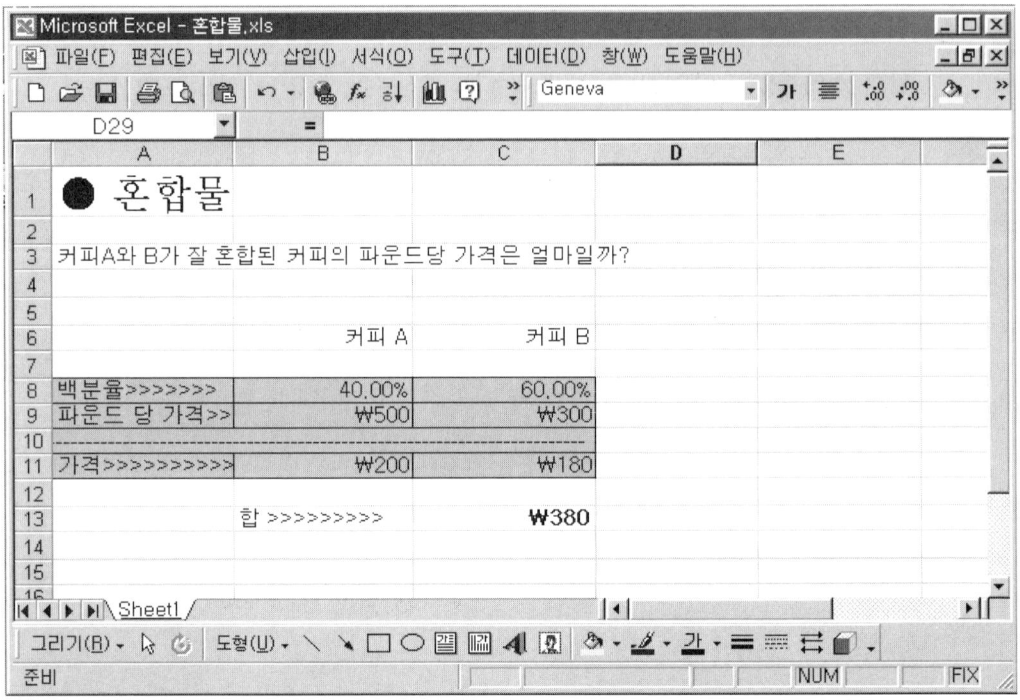

이 파일은 서로 다른 종류의 두 가지 커피가 혼합된 커피의 파운드당 가격을 구하는 문장제 문제를 나타내고 있다.

☞ **셀수식** :

		C8	=1−B8
B11	=B8*B9	C11	=C8*C9
		C13	=B11+C11

✻ 학습문제

01 이 파일에서 커피 A의 백분율(%)을 바꾼 후 관찰해보시오. 선택한 커피 A의 백분율에 의해 커피 B의 백분율은 어떻게 되는가?

02 이 파일을 사용하지 않은 채 커피 A의 파운드 당 가격이 500원이고 커피 B의 파운드 당 가격이 400원일 때 50:50의 비율로 섞은 커피의 5파운드 가격은 얼마가 될지 계산해보시오. 같은 상황에서 60:40으로 섞은 커피의 가격은? 이 파일을 사용하여 확인하시오.

03 혼합된 커피의 파운드 당 가격이 400원이고 커피 A의 파운드 당 가격이 380원이라 가정하자. 이때 커피 B의 파운드 당 가격이 420원이라면 커피 A가 이 혼합된 커피에 사용된 백분율(%)은?

04 혼합된 커피의 파운드 당 가격이 410원이고 커피 A의 파운드 당 가격이 400원이라 가정하자. 이때 커피 B의 파운드 당 가격이 500원이라면 커피 A가 이 혼합된 커피에 사용된 백분율(%)은?

05 이런 유형의 문장제 문제를 고려한 다른 엑셀파일들을 이 파일을 이용하여 만들어보시오.

울타리 문제(최적화 문제)

- **학습목표** : 울타리 문제를 엑셀을 이용하여 수치적인 방법으로 구해보고, 시각화시켜봄으로서 이차함수의 최대값의 개념을 이해할 수 있다.
- **학습분야 및 학년** : 규칙성과 함수, 중학교 3학년(9단계)

학습내용

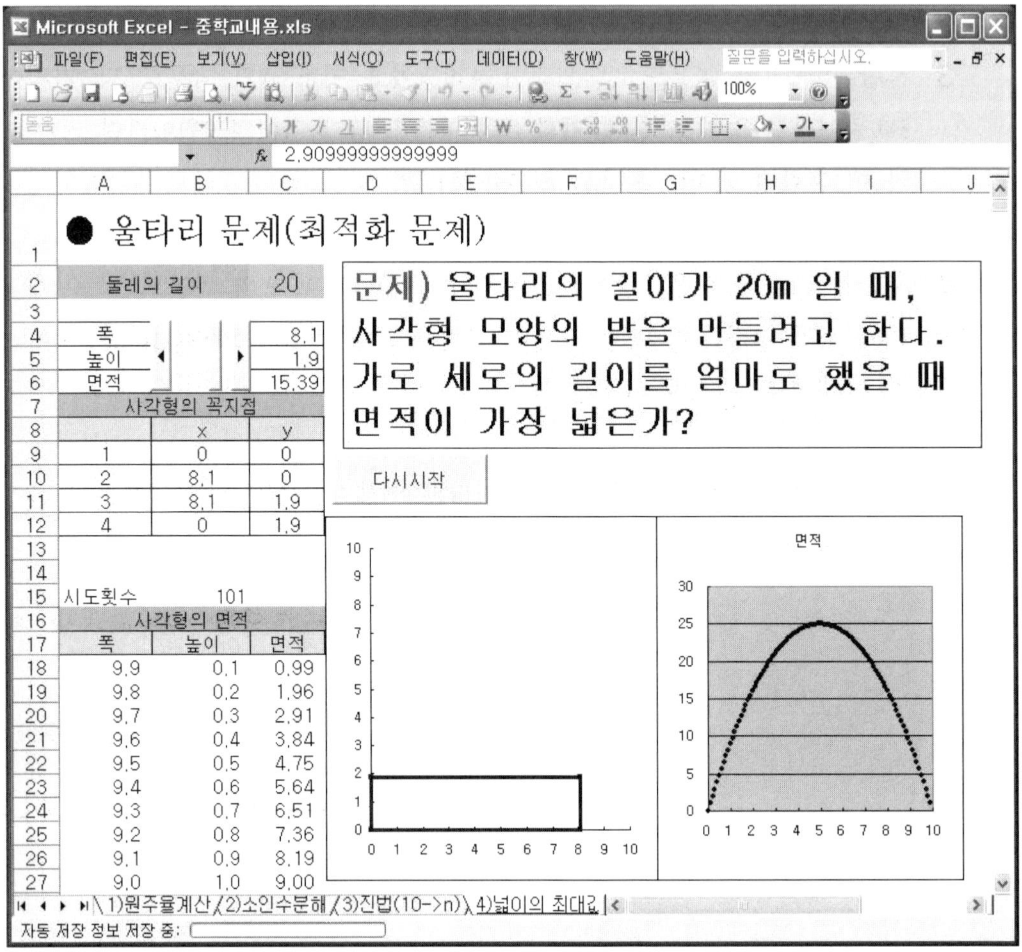

이번 단원에서 하고자 하는 것은 엑셀을 사용해서 주어진 문제를 풀어보고자 하는 것이다. 문제의 조건에서 울타리의 길이는 20미터이다. 이 울타리로 사각형 모양의 밭을 만든다고 할 때 그 밭의 가로를 x라고 하면 그 밭의 세로는 $(20-2x)$가 될 것이다. 그리고, 그 밭의 면적은 가로 곱하기 세로 즉 $x(20-2x)$로 나타낼 수 있다. 따라서 이 문제의 답은 울타리로 둘러싸인 밭의 면적, $x(20-2x)$의 값을 최대로 만드는 x값을 찾는 문제로 생각할 수 있다. 하지만 여기서는 $x(20-2x)$라는 식의 최대값을 대수적인 방법으로 푸는 것이 아니라 x값을 하나씩 대입해 가면서 $x(20-2x)$의 값이 가장 클 때의 x값을 찾아내는 수치적인 방식을 사용하기로 한다.

먼저 이 예제에서 지정해야 할 영역을 간단히 정리해 보면, 사각형의 둘레를 지정하기 위한 셀영역은 A2:B2 , 시각형의 가로, 세로, 넓이 값을 출력하기 위한 셀영역은 A4:C6 , 차트에 그려낼 사각형의 꼭지점 위치를 계산하기 위한 셀영역은 A7:C13 , 현재까지 사용자가 시도한 횟수를 나타내기 위한 셀 영역은 A15:B15 , 사용자가 지정한 가로, 세로, 넓이의 값을 출력하기 위한 셀영역은 A16:C17 이하의 모든 영역이다.

처음으로 B4셀에 사각형의 폭(가로)은 지정하기 위한 스크롤 바를 그려넣는다. 이 스크롤 바에 대한 LinkedCell은 M4로 하고, Min은 0, Max는 200, SmallChange는 1로 정한다. 가로 값인 C4셀에 =M4*0.1을 입력하여 0부터 20까지의 값이 0.1씩 변하며 C4에 나타나도록 한다. 다음에는 C5셀에 사각형의 높이(세로)부분의 값을 지정하기 위해 C5셀에 =(C2－2*C4)/2를 입력한다. 또한 사각형의 넓이는 C6셀에 = C4*C5를 입력하여 나타낸다.

사용자가 스크롤 바를 사용해서 사각형의 가로와 세로의 길이를 변경할 때마다 그 결과를 계속해서 기록하여 나중에 사용자가 그 모든 결과 값을 검토해서 그 중에서 사각형의 면적이 최대가 되는 조건을 찾아낼 수 있도록 만들어보고자 한다. 이렇게 하기 위해서는 스크롤 바를 사용해서 사각형의 폭을 바꿀 때마다 그 때 그 때의 결과를 어느 특정 장소에 출력하는 방법이 필요한데, 이 작업은 약간의 프로그래밍이 되어야 한다. 먼저 스크롤 바에 대한 코드 입력창을 불러 낸다. 코드 입력창을 불러내기 위해서는 컨트롤 도구상자의 디자인 모드를 실행한 상태에서 스크롤 바를 선택한 후 마우스 오른쪽을 클릭한 후 메뉴 중 코드보기를 누른다. 그러면 아래와 같은 코드입력창이 열린다.

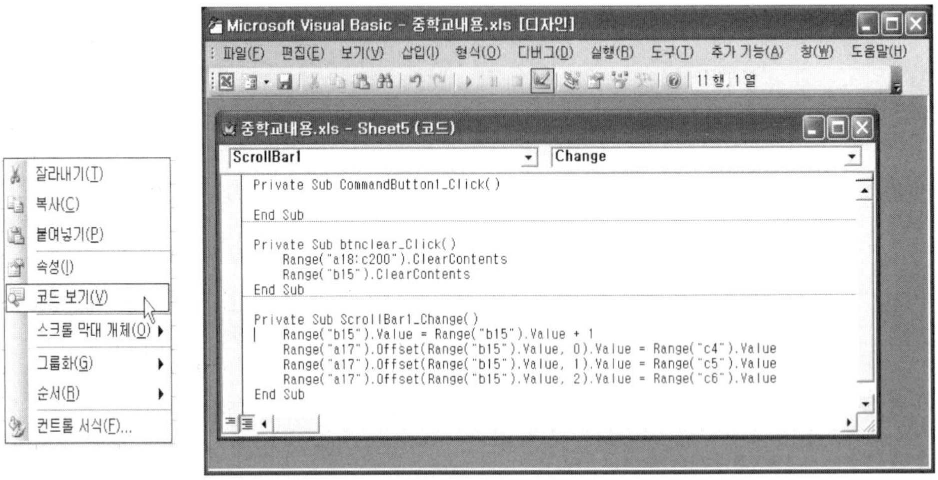

처음 코드를 접하게 되면 우선 겁부터 나기 마련이다. 물론 이 코드를 완벽하게 이해하기 위해서는 VBA에 대한 어느 정도의 지식이 필요하겠지만 여기서 사용된 코드의 내용을 보면 대충 다음과 같은 몇 가지 형태로 분류할 수 있다.

Range(셀주소).Value = 값

Range(셀주소1).Value = Range(셀주소2).Value

Range(셀주소).Offset(R,C).Value = 값

먼저 첫 번째 형태의 의미부터 보면, Range(셀주소).Value = 값 는 '셀주소'가 가리키는 셀에 '값'을 입력하라는 의미이다. 엑셀 VBA에서 가장 자주 사용되는 코드의 한 형태이다. 두 번째 형태의 의미는 Range(셀주소1).Value = Range(셀주소2).Value '셀주소2'가 가리키는 셀의 값을 읽어서, 그 값을 '셀주소1'이 가리키는 셀에 입력하라는 의미이다. 끝으로 세 번째 형태에 대한 의미는 우선 Offset의 속성을 알아야한다. VBA를 활용하는 과정에서 가장 자주 사용하게 되는 속성 중의 하나가 바로 Offset이라는 것이다. 이 속성은 워크시트에 있는 특정 셀의 위치를 가리킬 때 사용되는데 일반적인 위치 지정 기능과의 차이점은 Range와 같은 것은 워크시트의 A1 셀을 기준으로 해서 주소를 지정하는 데 비해서 Offset은 사용자가 지정한 특정 셀을 기준으로 다른 셀들의 위치를 나타낸다는 것이다. Offset이라는 속성은 Offset(행수, 열수)이라는 형식으로 사용되는데, '행수'가 음수일 경우에는 위쪽 방향을 나타내고 양수일 경우에는 아래쪽 방향을 나타내며, '열수'가 음수일 경우에는 앞쪽(왼쪽) 방향을 나타내고 양수일 경우에는 뒤쪽(오른쪽)방향을 나타낸다. 여기서 Range(셀주

소).Offset(R,C).Value = 값 의 의미는 셀주소가 가리키는 셀에서 세로방향으로 R칸 떨어져 있고, 가로 방향으로 C칸 떨어져 있는 곳의 셀에 '값'을 입력하는 의미이다. 일단 코드를 입력한 다음에 다시 워크시트로 돌아온다. 워크시트로 돌아온 다음에는 컨트롤 도구상자에서 [디자인 모드 종료]버튼을 클릭해서, 워크시트에 있는 모든 컨트롤들을 실행모드로 바꾼 다음에 스크롤 바를 클릭하면 사각형의 가로, 세로, 면적 값이 바뀔 뿐만 아니라 이러한 모든 시도의 결과가 워크시트에 기록되는 것을 볼 수 있다.

다음은 이 문제를 시각적으로 보여주기 위해서 두 개의 차트를 만들기로 한다. 그 중 하나는 사용자가 지정한 가로와 세로로 된 사각의 모양을 보여주고, 다른 하나는 사용자가 시도한 각각의 사각형의 면적을 그래프로 나타내는 것이다.

먼저 사용자가 지정한 가로와 세로를 갖는 사각형의 꼭지점을 계산할 수 있는 셀영역을 만들어야 하는데, 그 셀영역이 바로 A9:C13이다. 사각형의 꼭지점은 4개인데 이 부분에 준비된 좌표 순서쌍의 개수는 5개라는 것을 보고 약간 이상하게 생각할 수도 있다. 만약 4개의 꼭지점이 있는데 이들을 연결해서 엑셀을 이용하여 하나의 사각형을 만든다면 그 도형은 'ㄷ'자 모양일 뿐 사각형이라고는 할 수 없다. 따라서 사각형을 만들기 위해서는 4번 점에서 출발하여 1번 점에 이르는 직선이 필요하기 때문에 5번이라는 새로운 점을 추가하고, 그 점의 좌표값을 1번과 똑같이 만드는 것이다. 이 사각형의 꼭지점의 위치는 사각형의 크기에 따라서 변하는 것이기 때문에, 이들 꼭지점의 좌표값은 어떤 하나로 고정된 것이 아니라 스크롤 바를 사용해서 사각형의 폭을 변경할 때마다 이들 꼭지점도 함께 변하게 된다. 바로 이와같은 동작을 하기 위해서는 꼭지점 영역에 대한 수식을 B9:C13에 입력하면 된다(아래 셀수식 참고).

이렇게 해서 주어진 사각형을 그래프로 그리는 준비작업이 끝났다. 그래프는 먼저 B9:C13영역을 하나의 블록으로 설정한 다음 차트마법사를 불러낸다. 그런 다음에 차트의 종류를 '분산형'으로 지정하고 [하위종류(T)]를 '선형'으로 지정한 다음 [마침(F)]버튼을 눌러서 차트를 그린다.

다음으로 해야할 일은 스크롤 바를 사용해서 폭 변경을 시도하는 과정에서 얻어진 면적 데이터를 그래프로 나타내서 그 변화가 어떻게 되는지를 관찰하는 방법에 대해서 설명한다. 이번에 그리고자 하는 그래프를 사각형의 폭(가로)을 x축으로 하고, 그

때의 사각형의 면적을 y값으로 하는 그래프를 그리는 것이다. A18;A118과 C18:C118영역을 하나의 블록으로 설정한다. 여기서 한가지 주의해야 할 것은 현재 이 부분에 데이터가 없다 하더라도 나중에 추가될 데이터를 생각해서 데이터의 개수를 충분히 많이 잡아준다는 것이다. 이와 같이 영역을 설정한 다음에 차트마법사를 불러내고, 차트의 종류를 '분산형'으로 지정하고 [하위종류(T)]를 '점모양'으로 지정한 다음 차트를 그리면 된다.

마지막으로 [다시시작]이라는 버튼을 만들어서 실험을 초기상태로 돌아가게하도록 만드는데, 이 버튼을 만드는 것 역시 코드가 필요하다. 코드는 아래와 같이 입력하면 되고 이에 대한 설명은 그리 어렵지 않게 이해할 수 있다.

```
Private Sub btnclear_Click()
    Range("a18:c200").ClearContents
    Range("b15").ClearContents
End Sub
```

☞ 셀수식 :

C2	20				
C4	=0.1*M4	B9	0	C9	0
		B10	=B9+C4	C10	0
C5	=(C2－*C4)/2	B11	=B10	C11	=C9+C5
		B12	=B9	C12	=C9+C5
C6	=C4*C5	B13	=B9	C13	=C9

학습문제

01 스크롤 바를 클릭하여보고 면적이 최대가 되는 값을 찾아보시오.

02 울타리 둘레의 길이를 바꾸어 보고 각각의 면적의 최대값을 구해보시오.

03 이 문제를 대수적방법인 이차함수 $y = x(20 - x)$의 최대값을 구하는 방법으로 값을 구한 후 위의 엑셀을 이용하여 구한 값과 비교해보시오.

04 이차함수의 그래프와 연결하여 이차함수 $y = ax^2 + bx + c\ (a \neq 0)$의 성질을 조사하여 보시오.

이차함수 $y=ax^2$의 그래프

- **학습목표** : 이차함수의 개념과 그 성질을 알 수 있으며 이차함수 $y=ax^2$의 그래프의 성질을 이해할 수 있다.
- **학습분야 및 학년** : 규칙성과 함수, 중학교 3학년(9단계)

✻ 학습내용

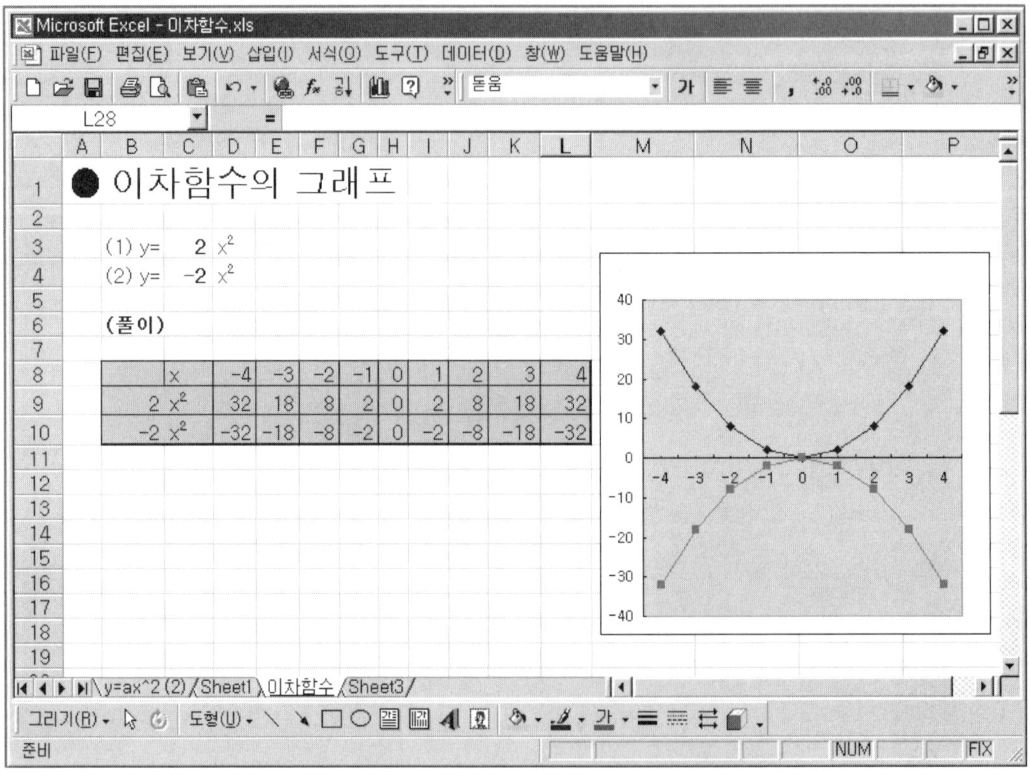

다음 이차함수 $y=ax^2$ $(a\neq 0)$ 의 그래프 성질에서 빈 칸을 채우시오.

(1) □ 축을 축으로 하고 □ 을 꼭지점으로 하는 포물선이다.

(2) $a>0$ 이면 □ 볼록, $a<0$ 이면 □ 볼록한 포물선이다.

(3) a의 절대값이 □ 폭이 좁아지고 □ 넓어진다.

(4) $y=-ax^2$ 의 그래프와 □ 축에 대하여 대칭이다.

☞ **셀수식 :**

		D8	=−4	E8	=−3	F8	−2	…
B9	=2	D9	=$B$9*D8^2	E9	=$B$9*E8^2	F9	=$B$9*F8^2	…
B10	=−2	D10	=$B$10*D8^2	E10	=$B$10*E8^2	F10	=$B$10*F8^2	…

❋ 학습문제

01 이차함수의 계수에 여러 수를 입력하여 보고 주어지는 그래프 변화를 설명하시오.

02 다음 식의 그래프를 확인하여 보시오.

(1) $y=7x^2$, $y=-7x^2$

(2) $y=3x^2$, $y=-3x^2$

03 이차함수의 계수(a)의 값이 양수일 때와 음수일 때의 그래프의 차이점을 설명해 보시오.

04 다음 식의 그래프를 확인하여 보시오.

(1) $y=1x^2$, $y=2x^2$ (2) $y=3x^2$, $y=4x^2$

(3) $y=-1x^2$, $y=-2x^2$ (4) $y=-3x^2$, $y=-4x^2$

05 이차함수의 계수 값의 절대값을 변화시켜보고 그 차이점을 설명해 보시오.

분수함수의 그래프

- **학습목표** : 점근선의 뜻과 분수함수 $y=\dfrac{k}{x}$ 의 성질에 대하여 이해할 수 있다.
- **학습분야 및 학년** : 규칙성과 함수, 고등학교 1학년(10단계)

✻ 학습내용

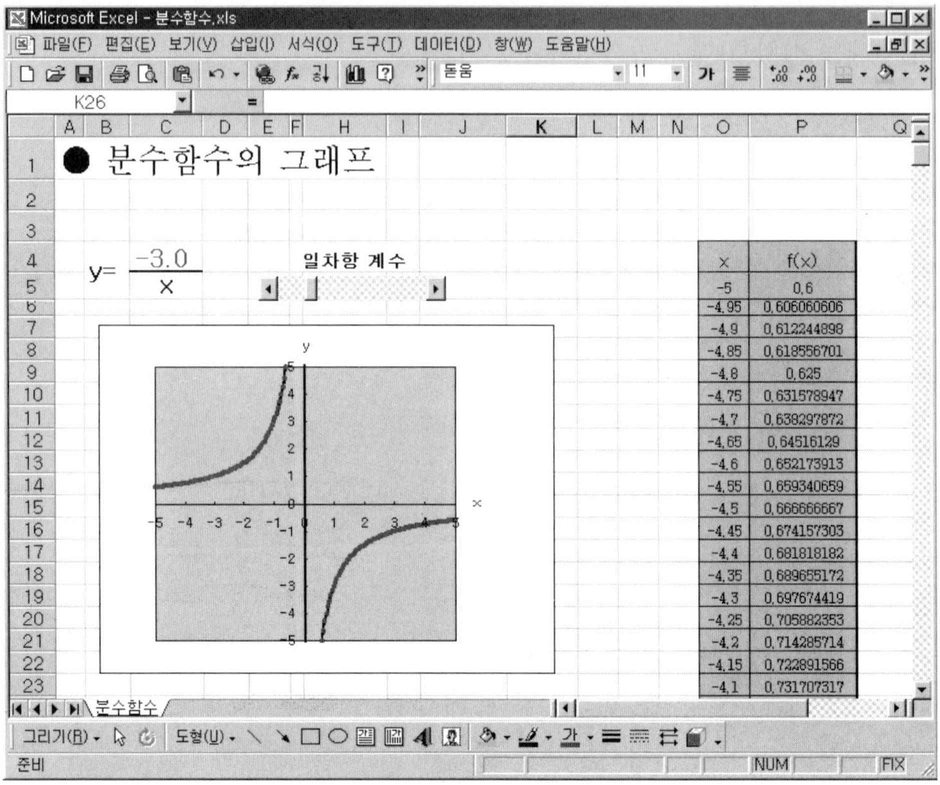

곡선 위의 점이 일정한 직선에 한없이 가까워 질 때, 이 일정한 직선을 그 곡선의 점근선이라고 한다.

함수 $y=\dfrac{k}{x}$ $(k\neq 0)$ 의 정의역과 치역은 모두 0이 아닌 실수 전체의 집합이며 그 그래프는 다음과 같은 성질을 갖는다.

① x, y축을 점근선으로 가지는 직각쌍곡선이다.
② 이 쌍곡선은 원점에 대하여 점대칭이다.
③ 두 직선 $y=x$, $y=-x$에 대하여 선대칭이다.
④ $|k|$가 클수록 원점에서 멀리 있고 $|k|$가 작을수록 원점에 가까이 있다.
⑤ $k>0$이면 그래프는 제1, 3사분면에 있고 $k<0$이면 그래프는 제2, 4사분면에 있다.

이 파일은 스크롤 바와 텍스트 박스를 이용하도록 작성되어 있기 때문에 Linkcell을 만들어야 한다. 여기서는 셀 S5을 Linkcell로 작성하였으며 셀 C4가 Linkcell의 값에 따라 변하도록 만들어진 k값으로 여기서는 k값의 범위가 $-5 \le k \le 5$이 나오도록 셀수식을 "=(S5−10)/2"으로 작성하였다(단, 스크롤 바 속성의 최대값은 20, 최소값은 0이다).

☞ **셀수식 :**

C4	=(S5−10)/2	O5	=−5	P5	=\$C\$4/O5
		O6	=O5+0.05	P6	=\$C\$4/O6
		O7	=O6+0.05	P7	=\$C\$4/O7
		…		…	

✻ 학습문제

01 분수함수 $y=\frac{1}{x}$의 그래프를 그리기 위해 $x=1, 2, 3, \cdots$과 $x=\frac{1}{2}, \frac{1}{3}, \frac{1}{4}, \cdots$을 대입하여 y의 값을 구하고 좌표평면에 순서쌍의 점을 찍고 이 점들을 지나는 곡선을 그려보시오.

02 위의 1번 문제의 작업을 엑셀을 이용하여 나타내고 차트마법사를 이용하여 그래프를 그려보시오.

03 $k=1, 2, \frac{1}{2}, -1, -2, -\frac{1}{2}$일 때, $y=\frac{k}{x}$ $(k\neq 0)$의 각각의 그래프를 그려보고 그 모양을 비교하시오.

04 주어진 파일에서 스크롤 바를 이용하여 k값을 변화시켜보고 $y=\frac{k}{x}$ $(k\neq 0)$의 그래프에 대하여 정리하여 설명해보시오.

이차함수 그래프와 x축과의 관계(판별식이용)

- **학습목표** : 이차함수의 그래프와 x축과의 위치관계를 판별식을 이용하여 이해할 수 있다.
- **학습분야 및 학년** : 규칙성과 함수, 고등학교 1학년(10단계)

학습내용

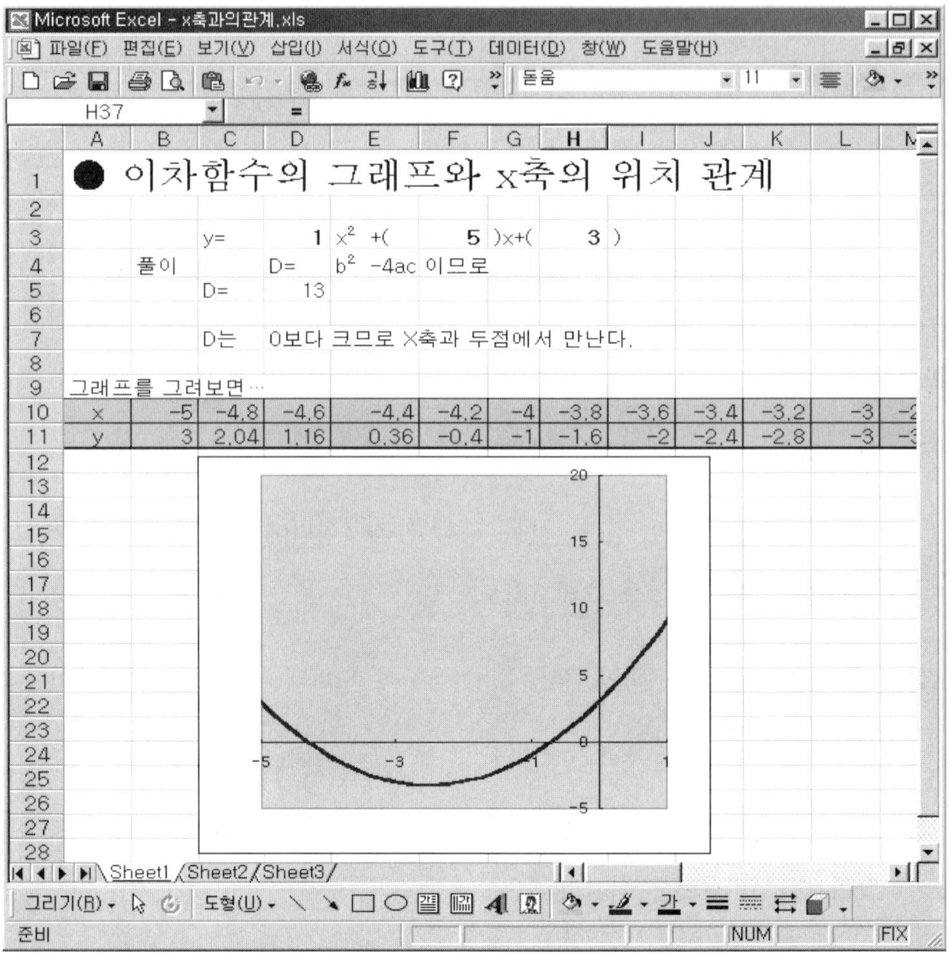

이차함수 $y=ax^2+bx+c\ (a>0)$에서 $D=b^2-4ac$라 할 때, 방정식 $ax^2+bx+c=0$ 과의 관계를 나타내면 다음과 같다.

$D=b^2-4ac$	$D>0$	$D=0$	$D<0$
$y=ax^2+bx+c\ (a>0)$의 그래프	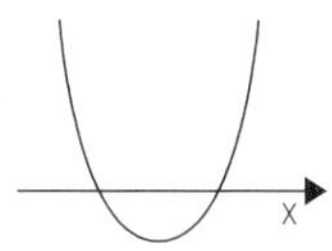	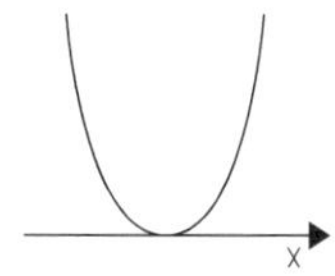	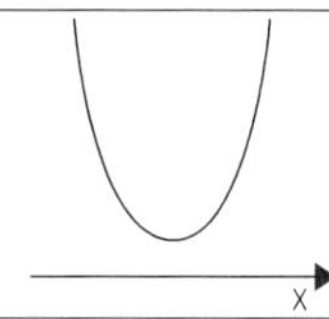
x축과의 교점 (교점의 개수)	서로 다른 두 점에서 만난다(교점 : 2개)	한 점에서 만난다(접한다) (교점 : 1개)	만나지 않는다. (교점 : 0개)
$ax^2+bx+c=0$ 의 해	서로 다른 두 실근 $x=\alpha,\ \beta$	중 근 $x=\alpha$	허근

☞ **셀수식 :**

```
D5   =F3^2-4*D3*H3
D7   =IF(D5>0,"0보다 크므로 X축과 두 점에서 만난다.",IF(D5<0,"0보다 작으므로 X
     축과 만나지 않는다.","0이므로 X축과 한점에서 만난다."))

     B10   =-5          B11   =$D$3*B10^2+$F$3*B10+$H$3
     C10   =B10-0.2     C11   =$D$3*C10^2+$F$3*C10+$H$3
     D10   =C10-0.2     D11   =$D$3*D10^2+$F$3*D10+$H$3
     ...                ...
```

학습문제

01 이차함수식의 계수에 다른 수들을 입력한 후 그래프 변화를 살펴보시오.

02 다음 이차함수의 그래프를 그려보시오.

(1) $y=3x^2-4x+1$ (2) $y=-5x^2+7x-3$ (3) $y=2x^2-4x+2$

03 위의 문제 2번에 주어진 함수들의 이차방정식에 대한 판별식을 구해본 후 판별식의 부호에 따른 이차함수의 그래프과 x축과의 관계를 생각해보시오.

04 주어진 엑셀 파일을 이용하여 위의 문제 2번에 주어진 이차함수와 x축과의 교점의 개수를 확인하여 보시오.

삼각함수 그래프

- **학습목표** : 함수 $y=f(x)$에서 두 변수 x와 y사이의 관계를 그래프로 나타낼 수 있음을 이용하여 삼각함수의 그래프와 주기함수를 알 수 있다.
- **학습분야 및 학년** : 규칙성과 함수, 고등학교 1학년(10단계)

학습내용

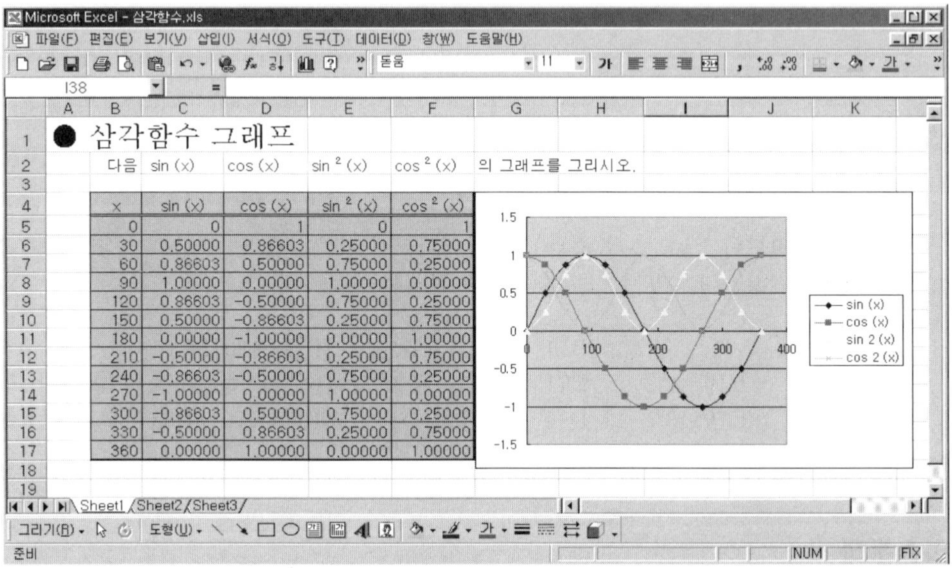

x	sin (x)	cos (x)	sin ² (x)	cos ² (x)
0	0	1	0	1
30	0.50000	0.86603	0.25000	0.75000
60	0.86603	0.50000	0.75000	0.25000
90	1.00000	0.00000	1.00000	0.00000
120	0.86603	-0.50000	0.75000	0.25000
150	0.50000	-0.86603	0.25000	0.75000
180	0.00000	-1.00000	0.00000	1.00000
210	-0.50000	-0.86603	0.25000	0.75000
240	-0.86603	-0.50000	0.75000	0.25000
270	-1.00000	0.00000	1.00000	0.00000
300	-0.86603	0.50000	0.75000	0.25000
330	-0.50000	0.86603	0.25000	0.75000
360	0.00000	1.00000	0.00000	1.00000

주기함수는 함수 $f(x)$의 정의역에 속하는 모든 x에 대하여 등식 $f(x+p)=f(x)$를 만족하는 0이 아닌 상수 p가 존재할 때, $f(x)$를 주기함수라 하고, 이 등식을 성립시키는 최소의 양수 p를 $f(x)$의 주기라 한다.

(1) $y=\sin x$의 그래프

ⓐ 정의역 : 모든 실수 R ⓑ 치역 : $\{y \mid -1 \le y \le 1\}$

ⓒ 주기 : 2π ⓓ 그래프 : 원점에 대하여 대칭

(2) $y=\cos x$의 그래프

ⓐ 정의역 : 모든 실수 R ⓑ 치역 : $\{y \mid -1 \le y \le 1\}$

ⓒ 주기 : 2π ⓓ 그래프 : y 축에 대하여 대칭

(3) $y=$ tan x의 그래프

ⓐ 정의역 : $n\pi+\frac{\pi}{2}$(n은 정수)를 제외한 모든 실수

ⓑ 치 역 : 실수전체의 집합 ⓒ 주 기 : π

ⓓ 그래프 : 원점에 대하여 대칭

ⓔ 점근선 : 직선 $\theta=n\pi+\frac{\pi}{2}$ (n은 정수)

여기서 셀수식 작성시 주의해야 될 것은 엑셀에서 육십분법은 인식하지 못하므로 라디안으로 바꾸어 생각하여야 한다. 따라서 $1°=\frac{\pi}{180}$ (라디안)을 이용하여 수식을 입력하면 된다. 셀 C5의 수식인 SIN(B5*PI()/180)에서 PI()는 Π(파이)를 의미하는 것이다.

☞ **셀수식 :**

```
B5  =0   C5  =SIN(B5*PI()/180)  D5  =COS(B5*PI()/180)  E5  =(SIN(B5*PI()/180))^2  F5  =(COS(B5*PI()/180))^2
B6  =30  C6  =SIN(B6*PI()/180)  D6  =COS(B6*PI()/180)  E6  =(SIN(B6*PI()/180))^2  F6  =(COS(B6*PI()/180))^2
B7  =60  C7  =SIN(B7*PI()/180)  D7  =COS(B7*PI()/180)  E7  =(SIN(B7*PI()/180))^2  F7  =(COS(B7*PI()/180))^2
…        …                      …                      …                          …
```

✲ 학습문제

01 삼각함수 그래프를 보면 주기함수임을 알 수 있다. 각 sin, cos, tan함수의 주기를 그래프를 보고 구하여 보시오.

02 sin, cos, tan함수 그래프를 보고 각 삼각함수에 대하여 각 사분면의 부호를 생각하여 보고 아래 표를 완성하여 보시오.

θ	제1사분면	제2사분면	제3사분면	제4사분면
$\sin\theta$				
$\cos\theta$				
$\tan\theta$				

03 $\sin\theta$와 $\sin^2\theta$, $\cos\theta$와 $\cos^2\theta$의 차이점을 그래프를 보고 설명하여 보시오.

미지수가 3개인 연립일차방정식

- **학습목표** : 미지수가 3개인 연립일차방정식의 해를 구하기 위한 알고리즘을 알 수 있다.
- **학습분야 및 학년** : 문자와 식, 고등학교 1학년(10단계)

학습내용

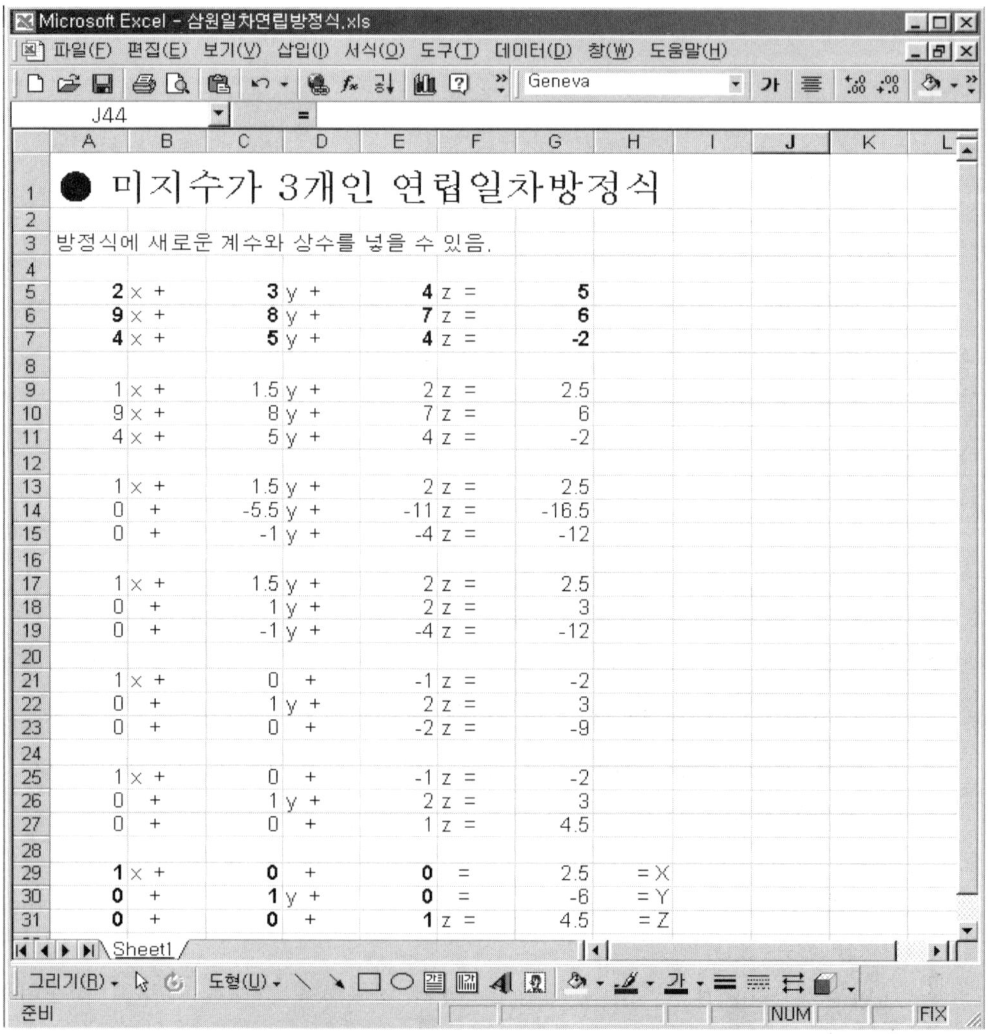

	A	B	C	D	E	F	G	H
5	**2**	x +	**3**	y +	**4**	z =	**5**	
6	**9**	x +	**8**	y +	**7**	z =	**6**	
7	**4**	x +	**5**	y +	**4**	z =	**-2**	
9	1	x +	1.5	y +	2	z =	2.5	
10	9	x +	8	y +	7	z =	6	
11	4	x +	5	y +	4	z =	-2	
13	1	x +	1.5	y +	2	z =	2.5	
14	0	+	-5.5	y +	-11	z =	-16.5	
15	0	+	-1	y +	-4	z =	-12	
17	1	x +	1.5	y +	2	z =	2.5	
18	0	+	1	y +	2	z =	3	
19	0	+	-1	y +	-4	z =	-12	
21	1	x +	0	+	-1	z =	-2	
22	0	+	1	y +	2	z =	3	
23	0	+	0	+	-2	z =	-9	
25	1	x +	0	+	-1	z =	-2	
26	0	+	1	y +	2	z =	3	
27	0	+	0	+	1	z =	4.5	
29	**1**	x +	**0**	+	**0**	=	2.5	=X
30	**0**	+	**1**	y +	**0**	=	-6	=Y
31	**0**	+	**0**	+	**1**	z =	4.5	=Z

이 파일은 미지수가 세 개인 연립일차방정식

$$\begin{cases} 2x + 3y + 4z = 5 \\ 9x + 8y + 7z = 6 \\ 4x + 5y + 4z = -2 \end{cases}$$

의 해를 구하기 위해서 단계별로 진행해 나가고 있다. 5행, 6행과 7행의 계수와 상수들을 변경함으로서 새로운 연립일차방정식을 만들 수 있다.

☞ **셀수식 :**

A9 =A5/A5	C9 =C5/A5	E9 =E5/A5	G9 =G5/A5
A10 =A6	C10 =C6	E10 =E6	G10 =G6
A11 =A7	C11 =C7	E11 =E7	G11 =G7
A13 =A9	C13 =C9	E13 =E9	G13 =G9
A14 =A10−(A10*A9)	C14 =C10−(A10*C9)	E14 =E10−(A10*E9)	G14 =G10−(A10*G9)
A15 =A11−(A11*A9)	C15 =C11−(A11*C9)	E15 =E11−(A11*E9)	G15 =G11−(A11*G9)
A17 =A13	C17 =C13	E17 =E13	G17 =G13
A18 =A14	C18 =C14/C14	E18 =E14/C14	G18 =G14/C14
A19 =A15	C19 =C15	E19 =E15	G19 =G15
A21 =A17−(C17*A18)	C21 =C17−(C17*C18)	E21 =E17−(C17*E18)	G21 =G17−(C17*G18)
A22 =A18	C22 =C18	E22 =E18	G22 =G18
A23 =A19	C23 =C19−(C19*C18)	E23 =E19−(C19*E18)	G23 =G19−(C19*G18)
A25 =A21	C25 =C21	E25 =E21	G25 =G21
A26 =A22	C26 =C22	E26 =E22	G26 =G22
A27 =A23	C27 =C23	E27 =E23/E23	G27 =G23/E23
A29 =A25−(E25*A27)	C29 =C25	E29 =E25−(E25*E27)	G29 =G25−(E25*G27)
A30 =A26	C30 =C26−(E26*C27)	E30 =E26−(E26*E27)	G30 =G26−(E26*G27)
A31 =A27	C31 =C27	E31 =E27	G31 =G27

학습문제

01 이 파일은 한 창에 표시하는 것보다 분할 창에 표시하는 것이 바람직하다. 두 개의 창을 상하 스크롤에 의해 관찰할 수 있다.

> TIP 창은 상하 스크롤 바 위나 좌우 스크롤 바 오른쪽에 있는 분할 바를 드래그 앤 드롭 등의 방법으로 쉽게 분할하여 사용할 수 있다. 상하 스크롤 바 위에 있는 분할 바를 드래그하여 주어진 방정식이 보이도록 8행에 갖다 놓는다. 상하 스크롤 바를 이용하여 방정식의 해에 해당하는 28행부터 31행이 보이도록 만든다.

	A	B	C	D	E	F	G	H	I
1	● 미지수가 3개인 연립일차방정식								
2									
3	방정식에 새로운 계수와 상수를 넣을 수 있음.								
4									
5	2	x +	3	y +	4	z =	5		
6	9	x +	8	y +	7	z =	6		
7	4	x +	5	y +	4	z =	-2		
8									
28									
29	1	x +	0	+	0	=	2.5	=X	
30	0	+	1	y +	0	=	-6	=Y	
31	0	+	0	+	1	z =	4.5	=Z	
32									
33									

02 앞에서 배운 일차방정식, 미지수가 두 개인 연립일차방정식과 병행하여 이 파일에 대해 토론하고 설명해보시오.

03 주어진 연립방정식의 새로운 계수와 상수를 입력하면 어떤 일이 일어나는가? 미지수가 세 개인 연립일차방정식을 푸는 방법에 대하여 설명하시오.

04 여기서 사용한 알고리즘을 써보시오. 이 알고리즘은 항상 사용 가능한가? 그렇다면 그 이유는? 그렇지 않다면 그 이유는?

05 다른 미지수가 세 개인 연립일차방정식을 만들고 해를 구하시오.

역행렬을 이용한 이원일차연립방정식 풀이

- **학습목표** : 미지수가 2개인 연립일차방정식을 행렬을 이용하여 풀 수 있다.
- **학습분야 및 학년** : 대수, 고등학교 수학 I

학습내용

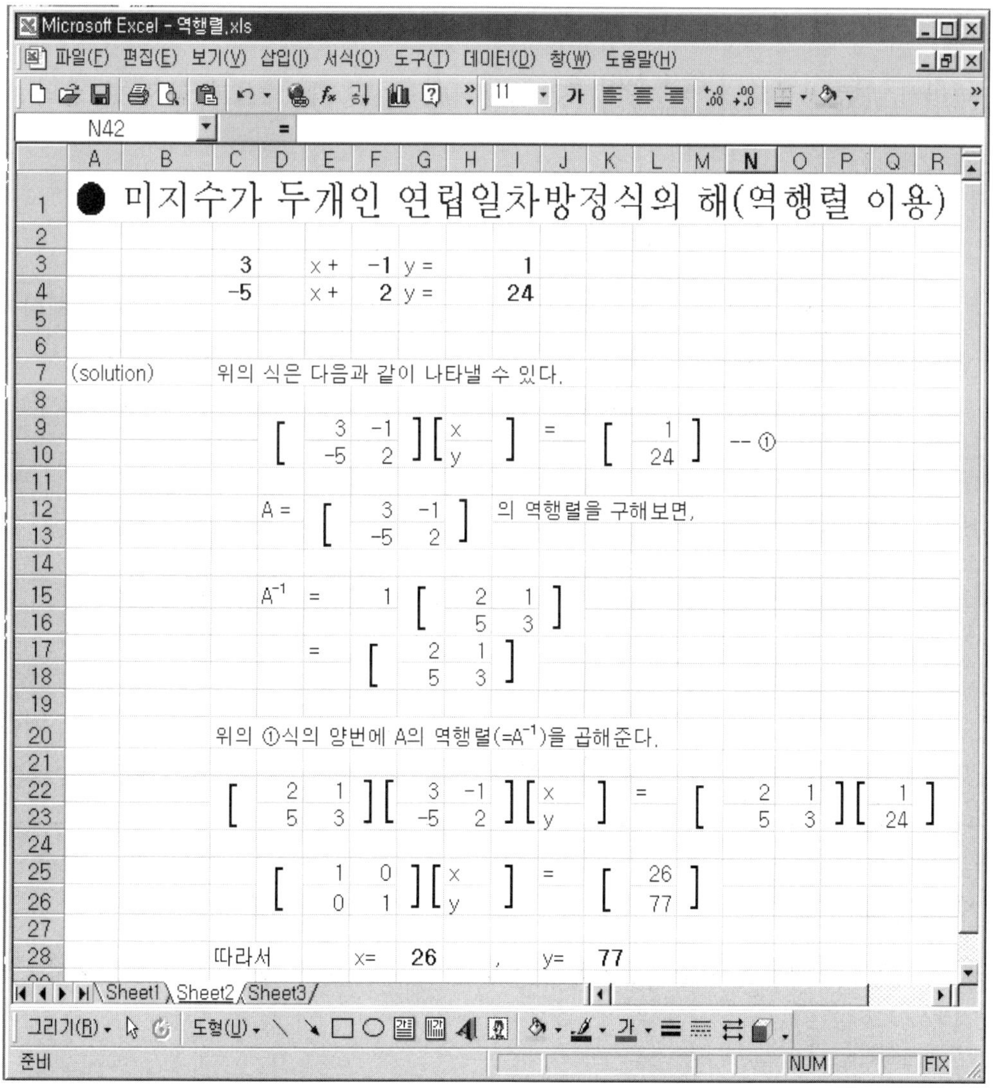

일반적으로, 일차방정식의 해를 구할 때 양변에 미지수 계수의 역수를 곱하여 해를 구하는 것처럼 x, y에 대한 연립일차방정식 $\begin{cases} ax+by=p \\ cx+dy=q \end{cases}$를 행렬로 나타낸 식

$$\begin{pmatrix} a & b \\ c & d \end{pmatrix}\begin{pmatrix} x \\ y \end{pmatrix}=\begin{pmatrix} p \\ q \end{pmatrix}$$

에서

$$A=\begin{pmatrix} a & b \\ c & d \end{pmatrix},\ X=\begin{pmatrix} x \\ y \end{pmatrix},\ B=\begin{pmatrix} p \\ q \end{pmatrix}$$

라 하면 $AX=B$이고, $ad-bc\neq 0$일 때에는 A^{-1}이 존재한다. 이 때, A^{-1}를 양변에 곱하면 $X=A^{-1}B$임을 알 수 있다.

따라서, 연립방정식 $\begin{cases} ax+by=p \\ cx+dy=q \end{cases}$는 $ad-bc\neq 0$일 때, 다음과 같은 한 쌍의 해를 갖는다.

$$\begin{pmatrix} x \\ y \end{pmatrix}=\begin{pmatrix} a & b \\ c & d \end{pmatrix}^{-1}\begin{pmatrix} p \\ q \end{pmatrix}$$

$ad-bc=0$일 때에는 주어진 연립방정식은 해가 무수히 많거나 해가 존재하지 않는다.

☞ **셀수식 :**

역행렬 구하기

F15 =(F12*G13)−(G12*F13)

H15 =G13　　I15 =−G12　　H16 =−F13　　I16 =F12

G17 =F15*H15　　H17 =F15*I15　　G18 =F15*H16　　H18 =F15*I16

역행렬계산

E25 =D22*G22+E22*G23　　F25 =D22*H22+E22*H23

E26 =D23*G22+E23*G23　　F26 =D23*H22+E23*H23

L25 =N22*Q22+O22*Q23　　L26 =N23*Q22+O23*Q23

✻ 학습문제

01 주어진 파일에서 연립방정식의 계수를 다른 수로 바꾸어 입력하여 보시오.

02 다음 주어진 연립방정식을 지필로 풀어보시오.

(1) $\begin{cases} 3x - 1y = 1 \\ -5x + 2y = 24 \end{cases}$ (2) $\begin{cases} 2x - 1y = 1 \\ 6x - 3y = 6 \end{cases}$

03 위의 문제 2번을 주어진 엑셀파일을 이용하여 해를 구하시오.

04 해를 구할 수 없는 연립방정식이 있다면 그 이유는 무엇일지 생각해보시오.

원리합계(복리)

- 학습목표 : 복리법에 의한 원리합계를 구할 수 있다.
- 학습분야 및 학년 : 대수, 고등학교 수학 I

학습내용

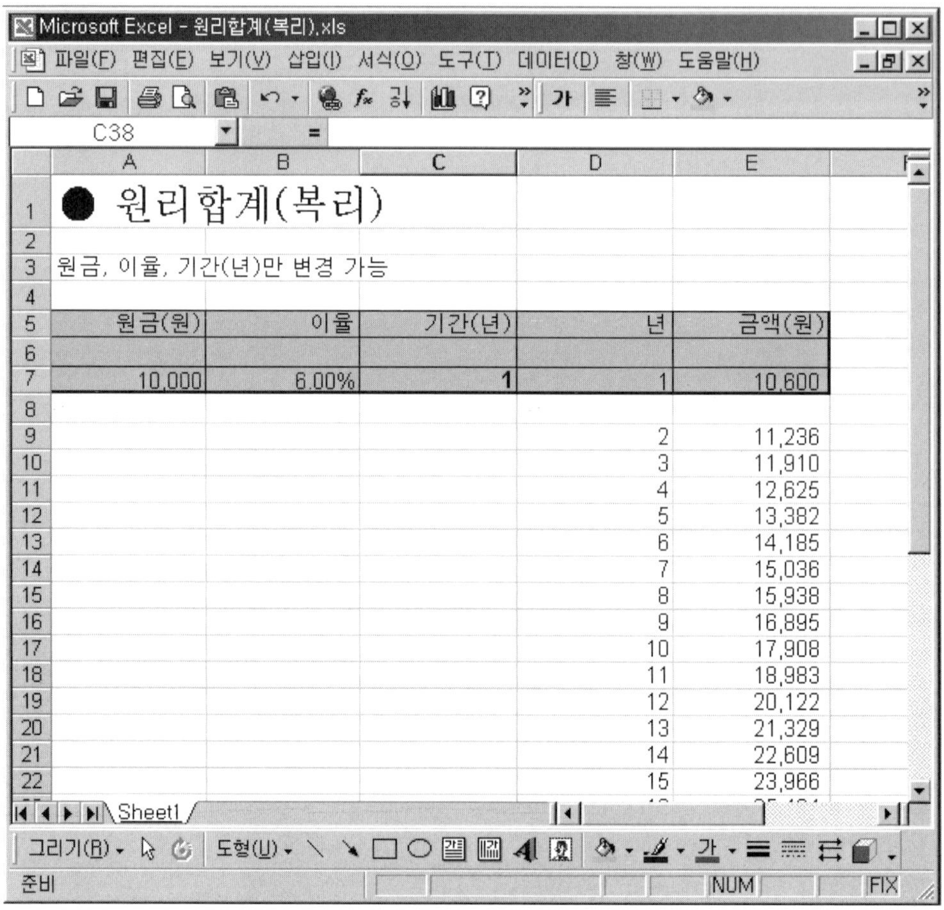

원금(원)	이율	기간(년)	년	금액(원)
10,000	6.00%	1	1	10,600
			2	11,236
			3	11,910
			4	12,625
			5	13,382
			6	14,185
			7	15,036
			8	15,938
			9	16,895
			10	17,908
			11	18,983
			12	20,122
			13	21,329
			14	22,609
			15	23,966

이 파일은 7행의 원금, 이자, 년 복리로 계산한 기간만 변경 가능하다는 말을 3행에 입력한다. 지시된 어떤 하나의 수만 변경하더라도 이 파일은 자동적으로 투자금의 30년간의 연말 새로운 잔액을 계산해 준다. 비록 처음 이 파일을 열었을 때

30년 후의 금액이 보이지 않더라도 스크롤 바를 위아래로 움직여가면 원하는 기간을 찾을 수 있다. 이런 값들을 계산하는데 이용된 수식은 E7에 있다.

=A7*((1+(B7/C7))^(C7*D7))

이것을 식으로 다시 표현해 보면,

금액 $= P\left(1+\dfrac{r}{n}\right)^{nt}$ (단, P는 원금, r은 연이율, n은 복리계산기간, t는 년수)

☞ **셀수식 :**

D7	1	E7	=A7*((1+(B7/C7))^(C7*D7))
D9	=D7+1	E9	=A7*((1+(B7/C7))^(C7*D9))
D10	=D9+1	E10	=A7*((1+(B7/C7))^(C7*D10))
D11	=D10+1	E11	=A7*((1+(B7/C7))^(C7*D11))
…		…	

✻ 학습문제

01 연간 복리로 계산된다고 할 때, 연이율이 6%라면 원금 100,000원이 두배가 되려면 얼마나 걸리는가? 만약 이와 같은 조건에서 38,000원이 두 배가 되려면 얼마나 걸리는가?

02 이자 6%를 반년마다 복리로 계산한다면, 100,000원이 두 배가 되는 때는 언제인가?

03 100,000원이 6년 만에 두 배가 되었다면 연이율을 몇 %로 해야 되는가?

04 조건을 바꾸어가며 다른 질문으로 이 파일을 이용해보시오.

시행착오에 의한 근 구하기

- **학습목표** : 시행착오에 의한 근을 구하는 방법으로 다항 함수식을 푸는 알고리즘을 사용할 수 있다.
- **학습분야 및 학년** : 대수, 고등학교 수학 I

학습내용

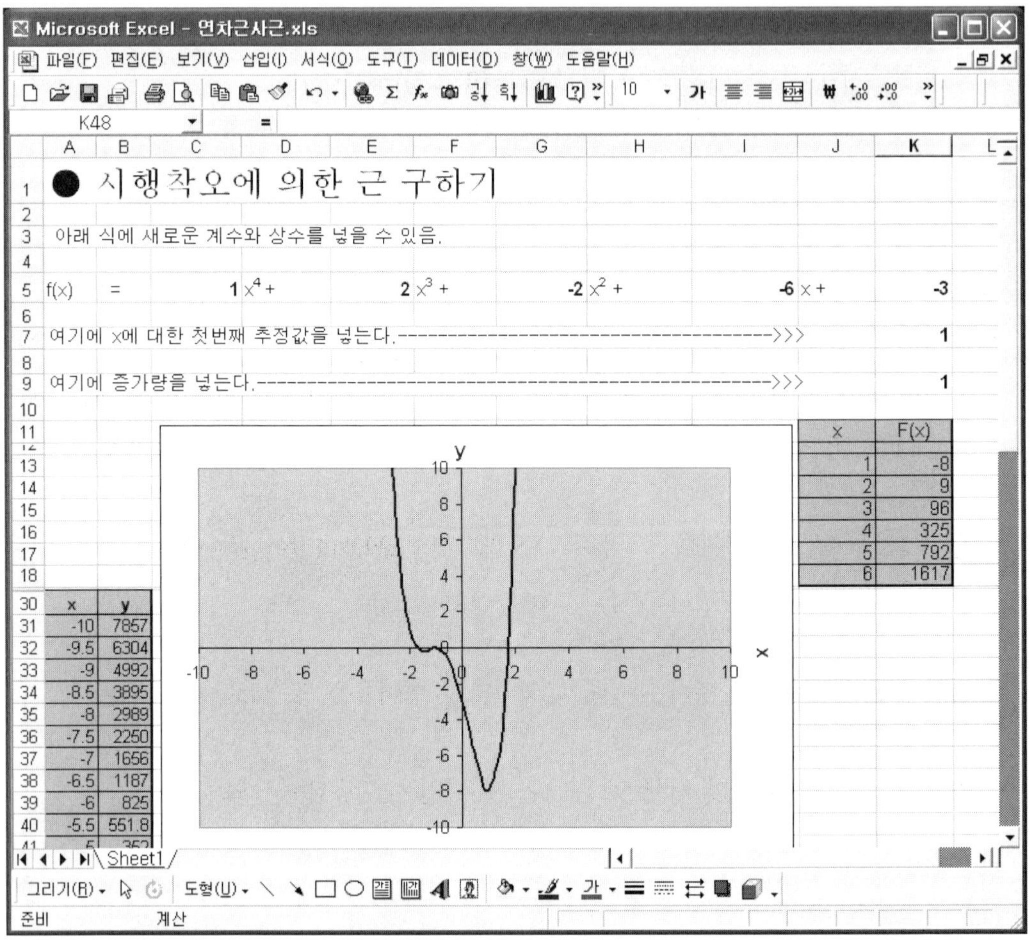

이 파일은 함수 $f(x) = x^4 + 2x^3 - 2x^2 - 6x - 3$ 에 대한 것이고 "아래 식에 새로운 계수와 상수를 입력할 수 있음"라고 말하고 있다. 우선 근사값을 구하는 과정에서 사용되는 x에 대한 첫 번째 추정값과 증가 단위량을 입력한다. x의 새로운 값 또는 증가 단위량의 변화에 따라서, 이 파일은 자동적으로 함수에 치환해주고 $f(x)$의 대응 값을 구한다. 우리는 x값에 대한 $f(x)$값이 0이 되는 값을 찾는다. 셀영역 A31:B71에 의해 그려진 그래프는 주어진 함수를 나타낸 것이다. 고정된 셀값은 F4를 누르면 $기호가 앞뒤로 입혀져서 수치 자동화에도 고정된다. 아래 C5, E5, G5…등은 고정값이므로 F4를 눌러 $C$5가 되게 하면 고정된다.

☞ **셀수식 :**

J13	=K7	K13	=(C5*(J13^4))+(E5*(J13^3))+(G5*(J13^2))+(I5*(J13^1))+K5
J14	=J13+K9	K14	=(C5*(J14^4))+(E5*(J14^3))+(G5*(J14^2))+(I5*(J14^1))+K5
J15	=J14+K9	K15	=(C5*(J15^4))+(E5*(J15^3))+(G5*(J15^2))+(I5*(J15^1))+K5
J16	=J15+K9	K16	=(C5*(J16^4))+(E5*(J16^3))+(G5*(J16^2))+(I5*(J16^1))+K5
J17	=J16+K9	K17	=(C5*(J17^4))+(E5*(J17^3))+(G5*(J17^2))+(I5*(J17^1))+K5
J18	=J17+K9	K18	=(C5*(J18^4))+(E5*(J18^3))+(G5*(J18^2))+(I5*(J18^1))+K5
…		…	
A31	−10	B31	=$C$5*A31^4+$E$5*A31^3+$G$5*A31^2+$I$5*A31+$K$5
A32	=A31+0.5	B32	=$C$5*A32^4+$E45*A32^3+$G$5*A32^2+$I$5*A32+$K$5
…		…	
A71	=A70+0.5	B71	=$C$5*A71^4+$E$5*A71^3+$G$5*A71^2+$I$5*A71+$K$5

✻ 학습문제

01 이 파일에 주어진 예제를 이용하여 우리는 $f(x)$값의 부호가 음수에서 양수로 변하기 때문에 함수가 0이 되는 x값의 구간은 1과 2사이임을 알 수 있다. 증가 단위량 또는 x에 대한 첫 번째 추정값을 더 작은 값으로 시도해 보면 $f(x)$가 0이 되는 더 정확한 값을 구할 수 있다. $f(x)$가 0이 되는 x값을 구하기 위해서는 $f(x)$에 대한 값의 부호가 바뀌는 두 값 사이에 근 x값이 존재함을 기억해야 한다. 자신의 말로 이 시행착오의 방법을 설명하시오.

02 여기 주어진 식이 아닌 다른 사차 또는 그 이하 차수의 다항식을 풀어 보시오.

이등분 알고리즘에 의한 근 구하기

- **학습목표** : 다항함수식을 풀 때 이등분 알고리즘(구간 이등분)을 이용하여 근을 구할 수 있다.
- **학습분야 및 학년** : 대수, 고등학교 수학 I

학습내용

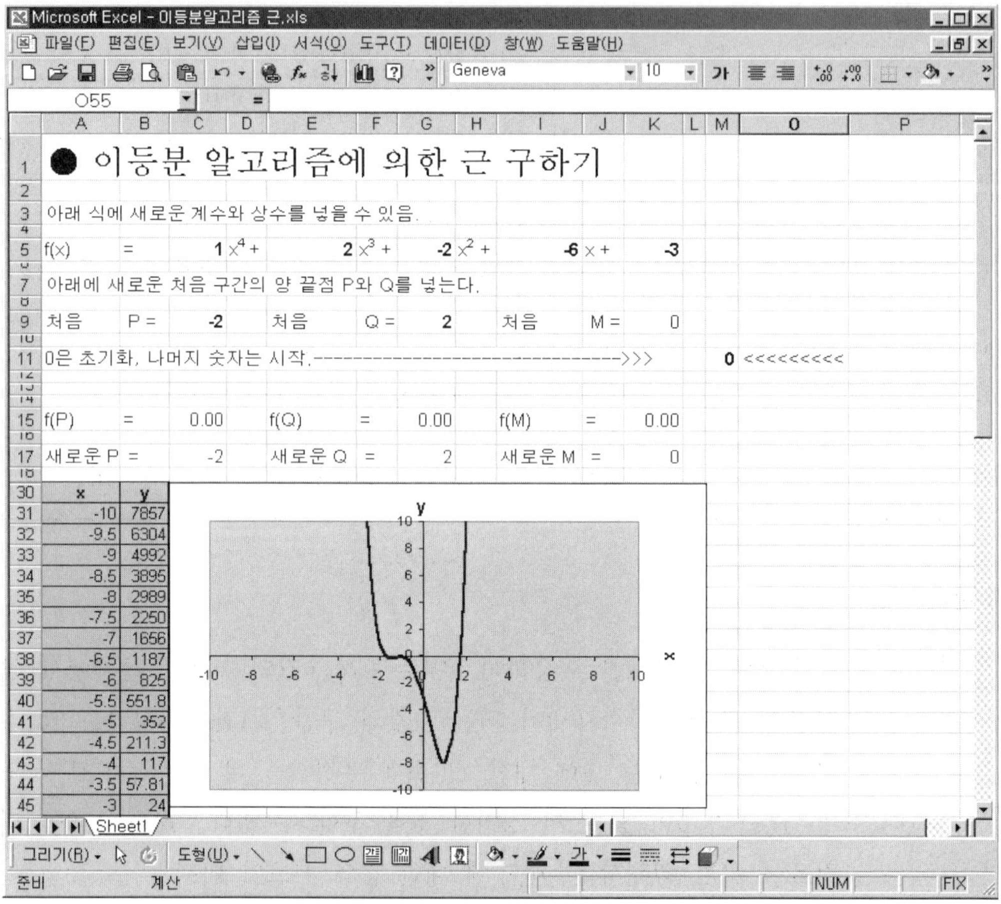

이 파일은 함수 $f(x) = x^4 + 2x^3 - 2x^2 - 6x - 3$ 에 대한 것이고 새로운 계수와 상수를 입력할 수 있다. 먼저 새로운 구간의 양 끝점인 P와 Q값을 입력한다. 셀

M11에 0을 입력하고 <F9>키를 눌러 재시작한 후, 셀 M11에 0아닌 수를 입력하여 이등분알고리즘을 시작한다. 새로운 계산을 할 때에는 <F9>키를 눌러주면 된다. $f(P)$, $f(Q)$, $f(M)$가 0이 되고 새로운 P, Q와 새로운 중점 M이 서로 같아질 때까지 계산해야 한다.

요약하면, 이등분 알고리즘은 다음과 같다: 우선, 구간 PQ는 $f(P)$값이 음수이고 $f(Q)$값이 양수인 x축에서 결정된다. 함수가 두 점 사이에서 연속이면 함수 $f(x)$가 0이 되는 점이 적어도 PQ사이에 하나 존재한다. 구간의 중점 M에 대하여 $f(M)$값이 양수인지 음수인지가 결정된다. 그 후 끝점이 반대 부호를 가지는 구간 PMQ의 $\frac{1}{2}$를 선택한다. 만약 $f(M)$값이 음수이면 구간 PM을 버리고 구간 MQ에서 조사를 계속한다. 이때, P값을 M값으로 대신하면 된다. 만약 $f(M)$값이 양수이면 구간 MQ을 버리고 구간 PM에서 조사를 계속한다. 이때, Q값을 M값으로 대신한다. 매번 새로운 중점과 점점 작은 구간을 선택하면서 이런 과정을 계속하다보면 함수의 근과 양 끝점과 중점이 일치하게 된다. $f(P)$값이 양수이고 $f(Q)$값이 음수인 경우에도 마찬가지 방법으로 하면 된다.

셀영역 A31:B71에 의해 그려진 그래프는 주어진 함수를 나타낸 것이다.

☞ **셀수식 :**

```
K9     =0.5*(C9+G9)
C15    =IF(M11=0,0,(C5*(C17^4))+(E5*(C17^3))+(G5*(C17^2))+(I5*C17)+K5)
G15    =IF(M11=0,0,(C5*(G17^4))+(E5*(G17^3))+(G5*(G17^2))+(I5*G17)+K5)
K15    =IF(M11=0,0,(C5*(K17^4))+(E5*(K17^3))+(G5*(K17^2))+(I5*K17)+K5)
C17    =IF(M11=0,C9,IF(C15*K15>0,K17,C17))
G17    =IF(M11=0,G9,IF(C17=K17,G17,K17))
K17    =0.5*(C17+G17)
A31    =-10         B31    =$C$5*A31^4+$E$5*A31^3+$G$5*A31^2+$I$5*A31+$K$5
A32    =A31+0.5     B32    =$C$5*A32^4+$E$5*A32^3+$G$5*A32^2+2+$I$5*A32+$K$5
…                   …
A71    =A70+0.5     B71    =$C$5*A71^4+$E$5*A71^3+$G$5*A71^2+$I$5*A71+$K$5
```

학습문제

> TIP
> 계수들과 상수항 그리고 처음 값인 P, Q의 초기화는 셀 M11에 0을 입력하고 〈F9〉키를 누르면 된다. 또한 시작 할 때에는 셀 M11에 0아닌 수를 입력한 후 〈F9〉를 눌러 $f(P)$와 $f(Q)$ 값이 일치할 때까지 계속한다.

01 이 파일에 주어진 예를 이용해 보시오. 처음 P값을 -2로, Q값을 2로 하여 이등분 알고리즘을 시작하면 바로 -1.732(3의 음의 제곱근으로 소수점 셋째자리까지 구한 것이다)가 이 함수의 한 근임을 구할 수 있다. 새로운 구간의 양 끝점을 선택하여 이 함수의 다른 근을 구할 수 있다.

02 이 알고리즘은 항상 사용가능한가? 만약 그렇다면 그 이유는? 그렇지 않다면 그 이유는?

03 이 파일을 이용하여 다른 함수로도 확인해 보시오.

근사값 뉴턴 법칙에 의한 근 구하기

- **학습목표** : 근사값 뉴턴 법칙을 이용하여 다항 함수를 푸는 알고리즘을 알 수 있다.
- **학습분야 및 학년** : 대수, 고등학교 수학 I

✻ 학습내용

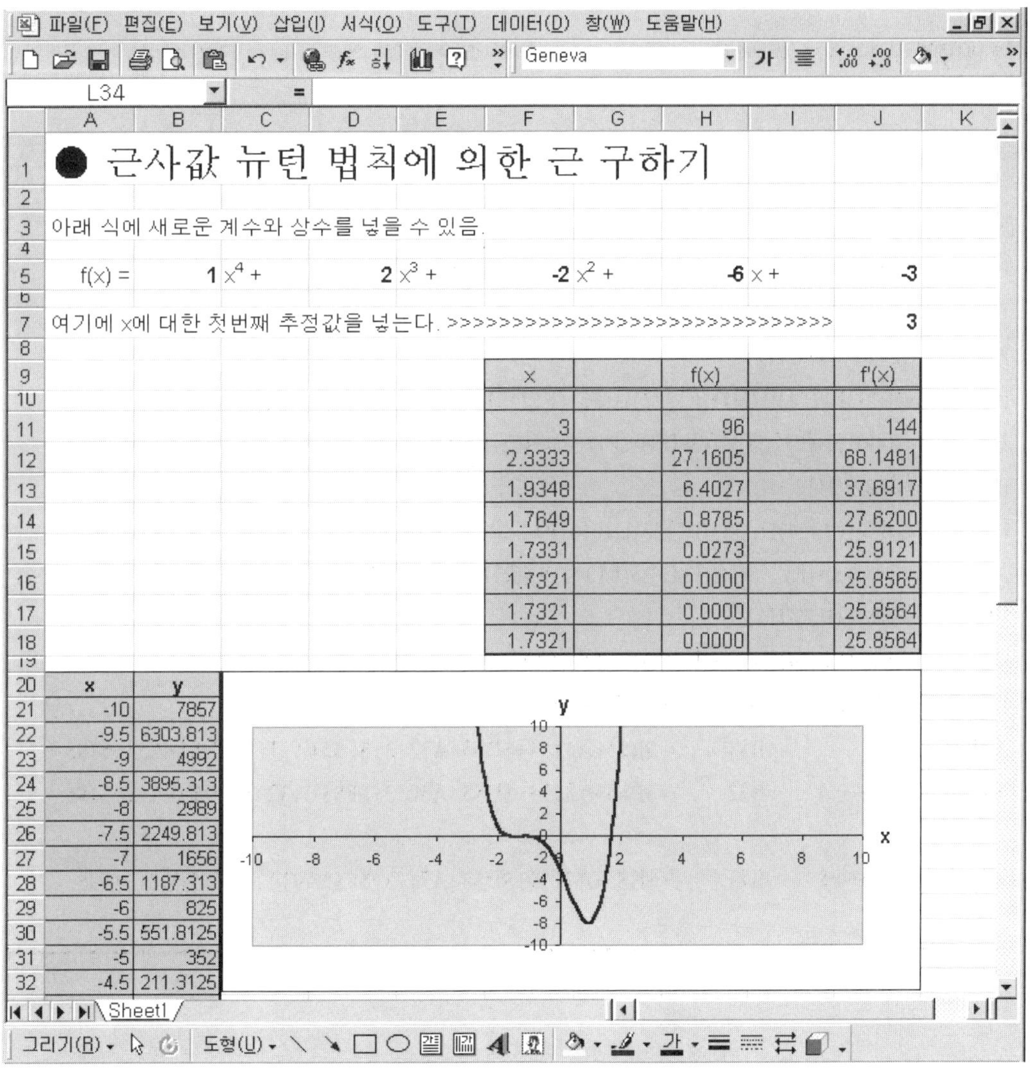

● 근사값 뉴턴 법칙에 의한 근 구하기

아래 식에 새로운 계수와 상수를 넣을 수 있음.

f(x) = 1 x^4 + 2 x^3 + -2 x^2 + -6 x + -3

여기에 x에 대한 첫번째 추정값을 넣는다. >>>>>>>>>>>>>>>>>>>>>>>>>>>>>>>> 3

x	f(x)	f'(x)
3	96	144
2.3333	27.1605	68.1481
1.9348	6.4027	37.6917
1.7649	0.8785	27.6200
1.7331	0.0273	25.9121
1.7321	0.0000	25.8565
1.7321	0.0000	25.8564
1.7321	0.0000	25.8564

x	y
-10	7857
-9.5	6303.813
-9	4992
-8.5	3895.313
-8	2989
-7.5	2249.813
-7	1656
-6.5	1187.313
-6	825
-5.5	551.8125
-5	352
-4.5	211.3125

이 파일은 함수 $f(x) = 1x^4 + 2x^3 - 2x^2 - 6x - 3$ 에 대한 것이고 새로운 계수와 상수를 입력할 수 있다. 다음으로 x에 대한 첫 번째 추정값을 입력한다. x의 각 값에 대하여 이 파일은 자동적으로 $f(x)$의 근사값 뉴턴 법칙에 의한 근을 구한다. 뉴턴 법칙은 x의 첫 번째 근사값을 $f(x)$와 도함수 $f'(x)$에 치환한다. 다음으로 x에 대한 새로운 근사값은 x의 전 근사값에서 $f(x)$에 대한 전 값을 $f'(x)$에 대한 전 값으로 나눈 값을 뺀 것으로 계산한다. 즉,

$$x_n = x_{n-1} - \frac{f(x_{n-1})}{f'(x_{n-1})}$$

셀영역 A31:B71에 의해 그려진 그래프는 주어진 함수를 나타낸 것이다.

☞ **셀수식 :**

F11	=J7		
H11	=(B5*(F11^4))+(D5*(F11^3))+(F5*(F11^2))+(H5*F11)+J5		
J11	=((4*(B5)*(F11^3))+((3*D5)*(F11^2))+((2*F5)*F11)+H5		
F12	=F11−(H11/J11)		
H12	=(B5*(F12^4))+(D5*(F12^3))+(F5*(F12^2))+(H5*F12)+J5		
J12	=((4*B5)*(F12^3))+((3*D5)*(F12^2))+((2*F5)*F12)+H5		
F13	=F12−(H12/J12)		
H13	=(B5*(F13^4))+(D5*(F13^3))+(F5*(F13^2))+(H5*F13)+J5		
J13	=((4*B5)*(F12^3))+((3*D5)*(F13^2))+((2*F5)*F13)+H5		
F14	=F13−(H13/J13)		
H14	=(B5*(F14^4))+(D5*(F14^3))+(F5*(F14^2))+(H5*F14)+J5		
J14	=((4*B5)*(F14^3))+((3*D5)*(F14^2))+((2*F5)*F14)+H5		
A31	−10	B31	=$B$5*A31^4+$D$5*A31^3+$F$5*A31^2+$H$5*A31+$J$5
A32	=A31+0.5	B32	=$B$5*A32^4+$D$5*A32^3+$F$5*A32^2+$H$5*A32+$J$5
…		…	
A71	=A70+0.5	B71	=$B$5*A71^4+$D$5*A71^3+F5A71^2+$H$5*A71+$J$5

✻ 학습문제

01 이 파일에서 주어진 예를 이용하여, x에 대한 첫 번째 추정값을 3으로 놓았을 때 마지막에 함수 $f(x)$가 0이 되는 것을 볼 수 있다. 6번째에서 $f(x)$ 값이 0이 되는 x의 근사값은 1.7320508(3의 제곱근의 근사값)임을 알 수 있다. 다른 근을 구하기 위해 여러 시도를 해보시오.

02 이 알고리즘은 항상 사용가능한가? 만약 그렇다면 그 이유는? 그렇지 않다면 그 이유는?

03 이 파일을 이용하여 사차 또는 그 이하의 다른 함수도 시도해 보시오.

지수함수 그래프

- **학습목표** : 지수함수의 정의를 이용하여 지수함수의 그래프를 그려 보고, 그 성질을 이해할 수 있다.
- **학습분야 및 학년** : 해석, 고등학교 수학 I

학습내용

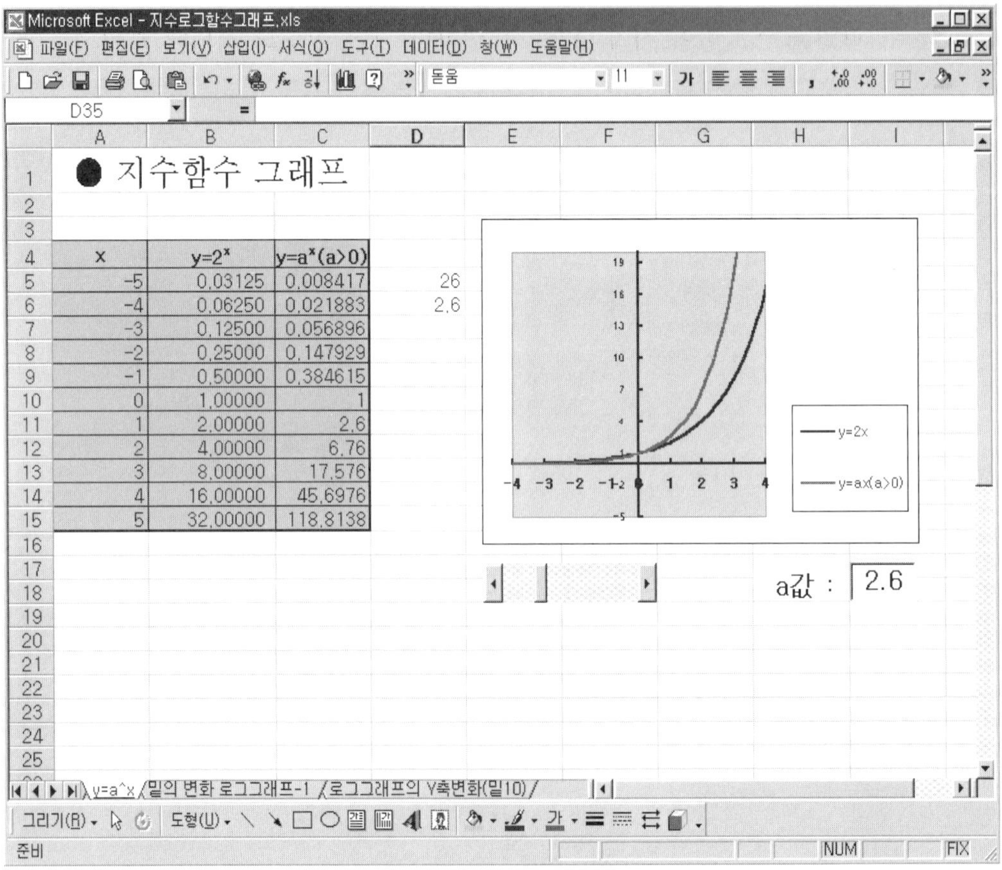

먼저 지수함수 $y=a^x$에서는 $a>0$, $a\neq 1$인 경우만 다룸을 알게 한다. 특히, $a=1$인 경우에는 $y=1^x=1$인 상수함수가 되므로 $a=1$인 경우는 지수함수에서 제외함을 이해하게 한다.

지수함수 $y=a^x(a>0, a\neq 1)$는 실수 전체의 집합에서 양의 실수 전체의 집합으로의 일대일 대응임을 알게 한다. 지수함수 $y=a^x$의 그래프는

(1) $a>1$일 때, x의 값이 증가하면 y의 값도 증가한다.

(2) $0<a<1$일 때, x의 값이 증가하면 y의 값은 감소한다.

이 파일은 스크롤 바와 텍스트 박스를 이용하도록 작성되어 있기 때문에 Linkcell을 만들어야 한다. 여기서는 셀 D6을 Linkcell로 작성하였으며 셀 D7이 Linkcell의 값에 따라 변하도록 만들어진 a값으로 여기서는 a값의 범위가 $0\leq a\leq 10$이 나오도록 셀수식을 "=$D$6/10"으로 작성하였다(단, 스크롤 바 속성의 최대값은 100, 최소값은 0이다).

☞ **셀수식 :**

A5	=−5	B5	=2^A5	C5	=($D$6)^A5	D5	
A6	=−4	B6	=2^A6	C6	=($D$6)^A6	D6	=$D$5/10
A7	=−3	B7	=2^A7	C7	=($D$6)^A7		
A8	=−2	B8	=2^A8	C8	=($D$6)^A8		
…		…		…			

✻ 학습문제

01 식 $y=2^x$에 대한 x, y값을 엑셀을 가지고 표로 만들어 보시오.

여기서 주어진 식은 $y=a^x$일 때, $a=2$로 놓은 것임을 알 수 있다.

(1) x값은 −5, −4, −3, −2, −1, 0, 1, 2, 3, 4, 5를 사용한다.

(2) 만들어진 표를 가지고 그래프를 그린다.

(3) y값이 나온 표를 관찰한 후 그래프와 연관지어 그 결과를 설명하시오.

02 식 $y=0.7^x$에 대한 x, y 값을 엑셀을 가지고 표를 만들어보시오.

여기서 주어진 식은 $y=a^x$일 때, $a=0.7$로 놓은 것임을 알 수 있다.

위의 1번 문제에 주어진 (1)~(3)번을 시행하시오.

03 위의 문제 1, 2에서 나온 두 그래프를 비교한 후 설명해보시오.

04 스크롤 바를 이용하여 $y=a^x$에서 a의 값을 변화시켜 보시오.

05 $y=a^x$에서 a가 음수가 된다면 그래프는 어떻게 그려질지를 설명해 보시오.

06 지수함수 $y=a^x(a>0, a\neq 1)$의 그래프에서 나올 수 있는 그래프의 모양은 밑 a에 따라 두 가지 모양으로 나타난다. 이를 설명해 보시오.

로그함수 그래프

- **학습목표** : 로그함수의 정의를 이용하여 로그함수의 그래프를 그려 보고, 그 성질을 이해할 수 있다.
- **학습분야 및 학년** : 해석, 고등학교 수학 I

학습내용

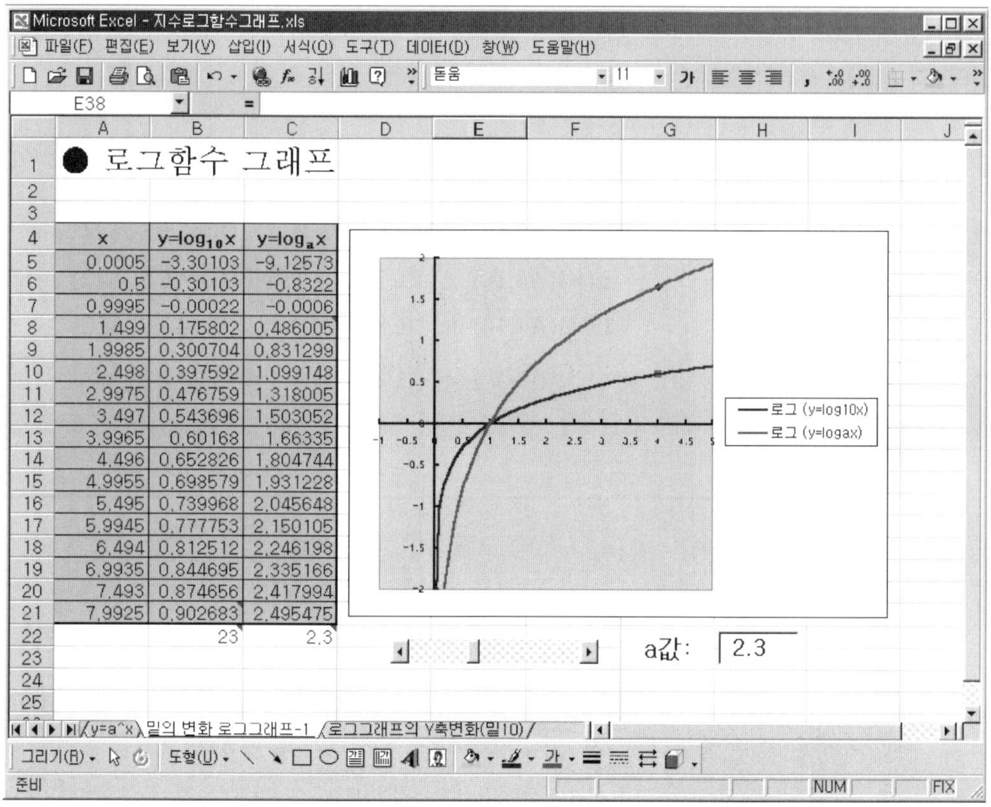

지수함수 $y=a^x(a>0, a\neq 1)$는 정의역이 실수 전체의 집합이고, 치역이 양의 실수 전체의 집합인 일대일 대응 함수이다. 그러므로 지수함수 $y=a^x$의 역함수가 존재한다. 또한 로그의 정의에서 $y=a^x \Leftrightarrow x=\log_a y\,(a>0, a\neq 1)$이므로 위의 식에서 x와 y를 바꾸면, 지수함수 $y=a^x$의 역함수는 $y=\log_a x$가 된다는 사실을 충분히 이해하게 한다. 또한, 로그함수 $y=\log_a x\,(a>0,\ a\neq 1)$의 그래프는

(1) $a>1$일 때, x의 값이 증가하면 y의 값도 증가한다.
(2) $0<a<1$일 때, x의 값이 증가하면 y의 값은 감소한다.

이 파일은 스크롤 바와 텍스트 박스를 이용하도록 작성되어 있기 때문에 Linkcell을 만들어야 한다. 여기서는 셀 B22을 Linkcell로 작성하였으며 셀 C22가 Linkcell의 값에 따라 변하도록 만들어진 a값으로 여기서는 a값의 범위가 $0\leq a\leq 6$이 나오도록 셀수식을 "=B22*0.1"으로 작성하였다(단, 스크롤 바 속성의 최대값은 60, 최소값은 0이다).

☞ **셀수식 :**

A5	=0.0005	B5	=LOG(A5,10)	C6	=LOG(A5,$C$22)
A6	=0.5	B6	=LOG(A6,10)	C7	=LOG(A6,$C$22)
A7	=0.9995	B7	=LOG(A7,10)	C8	=LOG(A7,$C$22)
A8	=1.499	B8	=LOG(A8,10)	C9	=LOG(A8,$C$22)
…		…		…	
		B22		C22	=B22*0.1

학습문제

01 다음 주어진 지수방정식은 $a^x = k$형태이다. 주어지는 물음을 풀어 보시오.

(1) $10^x=2$ (2) $2^x=4$ (3) $10^x=6$ (4) $2^x=65$

① 엑셀을 이용하여 주어진 지수방정식의 해(x값)을 구하시오.

② 엑셀을 이용하여 위에서 구한 해(x값)이 $\log_a k$와 같음을 보이시오. 엑셀에서는 셀수식 "=LOG("a"," k")"을 이용하면 된다.

02 $y=10^x$, $y=\log_{10}x$에 대한 x, y값을 엑셀을 가지고 표로 만든 후 그래프로 그려보시오.

(1) 두 식에 의해 작성되어진 x, y값을 비교한 후 설명하시오.

(2) 그려진 그래프를 비교해보고 $y = 10^x$의 그래프로부터 $y = \log_{10} x$그래프를 어떻게 알 수 있는지를 설명하시오.

03 스크롤 바를 이용하여 $y = \log_a x$에서 a의 값을 변화시켜 보시오.

04 로그함수 $y = \log_a x\,(a > 0,\ a \neq 1)$의 그래프에서 나올 수 있는 그래프의 모양은 밑 a에 따라 두 가지 모양으로 나타난다. 이를 설명해 보시오.

피보나치 수열

- **학습목표** : 피보나치 수열이 어떠한 수학적 공식을 가지고 있는지 엑셀을 이용하여 알고리즘을 파악할 수 있고 이를 이용하여 황금비까지 관련시켜 이해할 수 있다.
- **학습분야 및 학년** : 해석, 고등학교 수학 I

학습내용

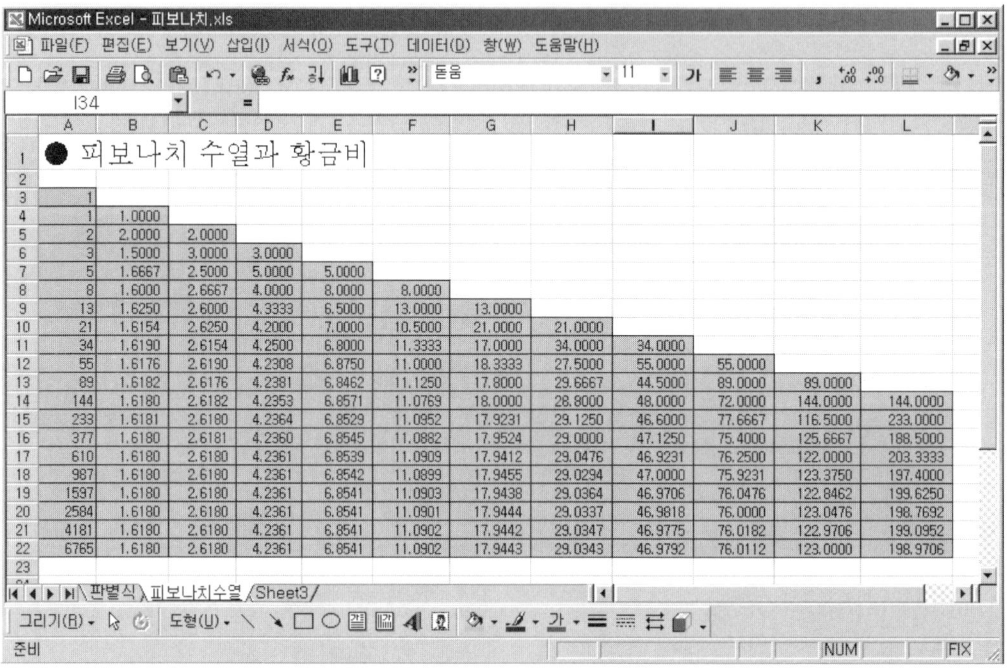

● 피보나치 수열과 황금비

	A	B	C	D	E	F	G	H	I	J	K	L
3	1											
4	1	1.0000										
5	2	2.0000	2.0000									
6	3	1.5000	3.0000	3.0000								
7	5	1.6667	2.5000	5.0000	5.0000							
8	8	1.6000	2.6667	4.0000	8.0000	8.0000						
9	13	1.6250	2.6000	4.3333	6.5000	13.0000	13.0000					
10	21	1.6154	2.6250	4.2000	7.0000	10.5000	21.0000	21.0000				
11	34	1.6190	2.6154	4.2500	6.8000	11.3333	17.0000	34.0000	34.0000			
12	55	1.6176	2.6190	4.2308	6.8750	11.0000	18.3333	27.5000	55.0000	55.0000		
13	89	1.6182	2.6176	4.2381	6.8462	11.1250	17.8000	29.6667	44.5000	89.0000	89.0000	
14	144	1.6180	2.6182	4.2353	6.8571	11.0769	18.0000	28.8000	48.0000	72.0000	144.0000	144.0000
15	233	1.6181	2.6180	4.2364	6.8529	11.0952	17.9231	29.1250	46.6000	77.6667	116.5000	233.0000
16	377	1.6180	2.6181	4.2360	6.8545	11.0882	17.9524	29.0000	47.1250	75.4000	125.6667	188.5000
17	610	1.6180	2.6180	4.2361	6.8539	11.0909	17.9412	29.0476	46.9231	76.2500	122.0000	203.3333
18	987	1.6180	2.6180	4.2361	6.8542	11.0899	17.9455	29.0294	47.0000	75.9231	123.3750	197.4000
19	1597	1.6180	2.6180	4.2361	6.8541	11.0903	17.9438	29.0364	46.9706	76.0476	122.8462	199.6250
20	2584	1.6180	2.6180	4.2361	6.8541	11.0901	17.9444	29.0337	46.9818	76.0000	123.0476	198.7692
21	4181	1.6180	2.6180	4.2361	6.8541	11.0902	17.9442	29.0347	46.9775	76.0182	122.9706	199.0952
22	6765	1.6180	2.6180	4.2361	6.8541	11.0902	17.9443	29.0343	46.9792	76.0112	123.0000	198.9706

$a_1=1$, $a_2=1$ 이고 $a_{n+1}=a_n+a_{n-1}$ $(n\geq 2)$를 만족하는 수열 $\{a_n\}$을 피보나치 수열이라 한다. 피보나치 수열에서 $\dfrac{a_{n+1}}{a_n}$의 값은 n이 커질수록 점차 황금비의 값 $\dfrac{1+\sqrt{5}}{2}$에 가까워진다.

☞ **셀수식 :**

A16 =A14+A15	B16 =A16/A15	C16 =A16/A14	D16 =A16/A13	...
A17 =A15+A16	B17 =A17/A16	C17 =A17/A15	D17 =A17/A14	...
A18 =A16+A17	B18 =A18/A17	C18 =A18/A16	D18 =A18/A15	...
...	...	...	...	...

✽ 학습문제

01 갓 태어난 암수 한 쌍의 토끼가 있다. 이 토끼는 태어나서 1개월만 지나면 성장해서 어미가 되고, 그 후 매월 암수 한 쌍의 토끼를 낳는다. 태어난 한 쌍의 토끼는 생후 2개월이면 마찬가지로 매월 한 쌍의 토끼를 낳는다고 한다. 이와 같이 계속될 때, 12개월 후 토끼는 몇 쌍이 되겠는가? (단, 토끼는 죽지 않는다.)

02 토끼 수의 증가 문제를 이용하여 피보나치 수열 $\{a_n\}$은 관계식 $a_{n+1} = a_{n-1} + a_n$(단, $n \geq 2$)을 만족함을 설명하시오.

03 피보나치 수열 $\{a_n\}$의 처음 6개 항의 제곱의 함을 구해본 후 관계식 $a_1^2 + a_2^2 + a_3^2 + \cdots + a_n^2 = a_n \cdot a_{n-1}$ 이 성립함을 설명하시오.

04 피보나치 수열 모델에서 토끼는 죽지 않는다. 토끼는 5개월이 지나면 새끼 낳는 것을 멈추고 그 다음 달이 되면 토끼가 죽는다는 것으로 모델을 수정하여 보시오.

05 토끼가 사는 개월의 수를 매개변수로 앞의 4번 문제를 일반화하시오.

06 넓이가 1인 정사각형이 있다. 그 옆에 크기가 같은 정사각형이 있다. 그러면 가로 2, 세로 1인 직사각형이 만들어진다. 이 직사각형의 긴 변의 길이로 된 정사각형이 된다. 다시 이 직사각형의 긴 변의 길이로 된 정사각형을 만들어서 위에 정사각형을 붙인다. 이번에는 세로 3, 가로 2인 변을 가진 직사각형이 된다. 다시, 이 직사각형의 긴 변의 길이로 된 정사각형을 만들

어서 옆에 붙인다. 그리고 아래쪽에 같은 방법으로 정사각형을 덧붙인다. 이러한 방법으로 계속 정사각형을 붙여 나간다. 그러면, 뒤에 만들어진 정사각형의 한 변의 길이는 앞의 정사각형의 변의 길이의 몇 배가 될까?

07 위의 문제 6번에서 피보나치 수열과 황금비의 관계를 알 수 있다. 수를 비교해 본 후 황금비를 설명해 보시오.

도함수의 그래프

- **학습목표** : 도함수를 사용하여 함수의 증가와 감소, 극대와 극소를 판정할 수 있으며 함수의 그래프를 그릴 수 있다.
- **학습분야 및 학년** : 해석, 고등학교 수학 II

학습내용

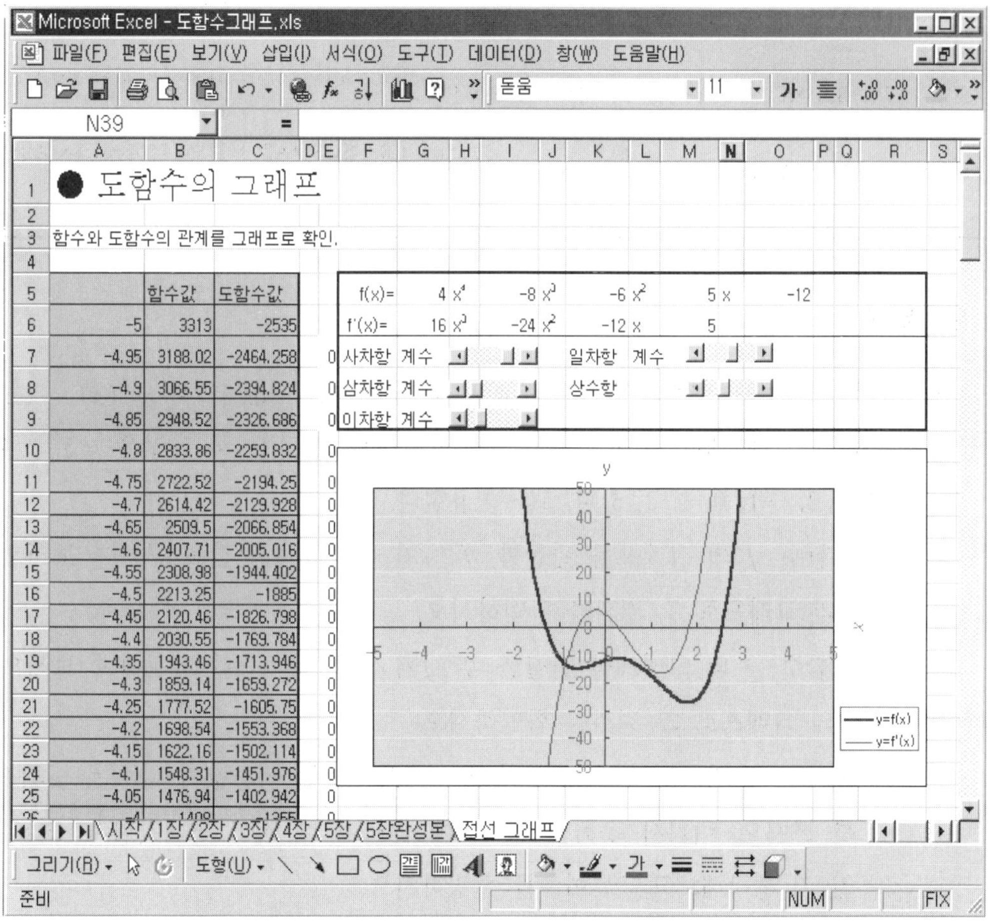

함수 $y=f(x)$에 대하여 도함수 $f'(x)$는 임의의 점에서의 접선의 기울기를 의미한다.

함수 $y=f(x)$가 어떤 구간에서 미분가능할 때, 그 구간에서

① $f'(x)>0$이면 $y=f(x)$는 증가한다. ② $f'(x)<0$이면 $y=f(x)$는 감소한다.

함수 $y=f(x)$에 대하여 $f'(a)=0$이고, x가 증가하면서 $x=a$를 지날 때, $f'(x)$의 부호가 ① 양에서 음으로 바뀌면 함수 $f(x)$는 $x=a$에서 극대가 되고, ② 음에서 양으로 바뀌면 함수 $f(x)$는 $x=a$에서 극소가 된다.

☞ **셀수식 :**

B6 =$G$5*A6^4+$I$5*A6^3+$K$5*A6^2+$M$5*A6+$O$5	C6 =$G$6*A6^3+$I$6*A6^2+$K$6*A6+$M$6
B7 =$G$5*A7^4+$I$5*A7^3+$K$5*A7^2+$M$5*A7+$O$5	C7 =$G$6*A7^3+$I$6*A7^2+$K$6*A7+$M$6
B8 =$G$5*A8^4+$I$5*A8^3+$K$5*A8^2+$M$5*A8+$O$5	C8 =$G$6*A8^3+$I$6*A8^2+$K$6*A8+$M$6
...	...

✱ 학습문제

01 주어진 파일을 이용하여 함수 $f(x)=2x^3-3x^2-36x+7$과 $f'(x)=6x^2-6x-36$에 대한 표와 그래프를 만들어 보시오. 여기서 x값은 -5, -4, -3, -2, -1, 0, 1, 2, 3, 4, 5를 이용한다.

(1) 도함수 f'의 그래프를 관찰한 후 f가 증가하는 구간을 구하여 보시오, f의 그래프로 그 결과를 확인하시오.

(2) 도함수 f'의 그래프를 관찰한 후 f가 감소하는 구간을 구하여 보시오, f의 그래프로 그 결과를 확인하시오.

(3) 도함수 f'의 그래프를 관찰한 후 극대값 또는 극소값이 나오는 x좌표를 쓰시오. 여기서 구해진 x좌표에 대하여 그 점이 극대값일지 극소값일 지 생각해보고, 그 이유를 설명하시오.

(4) 지필을 이용하여 $f'(x)$를 구하여 본 후 위의 결과를 확인하여 보시오. 또한 증감표를 작성한 후 그 결과를 분석하시오.

02 주어진 파일을 이용하여 함수 $f(x) = 4x^4 - 8x^3 - 6x^2 + 5x - 12$ 와 $f'(x) = 16x^3 - 24x^2 - 12x + 5$ 에 대한 표와 그래프를 만들어 보시오. 여기서 x값은 -5, -4.95, -4.9, $\cdots$, 4.9, 4.95, 5를 이용한다.

(1) 도함수 f' 의 그래프를 관찰한 후 f가 증가하는 구간을 구하여 보시오, f의 그래프로 그 결과를 확인하시오.

(2) 도함수 f' 의 그래프를 관찰한 후 f가 감소하는 구간을 구하여 보시오, f의 그래프로 그 결과를 확인하시오.

(3) 도함수 f' 의 그래프를 관찰한 후 극대값 또는 극소값이 나오는 x좌표를 쓰시오. 여기서 구해진 x좌표에 대하여 그 점이 극대값일지 극소값일 지 생각해보고, 그 이유를 설명하시오,

(4) 지필을 이용하여 $f'(x)$를 구하여 본 후 위의 결과를 확인하여 보시오. 또한 증감표를 작성한 후 그 결과를 분석하시오.

무리수 e의 계산

- 학습목표 : 무리수 e의 값을 여러 가지 정의를 이용하여 계산할 수 있다.
- 학습분야 및 학년 : 해석, 고등학교 미분과 적분

학습내용

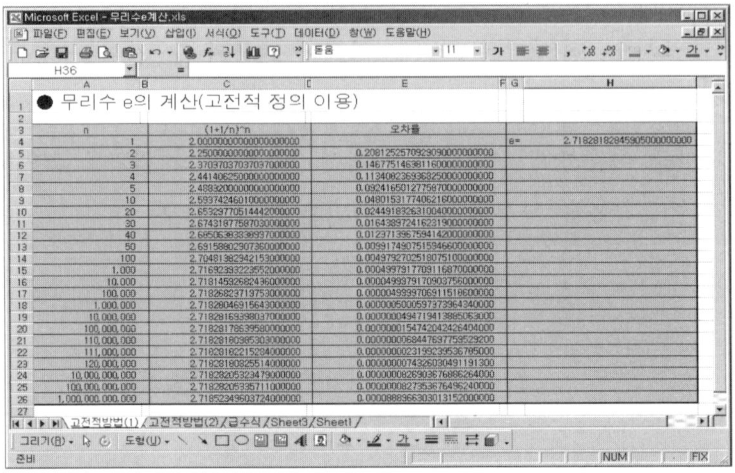

● 무리수 e의 계산(고전적 정의 이용)

n	(1+1/n)^n	오차률		
1	2.00000000000000000000		e=	2.71828182845905000000
2	2.25000000000000000000	0.20812525709290900000000		
3	2.37037037037037000000	0.14677514638116000000000		
4	2.44140625000000000000	0.11340823693682500000000		
5	2.48832000000000000000	0.09241650127758700000000		
10	2.59374246010000000000	0.04801531774062160000000		
20	2.65329770514442000000	0.02449183263100400000000		
30	2.67431877587030000000	0.01643897241623190000000		
40	2.68506383336997000000	0.01237139675941420000000		
50	2.69158802907360000000	0.00991749075159466000000		
100	2.70481382942153000000	0.00497927025180751000000		
1,000	2.71692393223552000000	0.00049979177091168700000		
10,000	2.71814592682436000000	0.00004999791709037560000		
100,000	2.71826823719753000000	0.00000499997069115186000		
1,000,000	2.71828046915643000000	0.00000050005973739643400		
10,000,000	2.71828169398037000000	0.00000004947194138850630		
100,000,000	2.71828178639580000000	0.00000001547420424264040		
110,000,000	2.71828180985303000000	0.00000000684476977595292		
111,000,000	2.71828182215284000000	0.00000000231992395367850		
120,000,000	2.71828180825514000000	0.00000000743260304911913		
10,000,000,000	2.71828205323479000000	0.00000008269036768862640		
100,000,000,000	2.71828205335711000000	0.00000008273536764962400		
1,000,000,000,000	2.71852349603724000000	0.00008889663030131520000		

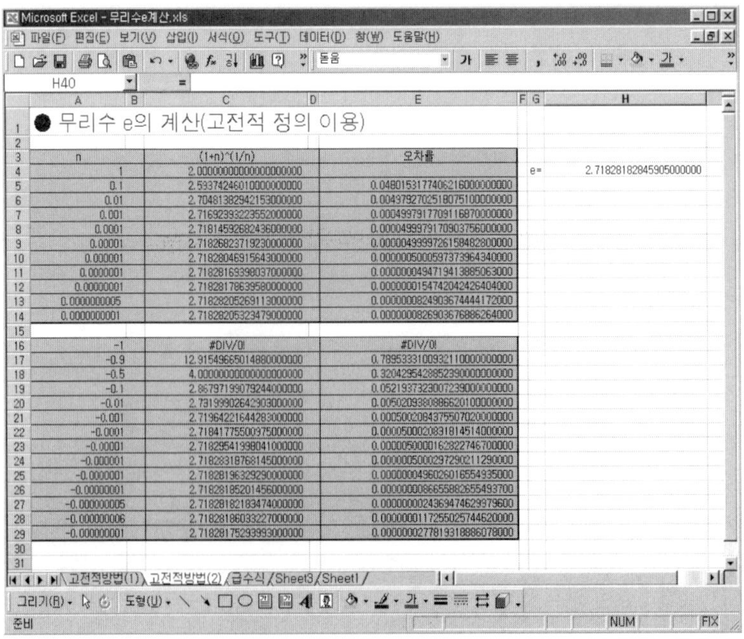

● 무리수 e의 계산(고전적 정의 이용)

n	(1+n)^(1/n)	오차률		
1	2.00000000000000000000		e=	2.71828182845905000000
0.1	2.59374246010000000000	0.04801531774062160000000		
0.01	2.70481382942153000000	0.00497927025180751000000		
0.001	2.71692393223552000000	0.00049979177091168700000		
0.0001	2.71814592682436000000	0.00004999791709037560000		
0.00001	2.71826823719230000000	0.00000499997261584828000		
0.000001	2.71828046915643000000	0.00000050005973739643400		
0.0000001	2.71828169398037000000	0.00000004947194138850630		
0.00000001	2.71828178639580000000	0.00000001547420424264040		
0.0000000005	2.71828205269113000000	0.00000008249036744441720		
0.0000000001	2.71828205323479000000	0.00000008269036768862640		
-1	#DIV/0!	#DIV/0!		
-0.9	12.91549665014880000000	0.78953331009321100000000		
-0.5	4.00000000000000000000	0.32042954288523900000000		
-0.1	2.86797199079244000000	0.05219373230072390000000		
-0.01	2.73199902642903000000	0.00502093808866201000000		
-0.001	2.71964221644283000000	0.00050020843755070200000		
-0.0001	2.71841775500975000000	0.00005000208318145140000		
-0.00001	2.71829541998041000000	0.00000500001628227467000		
-0.000001	2.71828318768145000000	0.00000050002972902112900		
-0.0000001	2.71828196329290000000	0.00000004960260165549350		
-0.00000001	2.71828185201456000000	0.00000000866558826554937		
-0.000000005	2.71828182183474000000	0.00000000243694746299796		
-0.000000006	2.71828186033227000000	0.00000000117255025744620		
-0.00000001	2.71828175293993000000	0.00000000277819318886078		

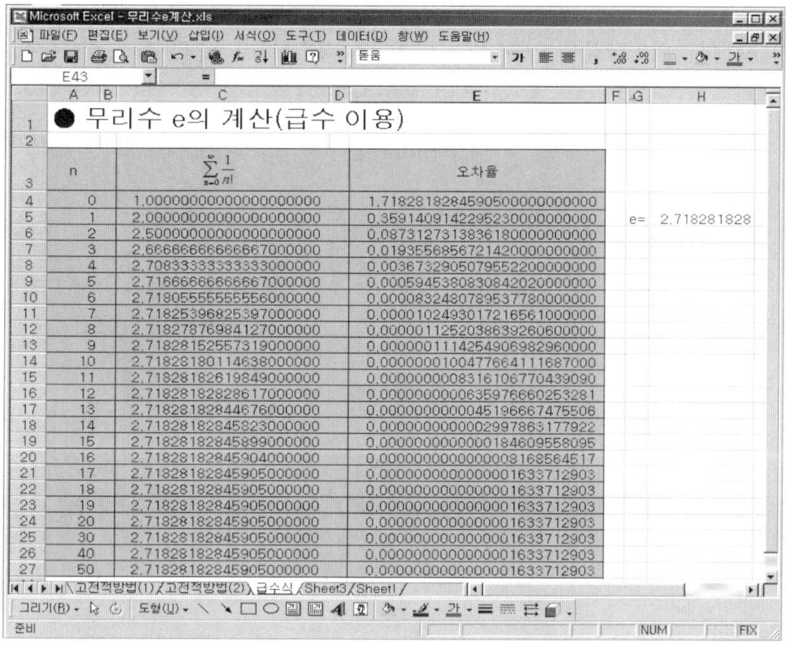

● 무리수 e의 계산(급수 이용)

n	$\sum_{n=0}^{\infty}\frac{1}{n!}$	오차율
0	1.00000000000000000000	1.718281828459050000000000
1	2.00000000000000000000	0.359140914229523000000000
2	2.50000000000000000000	0.087312731383618000000000
3	2.66666666666667000000	0.019355685672142000000000
4	2.70833333333333000000	0.003673290507955220000000
5	2.71666666666667000000	0.000594538083084202000000
6	2.71805555555556000000	0.000083248078953778000000
7	2.71825396825397000000	0.000010249301721656100000
8	2.71827876984127000000	0.000001125203863926060000
9	2.71828152557319000000	0.000000111425490698296000
10	2.71828180114638000000	0.000000010047766411168700
11	2.71828182619849000000	0.000000000831610677043909
12	2.71828182828617000000	0.000000000063597666025328
13	2.71828182844676000000	0.000000000004519666747551
14	2.71828182845823000000	0.000000000000299786317792
15	2.71828182845899000000	0.000000000000018460955810
16	2.71828182845904000000	0.000000000000000816856452
17	2.71828182845905000000	0.000000000000000163371290
18	2.71828182845905000000	0.000000000000000163371290
19	2.71828182845905000000	0.000000000000000163371290
20	2.71828182845905000000	0.000000000000000163371290
30	2.71828182845905000000	0.000000000000000163371290
40	2.71828182845905000000	0.000000000000000163371290
50	2.71828182845905000000	0.000000000000000163371290

e= 2.718281828

1. 고전적 정의

현재 미분과 적분 교과서에 수록되어 있는 정의이다.

$$e \ = \ \lim_{n\to\infty}(1+\frac{1}{n})^{n} \ = \ \lim_{n\to 0}(1+n)^{\frac{1}{n}}$$

그러나 수렴은 매우 느리다. 이는 복리로 원리합계를 계산하는 방법과 동일하다.

2. 급수를 이용한 계산

$$e = 1+\frac{1}{1}+\frac{1}{1\cdot 2}+\frac{1}{1\cdot 2\cdot 3}+\frac{1}{1\cdot 2\cdot 3\cdot 4}+\cdots$$

$$= \ \lim_{n\to\infty} S_n \ = \ \lim_{n\to\infty}(\ \sum_{k=0}^{n}\frac{1}{k!})$$

은 1784년 오일러에 의해 만들어졌다. 제곱은 빠른 속도로 증가하는 수이기 때문에 e를 계산하는 데 충분하다.

$S_n < e < S_n+\frac{1}{n\times n!}$을 보이는 일은 쉽고 오일러는 이를 이용하여 소수점 이하 23자리까지 계산하였다.

☞ **셀수식 :**

엑셀에서 가장 간단히 e값을 계산하는 방법은 지수함수 exp(1)을 입력하여 구하는 것이다. 하지만 스프레드시트에서는 소수 14자리까지밖에 나타나지 않는다. 그 이유는 엑셀의 버그나 한계가 아니고 엑셀의 IEEE 754 Floating−point 표준을 준수하기 때문이다.

1. 고전적 정의를 이용한 계산

A4	=1	C4	=(1+1/A4)^A4	E4	=ABS(C4−$H$4)/C4	H4	=exp(1)
A5	=2	C5	=(1+1/A5)^A5	E5	=ABS(C5−$H$4)/C5	…	
…		…		…			

A4	=1	C4	=(1+A4)^(1/A4)	E4	=ABS(C4−$H$4)/C4	H4	=exp(1)
A5	=0.1	C5	=(1+A5)^(1/A5)	E5	=ABS(C5−$H$4)/C5	…	
…		…		…			

2. 급수를 이용한 계산

A4	=0	C4	=1/FACT(A4)	E4	=ABS(C4−$H$4)/C4	H4	=exp(1)
A5	=1	C5	=C$+1/FACT(A5)	E5	=ABS(C5−$H$4)/C5	…	
…		…		…			

✻ 학습문제

고전적 정의에 의한 방법과 급수를 이용한 방법의 차이점을 논하여 보시오.

Ⅲ 실생활과 게임에서 수학의 활용

우리의 실생활에서 수학이 사용되는 예는 쉽게 찾아볼 수 있다. 본 란에서는 우리가 엑셀을 효과적으로 활용할 수 있는 실생활 속의 예제를 만들어보고자 한다. 사용자도 자신의 상황에서 해결해야하는 문제들에 직면할 때 그간 엑셀을 사용한 경험을 이용하여 다영한 해결방법을 모색할 수 있을 것이다.

1. 이자구하기

원래 이율은 한달에 원금의 a%이다. 하지만 만약 계약상의 기간을 초과하였을 때는 한 달마다 이율이 0.1%씩 늘어나는 것으로 계약을 했다. 그럴 때 이자를 쉽게 구할 수 있는 프로그램이다.

■ **사용방법 및 설명** : 먼저 빌려준 날짜를 기입하고 납기일을 기입한다. 그리고 원금 회수일을 기입하면 계약상의 기간과 체납기간이 계산된다. 여기서 사용되는 함수는 DATEDIF라는 함수로 자주 사용되지는 않지만 알아두면 편리한 함수이다. 예를 들어 B6의 셀수식을 보면

=DATEDIF(B4,B5,"m")&"개월"

이 의미는 셀B4와 B5의 달에 해당하는 부분의 차를 구하여 “개월”문자와 결합하여 표시해주라는 뜻이다.

다음으로는 위의 방법으로 구하여진 계약상의 기간을 정하여진 원금과 월이율 밑에 있는 계약상의 기간에 입력한다. 그러면 계약기간 내 회수시 이자와 납부금액이 구하여지는 것을 볼 수 있다. 이것은 앞에서 학습한 원리합계의 내용과 같다. 즉, 매달 이율이 r일 때 원금 a원의 n개월간의 원리합계인 $a(1+r)^n$을 이용한 것이다.

납기일이 지난 후에 한 달 연체 시 이율을 1%라 하였으므로 이에 해당하는 금액은 19행에서 30행에 나와있는 대로 어렵지 않게 구할 수 있다.

마지막으로 계약상의 기간 초과한 달수에는 처음에 구한 체납기간을 입력하면 된다. 계약기간 외 회수 이자는 위에 구하여 놓은 이자들 중에 체납기간과 일치하

는 이자를 찾아 주는 것으로 여기서는 INDEX함수와 MATCH함수를 사용하였다. 셀 C33에서 셀수식을 보면

=INDEX($E$19:$E$30,MATCH(C32,$A$19:$A$30,0))

이 의미는 셀 A19부터 A30까지 중에서 C32와 일치하는 달수를 구하여 셀 E19에서 E30 사이에서 해당 값(이자)을 찾으라는 것이다.

여기서 우리는 원금과 계약기간내의 이율을 계산 상황에 따라 자유롭게 변화하여 입력할 수 있다. 단 입력하는 기간은 모두 달 단위로 올림하여서 입력한다.

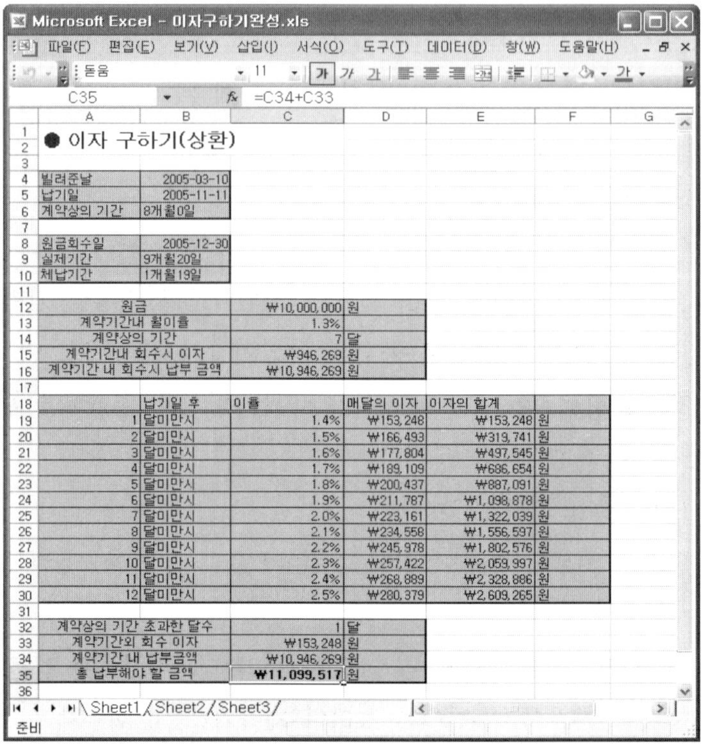

☞ 셀수식 :

```
B6   =DATEDIF(B4,B5,"m")&"개월"&DATEDIF(B4,B5,"md")&"일"
B9   =DATEDIF(B4,B8,"m")&"개월"&DATEDIF(B4,B8,"md")&"일"
B10  =DATEDIF(B5,B8,"m")&"개월"&DATEDIF(B5,B8,"md")&"일"
C15  =C12*((1+C13)^(C14))-C12
C16  =C12+C15
D19  =$C$16*C19              E19  =D19
D20  =($C$16+D19)*C20        E20  =E19+D20
...                          ...
D30  =($C$16+D29)*C30        E30  =E29+D30
C33  =INDEX($E$19:$E$30,MATCH(C32,$A$19:$A$30,0))
C34  =C16
C35  =C34+C33
```

2. 윷놀이

우리의 민속놀이인 윷놀이에서 나올 수 있는 '도, 개, 걸, 윷, 모'의 확률을 엑셀로 구현한 파일이다. 여기서 재미있는 것은 윷들의 나올 수 있는 모양을 수로 표현하여 엑셀로 나타냈다는 것과 그 확률을 그래프로 표현하여 확률의 개념을 흥미롭게 접근하도록 하였다는 것이다.

■ **사용방법 및 설명** : 이 파일은 윷을 89회 던졌을 때 나온 결과로 도는 22회(24.72%), 개는 42회(47.19%), 걸은 14회(15.73%), 윷은 3회(3.37%), 모는 8회(8.99%) 나온 경우이다. 이 파일은 "0은 초기화, 1은 던지기"라고 되어 있다. 그 다음은 윷의 매번 던지기를 <F9>를 눌러 화면상으로 확인할 수 있다. 이 파일에서는 숫자0과 1을 무작위로 생성하는 RAND함수를 이용하여 윷들의 엎드린 모양과 누운 모양을 A10, C10, E10, G10셀에 나타내도록 작성하였다. RAND함수는 0 이상이고 1보다 작은 난수를 발생시킨다. 예를 들어 A10의 셀수식을 보면

=IF(C4=0,0,INT(2*RAND()+0))

이 의미는 수식 2*RAND()은 0 이상이고 2 미만인 난수를 발생시키라는 뜻이고, 수식 INT(2*RAND()+0)는 0 또는 1의 정수만 표시한다.

나머지 열에서는 IF함수를 이용한다. 대표적으로 셀 F14, A15와 D15를 살펴보기

로 하자. 먼저 F14의 셀수식을 보면

=IF(C4=0,0,F14+1)

이 의미는 만약 C4=0이면 0이고 나머지 경우에는 1씩 증가하며 표시해주라는 뜻이다. 다음으로 A15의 셀수식을 보면

=IF($C$4=0,0,IF($A$10+$C$10+$E$10+$G$10=B15,A15+1,A15))

이것은 윷이 모가 되는 횟수를 의미하는 셀로서 만약 C4=0이면 0이고 나머지 경우에는 윷들의 모양에 해당하는 셀들 즉 A10, C10, E10, G10의 합이 모에 해당하는 0이 되면 회수를 하나씩 더해가고 그렇지 않을 경우에는 횟수를 그대로 두라는 의미이다. 다음으로 D15의 셀수식을 보면

=IF($C$4=0,0,IF($F$14=0,A15,100*A15/$F$14))

이 의미는 만약 C4=0이면 0이 표시되고 그렇지 않은 경우 던진 총 횟수에 해당하는 F14=0이면 0으로 그렇지 않은 경우에는 모가 나온 횟수인 A15를 던진 총 횟수 F14로 나눈 몫에 100을 곱하여 모가 나올 확률이 표시되도록 한 것이다. 여기서 D15의 셀서식을 소수 2자리까지로 설정하여 좀 더 정확한 확률을 볼 수 있도록 나타내었다.

이 파일에서 무엇보다 흥미로운 부분은 윷이 나올 확률을 그래프로 나타낸 것이라 할 수 있다. 차트 종류를 세로 막대형으로 선택 후 하위 종류를 묶은 세로 막대형을 선택하여 알아보기 쉽게 설정하였다.

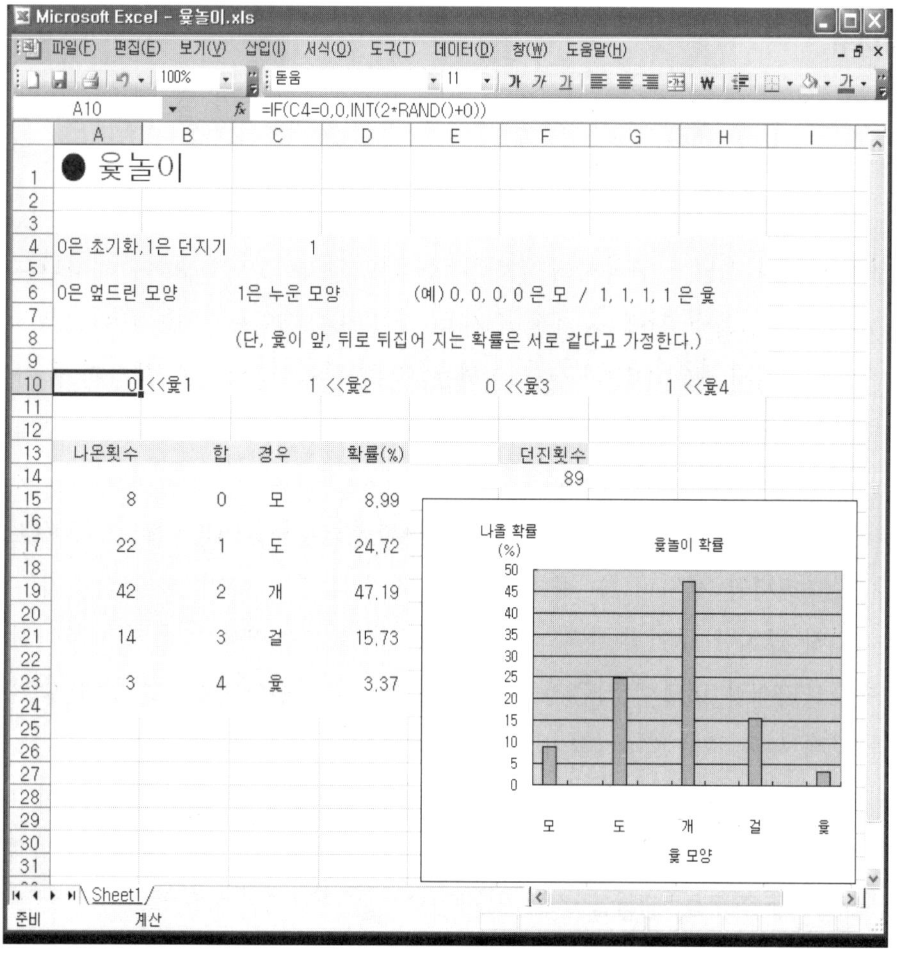

☞ 셀수식 :

A10	=IF(C4=0,0,INT(2*RAND()+0))	C10	=IF(C4=0,0,INT(2*RAND()+0))
E10	=IF(C4=0,0,INT(2*RAND()+0))	G10	=IF(C4=0,0,INT(2*RAND()+0))

F14 =IF(C4=0,0,F14+1)

A15 =IF($C$4=0,0,IF($A$10+$C$10+$E$10+$G$10=B15,A15+1,A15))

D15 =IF($C$4=0,0,IF($F$14=0,A15,100*A15/$F$14))

A17 =IF($C$4=0,0,IF($A$10+$C$10+$E$10+$G$10=B17,A17+1,A17))

D17 =IF($C$4=0,0,IF($F$14=0,A17,100*A17/$F$14))

… …

3. 숫자야구

숫자와 숫자의 자리를 알아 맞추는 게임이다. 일반적으로 두 사람이 지필을 이용하여 하던 게임을 엑셀로 새롭게 구현하였다..

■ **사용방법 및 설명** : 한타석씩 원하는 숫자를 입력하고 그때마다 나타나는 결과를 바탕으로 검은색 칸에 숨겨진 숫자를 찾아가는 게임으로 총 10타석을 이용할 수 있다. 여기서 NOCOUNT가 의미하는 것은 본인이 입력한 세자리 수가 모두 없는 경우이고, STRIKE가 의미하는 것은 본인이 입력한 수가 주어진 수와 자리 수가 같은 경우를 뜻하며, BALL은 입력한 수와 자리 수는 틀리지만 숫자는 맞은 것을 의미한다. 만약 그림에서처럼 1타석 결과가 NOCOUNT:2, BALL:1 인 경우에는 입력한 세자리 수 중 두개의 숫자가 같지 않으며 하나의 숫자는 자리 수는 같지 않지만 주어진 수와 일치한다는 것이다. 이러한 방법으로 주어진 세자리 수를 1타석과 비교해 차근차근 숫자를 찾아가면 된다. 10타석 안에 숨겨진 숫자를 찾게 되면 검은 칸이 없어지고 그 수가 나타나게 된다.

여기서 예를 든 숫자는 259이다. 먼저 주어진 세자리 수를 야구게임을 하기 위해서 각 자리 수를 단위별로 인식하도록 하기 위해 ROUNDDOWN이라는 함수를 이용한다. 이 함수는 수치를 지정된 자리에서 버림한다. 예를 들어 A1의 셀 수식을 보면

=ROUNDDOWN(J9, −2)/100

이 의미는 J9셀의 수치에서 일의 자리와 십의 자리 값을 버린 후 100으로 나누라는 뜻이다. 즉 J9에 있는 259에서 두자리 5와 9를 버린 200을 100으로 나눈 2를 표시하게 되는 것이다. 다음으로 10타석에서 입력되는 수와 주어진 수의 자리수를 맞추어 표시되는 NOCOUNT, Strike, Ball을 나타내기 위해 사용된 함수는 IF와 OR함수, 그리고 개수를 나타내주는 COUNTIF 함수이다. 예를 들어 A12의 셀 수식과 I14의 셀 수식을 살펴보기로 하자. 먼저 A12의 셀수식을 보면

=IF(OR(A2=B2,A2=C2,B2=C2),"error",IF($A$1=A2,"S",IF($A$1=B2,"B",IF($A$1=C2,"B","NOCOUNT"))))

이 의미는 세 논리식 A2=B2, A2=C2, B2=C2 중 하나라도 참이면 error라고

표시하고 만약 A1=A2이면 Strike, 아니면 A1=B2나 A1C2이면 Ball, 나머지는 NOCOUNT로 표시해주라는 뜻이다. 다음으로 I14의 셀수식을 보면

=COUNTIF(A12:C12,"NOCOUNT")

이것은 지정된 범위 A12에서 C12까지의 셀 중 검색조건인 'NOCUONT'과 일치하는 셀의 개수를 구해주라는 의미이다. 마지막으로 이 게임에서 재미있는 부분은 셀J9이다. 여기에는 맞춰야할 수를 입력하게 되는데 보이지 않게 검은색으로 가려져 있다가 10타석 안에 맞추게 될 경우 숫자가 보여지게 해 주는 옵션을 주어야 한다. 이것은 조건부 서식에서 할 수 있는 기능으로 [서식]메뉴에서 [조건부 서식]을 선택한다. [조건부 서식] 대화 상자의 조건1의 첫 번째 상자에 '수식이' 라고 표시되도록 한다. 조건1의 두 번째 상자에 셀수식 =COUNTIF(J14:J23,3)=1을 입력한다. 이 의미는 J14에서 J23까지의 셀범위에 3이 1개라도 있으면 서식대로 표시하라는 것이다. 다음으로 [서식]버튼을 클릭한다. [셀서식]대화 상자의 [무늬]탭을 선택하여 '색없음'을 선택하고 [확인]버튼을 클릭한다. 이렇게 하면 세 자리 수를 모두 맞출 경우 그 수가 보이게 된다.

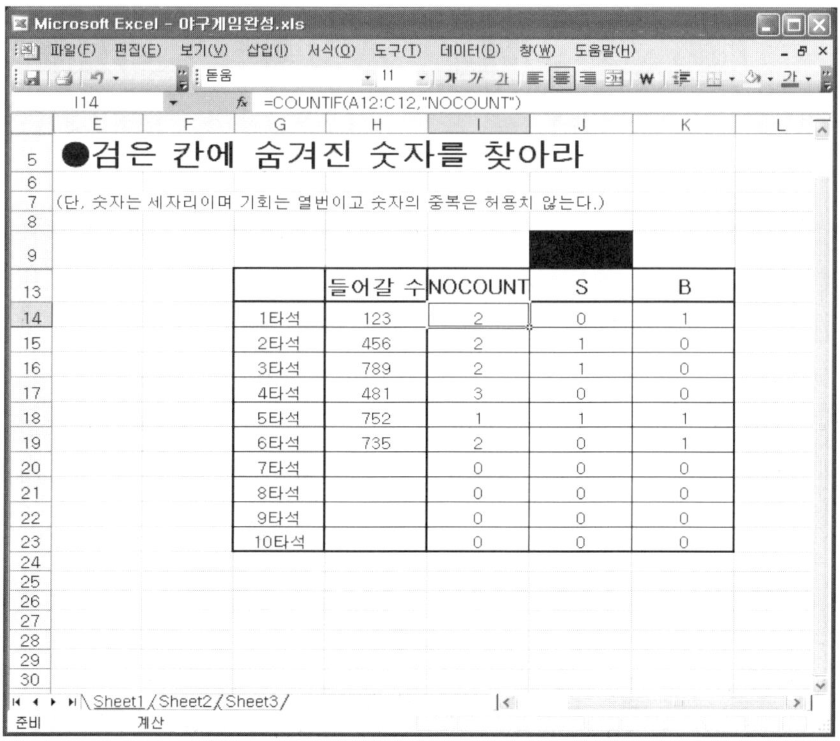

	들어갈 수	NOCOUNT	S	B
1타석	123	2	0	1
2타석	456	2	1	0
3타석	789	2	1	0
4타석	481	3	0	0
5타석	752	1	1	1
6타석	735	2	0	1
7타석		0	0	0
8타석		0	0	0
9타석		0	0	0
10타석		0	0	0

☞ 셀수식 :

```
A1   =ROUNDDOWN(J9,-2)/100
B1   =ROUNDDOWN((J9-ROUNDDOWN(J9,-2)),-1)/10
C1   =J9-(ROUNDDOWN(J9,-2)-ROUNDDOWN((J9-ROUNDDOWN(J9,-2)),-1))
A2   =ROUNDDOWN(H14,-2)/100
B2   =ROUNDDOWN((H14-ROUNDDOWN(H14,-2)),-1)/10
C2   =H14-(ROUNDDOWN(H14,-2)-ROUNDDOWN((H14-ROUNDDOWN(H14,-2)),-1))
…    …
A12  =IF(OR(A2=B2,A2=C2,B2=C2),"error",IF(A1=A2,"S",IF(A1=B2,"B",IF(A1=C2,"B","NOCOUNT"))))
B12  =IF(OR(A2=B2,A2=C2,B2=C2),"error",IF(B1=A2,"B",IF(B1=B2,"S",IF(B1=C2,"B","NOCOUNT"))))
C12  =IF(OR(A2=B2,A2=C2,B2=C2),"error",IF(C1=A2,"B",IF(C1=B2,"B",IF(C1=C2,"S","NOCOUNT"))))
…    …
J9   조건부 서식으로 지정
I14  =COUNTIF(A12:C12,"NOCOUNT")    J14  =COUNTIF(A12:C12,"S")    K14  =COUNTIF(A12:C12,"B")
…    …
```

4. 슬랏머신

실제 슬랏머신의 시스템을 엑셀로 가상적으로 만들어 모의실험을 설계하였다. 슬랏머신 운영자는 가능한 돈을 잃지 않으려고 하기 때문에 당첨율을 낮춰 손해를 방지할 것이므로 슬랏머신의 실체를 확인해 볼 수 있어 벼락부자가 되기가 그리 쉽지 않음을 알 수 있다. 이는 요즘 사회적으로 흥행하고 있는 사행성있는 게임이 얼마나 개인의 삶을 위협할 수 있는지 사용자 스스로 느낄 수 있는 프로그램이다. 이 프로그램의 특징은 슬랏머신을 시행하여 나오는 결과를 엑셀의 큰 장점이 통계로 볼 수 있게 만들었다는 것과 실제 슬랏머신처럼 화면으로 모양들을 표현해 주기 위해 숫자와 그림을 대응시킨 후 RAND함수를 이용해 구해진 수로 도형이 나타나도록 하였다는 것이다.

- **사용방법 및 설명** : 이 파일은 배팅금액을 100으로 하여 50번 슬랏머신을 시행한 경우이다. 여기서 현재 가진 금액이 6600으로 처음 10000으로 시작하여 3400을 잃은 것을 알 수 있다. 세로 방향으로 ○모양이 두 번째 열에서 1번 일치했으며 가로

방향으로는 ☆모양과 ○모양이 각각 첫 번째 행에서 1번씩, ◇모양이 두 번째 행에서 1번, ★모양이 세 번째 행에서 1번 일치하였다. 대각선 방향으로는 ★모양과 ◆모양이 각각 오른쪽 아래방향으로 1번씩, ☆모양이 왼쪽 아래방향으로 1번 일치하였음을 나타내고 있다. 따라서 한줄이 일치할 확률은 16%가 됨을 알 수 있다. Reset(다시시작)은 0이면 초기화, 1이면 반복시행이 된다. 그 다음은 <F9>를 눌러 슬랏머신을 실행할 수 있다. 이 파일에서 'Play-time'은 게임 시행횟수를 의미하며 'Start'는 처음 가지고 시작할 자금을, 'Betting'은 한번 시행 시 배팅할 금액으로 게임중간에 바꿀 수도 있다. 'Having Money'는 현재 남은 금액을, 'gain'은 한번 시행에서 획득한 금액을 의미하는 것이다. 먼저 이 파일의 특징인 슬랏머신의 모양들을 숫자에 대응하여 나타나도록 한 것을 살펴보자. 우선 1행과 2행에 숫자와 그림을 표로 보기 쉽게 정리한 후 C11부터 E13셀에 RAND함수를 이용하여 숫자가 나오게 한 후 이것을 그 밑 C15부터 E17셀에 IF함수를 이용하여 그림으로 나타나도록 하였다. 또한 이렇게해서 나온 그림들이 가로나 세로, 대각선 방향으로 일치하는 세가지 모양 나올 경우 배당금을 정하기 위해 H11부터 J12셀에 IF함수를 이용하여 나타내었다. H11셀을 예로 들어보면,

=IF(C11=D11,IF(D11=E11,IF(C11=5,$E$7*35,$E$7*2),""),"")

이 의미는 C11와 D11, E11가 모두 같은 모양이되 모양이 'SEVEN'이면 배팅금액의 35배를 획득하게 되고. 다른 모양일 경우 2배를 획득하도록 하라는 뜻이다. 아래부분에는 슬랏머신이 나타나는 것을 통계로 기록하도록 하여 일치할 확률을 시각적으로 나타나게 하였다. 이 통계 또한 슬랏모양에 대응시킨 숫자로 통계가 나오도록 셀 수식을 만들었다. 예를 들어 B21셀을 보면

=IF($B$5=0, 0, IF(AND($C$11=1, $C$12=1, $C$13=1), B21+1, B21))

이 의미는 1열이 C11,12,13이 모두 1인 경우 즉, 1에 해당하는 ★인 경우는 주어진 B21에 1씩 더해가고 나머지는 그냥 그 값으로 유지시키라는 뜻으로 통계수치를 나타낼 때 자주 사용하는 방법이다. 이렇게 하여 마지막으로 한줄이 일치하는 확률과 모두 세븐 나올 확률로 전체 통계를 마무리한다. 그러므로 슬랏머신에 대한 도박성을 인식하게 되는 것이다. 실제 실행하면서 시행횟수를 늘려갈수록 가지고 있던 돈을 다 잃어 가는 것을 느낄 수 있다.

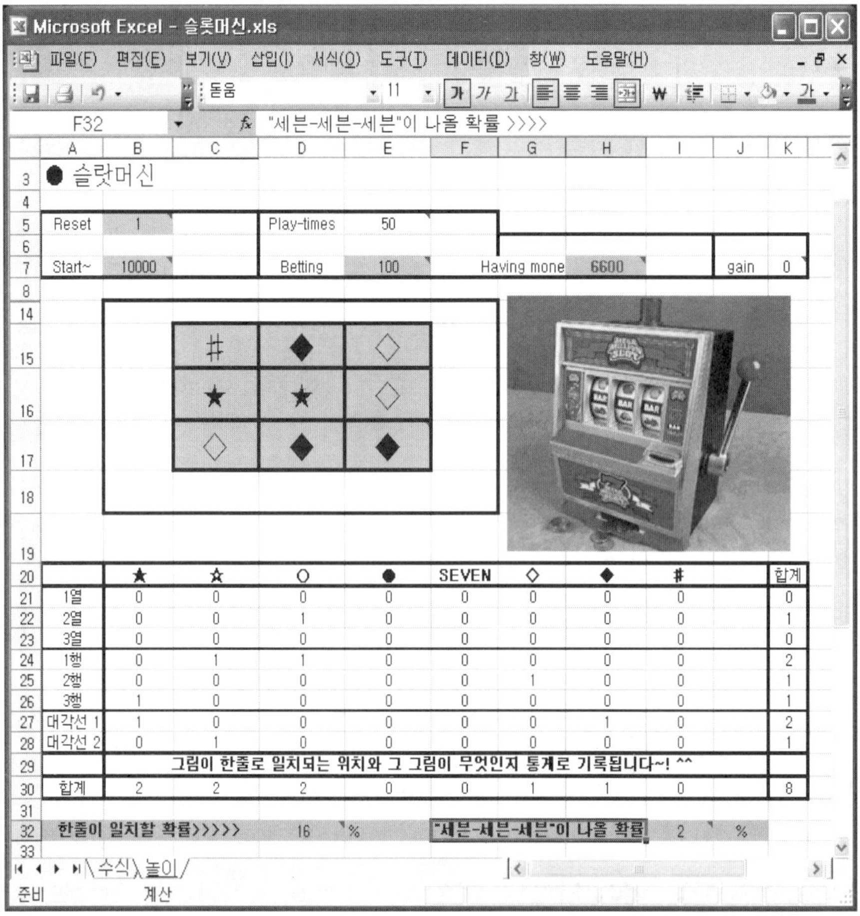

☞ 셀수식 :

E5	=IF($B$5=0,0,$E$5+1) H7 =IF($B$5=0,$B$7,IF($B$5=1,H7−$E$7+$K$7))
K7	=SUM(H11,H12,H13,I13,I12,I11,J11,J12)
C11:E13	=INT(8*RAND()+1) ※나중에 숨기기
C15	=IF(C11=1, $A$2,) &IF(C11=2,$B$2,) &IF(C11=3,$C$2,) &IF(C11=4,$D$2,) &IF(C11=5,$E$2,) &IF(C11=6,$F$2,) &IF(C11=7,$G$2,) &IF(C11=8,$H$2,)
D15	=IF(D11=1, $A$2,) &IF(D11=2,$B$2,) &IF(D11=3,$C$2,) &IF(D11=4,$D$2,) &IF(D11=5,$E$2,) &IF(D11=6,$F$2,) &IF(D11=7,$G$2,) &IF(D11=8,$H$2,)
…	…
B21	=IF($B$5=0, 0, IF(AND($C$11=1, $C$12=1, $C$13=1), B21+1, B21))
B22	=IF($B$5=0, 0, IF(AND($D$11=1, $D$12=1, $D$13=1), B22+1, B22))
…	

5. 다트게임

엑셀에서 확률의 기능을 이용하면 다트를 실제 사용하지 않고도 모의실험을 통해 다트에서 얻어질 값을 구해낼 수 있다. 예를 들면, 지름이 10인 다트위에 각 원과의 거리가 일정한 간격으로 떨어진 5개의 동심원이 있다고 하자. 세 명의 친구 각 개인당 3번의 기회가 주어지고 그 합이 가장 작은 사람이 식사를 사기로 한다. 누가 식사를 사게 될 것인가 시도하여 보시오. 그래프는 지름 10, 8, 6, 4, 2를 방사형으로 나타낸 것으로 단순히 다트게임임을 나타내고 있다

■ **사용방법 및 설명** : 이 파일은 우선 다트를 원으로 생각한 후 원의 넓이를 이용한 확률을 구하고 각 점수에 대한 기대값을 계산하도록 한다. 그런 다음 RAND함수를 이용하여 각 사람이 다트에서 나올 수 있는 점수를 구한 후 그 기대값들을 CHOOSE함수를 이용하여 더한다. 마지막으로 다트의 모양을 그래프로 표현해 보았다. 여기서 예로든 다트의 모양은 지름이 10인 원 즉, 반지름이 5인 원으로 각 원들간의 간격은 1이고 5개의 원을 그려 1점부터 5점까지 만들었다. 다시말해서 5개의 원은 각각 반지름이 1,2,3,4,5인 원들이 된다. 다트를 던져서 나올 수 있는 점수를 확률로 계산하기 위해 원의 넓이를 이용한다. 예를 들어 5점에 해당하는 가장 작은 원인 반지름이 1인 원이 나올 확률은 (가장 작은 원 넓이)÷(가장 큰 원 넓이)로 계산을 한다. 이에 해당하는 C15셀의 셀수식은 C15=((C8*1)^2)/C7^2 임을 알 수 있다. 이를 활용하여 1점, 2점, 3점, 4점에 해당하는 확률도 구할 수 있다. 이제는 각 점수의 기대값을 계산한다. 기대값은 (해당점수)×(확률)로 표현할 수 있을 것이다. 예를 들어 1점에 대한 기대값은 (1점)×(1점이 나올 확률 0.35) 즉, 0.36이라 할 수 있다. 이를 수식으로 표현하는 것은 어렵지 않게 해결할 수 있다. 다음으로는 다트 게임의 핵심인 게임에 참가할 사람들이 나오게 될 점수와 기대값을 구하는 방법이다. 먼저 각 사람들이 다트를 던져서 나올 수 있는 점수는 1점부터 5점 사이의 값이므로 RAND함수를 다음과 같이 작성하면 된다. B22를 예로 들면

=IF(D17=0,0,INT(5*RAND()+1))

RAND함수를 이용하여 1부터 5까지의 숫자들이 임의로 나오도록 한 것을 알 수 있다. 다음으로 게임에 참여한 사람들의 기대값을 구하기위해 여기서는 CHOOSE함수를 이용한다. 이 함수는 잘 알아두면 유용하게 사용되는 함수이다.

'CHOOSE(인덱스, 값1, 값2, …)'의 의미는 값 목록에서 지정한 값을 추출하라는 것이다. F22셀수식 중 'CHOOSE (B22, D11, D12, D13, D14, D15)'의 의미는 B22가 정해주는 값을 순서대로 D11, D12, D13, D14, D15 중에서 선택하여 나타내라는 것이다. 즉, 여기서 B22가 5이므로 5번째 값이 D15를 선택하여 표시하라는 의미가 되는 것이다. F22셀을 예를 들어 보면,

=IF(D17=0,0,CHOOSE(B22,D11,D12,D13,D14,D15)+CHOOSE(C22,D11,D12,D13,D14,D15)+CHOOSE(D22,D11,D12,D13,D14,D15))

이것은 D17이 0이면 0으로 표시하고 나머지 경우에는 B22, C22, D22가 지정해주는 숫자의 값을 선택하여 그 세 가지 값을 합하라는 의미가 된다. 마지막으로 다트를 그래프로 보기 쉽게 나타내기 위해 원의 방정식 $x^2+y^2=r^2$을 $y=\pm\sqrt{r^2-x^2}$으로 변형하여 각 반지름에 해당하는 셀수식을 만든 후에 이것을 꺾은선형 차트종류로 나타내면 된다.

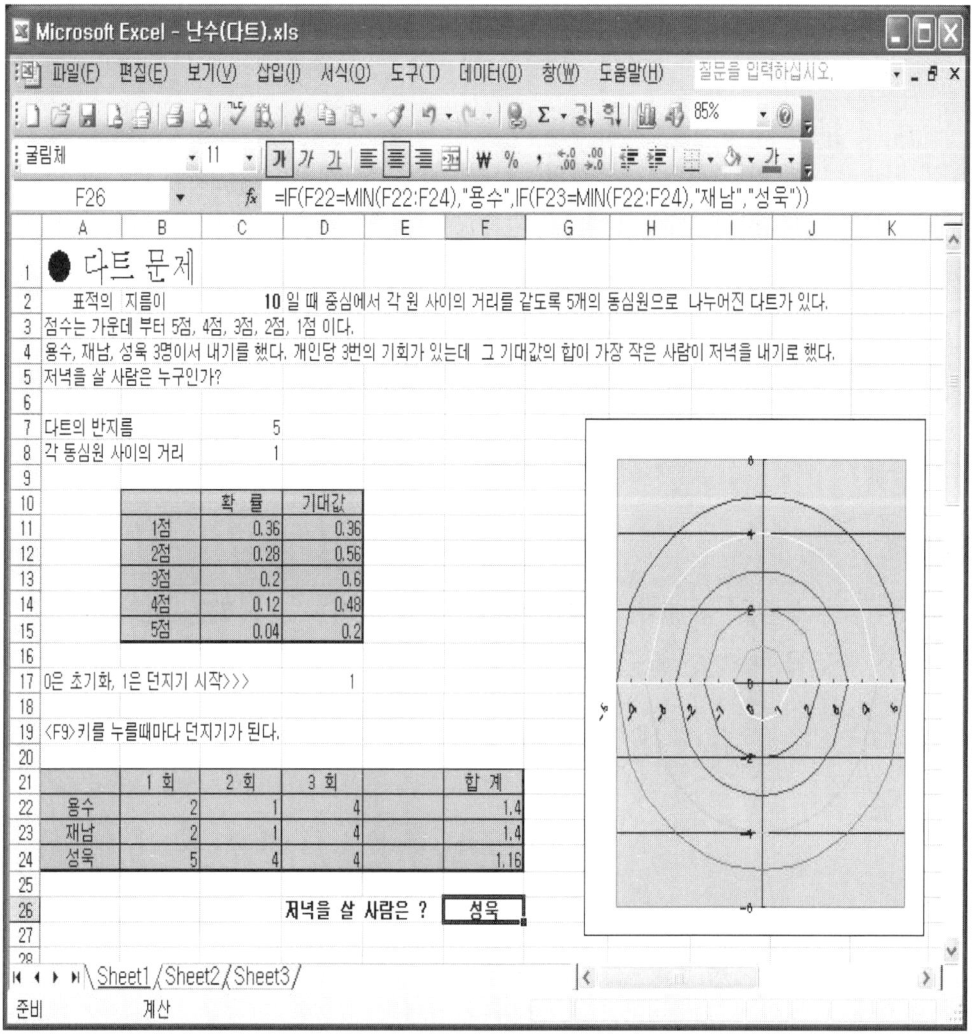

☞ 셀수식 :

C11 =((C8*5)^2 −(C8*4)^2)/C7^2 D11 =1*C11

C12 =((C8*4)^2 −(C8*3)^2)/C7^2 D12 =2*C12

… …

B22: D24 =IF(D17 =0,0,INT(5*RAND()+1))

F22 =IF(D17 =0,0,CHOOSE(B22,D11,D12,D13,D14,D15)+CHOOSE(C22,D11,D12,D13,D14,D15)+CHOOSE(D22,D11,D12,D13,D14,D15))

F23 =IF(D17 =0,0,CHOOSE(B23,D11,D12,D13,D14,D15)+CHOOSE(C23,D11,D12,D13,D14,D15)+CHOOSE(D23,D11,D12,D13,D14,D15))

… …

이상 5문제로 실생활에서 접할 수 있는 문제들을 만들어 보았다. 이는 저자의 수학교육공학이라는 강좌에서 우리 학생들이 직접 만들어 본 문제들이다. 엑셀의 자동수식화가 주는 이점을 이용하여 이처럼 다양한 상황의 실생활 문제를 만들어 볼 수 있다. 이런 예제를 통해서 학생들이 보다 창의적인 아이디어를 개발할 수 있어 과거와 다른 수업 환경을 만들 수 있다. 이를 위해선 프로그램에서 사용되는 수식의 기능을 습득하고 경험하는 준비단계가 필요하다. 요즘 학생들은 컴퓨터세대이므로 교사는 선행되어야 할 준비단계가 그리 어렵지 않게 성취될 수 있음을 알고 자발적으로 활동에 참여하여 자신의 것을 만들어 갈 수 있게 격려하고 북돋아주는 분위기를 이끌어 주어야 한다.

학습문제

01 조원간의 토론을 통해 위에 제시한 문제들과 유사하거나 또는 전혀 다른 문제를 만들어 보고 전체 급우들에게 발표하시오.

제 5 장 교사업무에 필요한 엑셀의 활용

I ‘교육행정정보시스템(NEIS)’ 자료를 엑셀에서 불러오는 방법

학교에서 다루고 있는 교육행정정보시스템(이하 NEIS)을 토대로 실무차원에서 접근해 보도록 하자. NEIS에서 기본적으로 모든 자료를 엑셀파일로 저장하기 때문에 특별하게 어려운 기능이 없으므로 모든 선생님들이 쉽게 다룰 수 있으리라 생각된다.

① NEIS를 실행한 후 로그인을 한다.

② 왼쪽 상단에 있는 ‘교무/학사’를 클릭한 후 학생명렬표 작정을 위해서 하위 메뉴 중 ‘학적’을 클릭한다.

③ 오른쪽 상단에 '학적'에 대한 메뉴가 생성된다. 하위메뉴 중 '기본학적관리'를 클릭한 후 '학급별 명렬표출력'을 클릭한다.

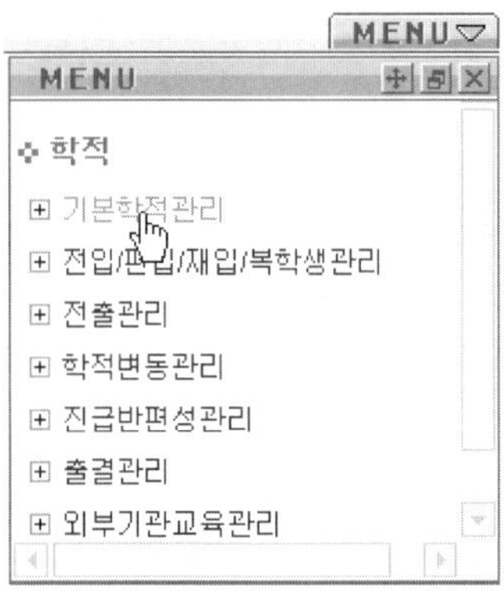

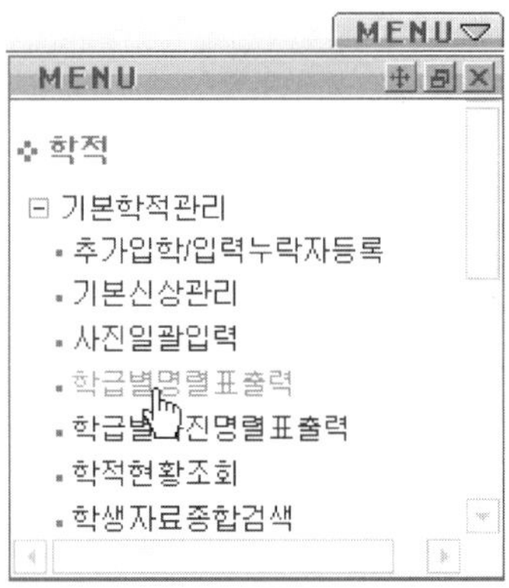

④ '학급별 명렬표출력' 창이 뜨면 명렬표를 만들고자 하는 해당 학년과 반을 선택한 후 조회를 클릭한다.

– 보통의 경우에는 권한이 주어진 반만을 선택할 수 있다(담임교사의 경우 담임반만을 선택할 수 있다).

⑤ 학생명단이 나오고 '명렬표 내용 선택' 단추를 클릭한다.

⑥ '명렬표 내용 선택' 창이 활성화되면 상단에 있는 명렬표 제목 란에 만들고자하는 제목을 적고 출력하기 원하는 내용을 '명렬표 내용'에서 선택하여 '선택한 내용'으로 이동시킨다. 이때 이동시키는 방법은 가운데 부분에 있는 화살표를 이용하면 된다.

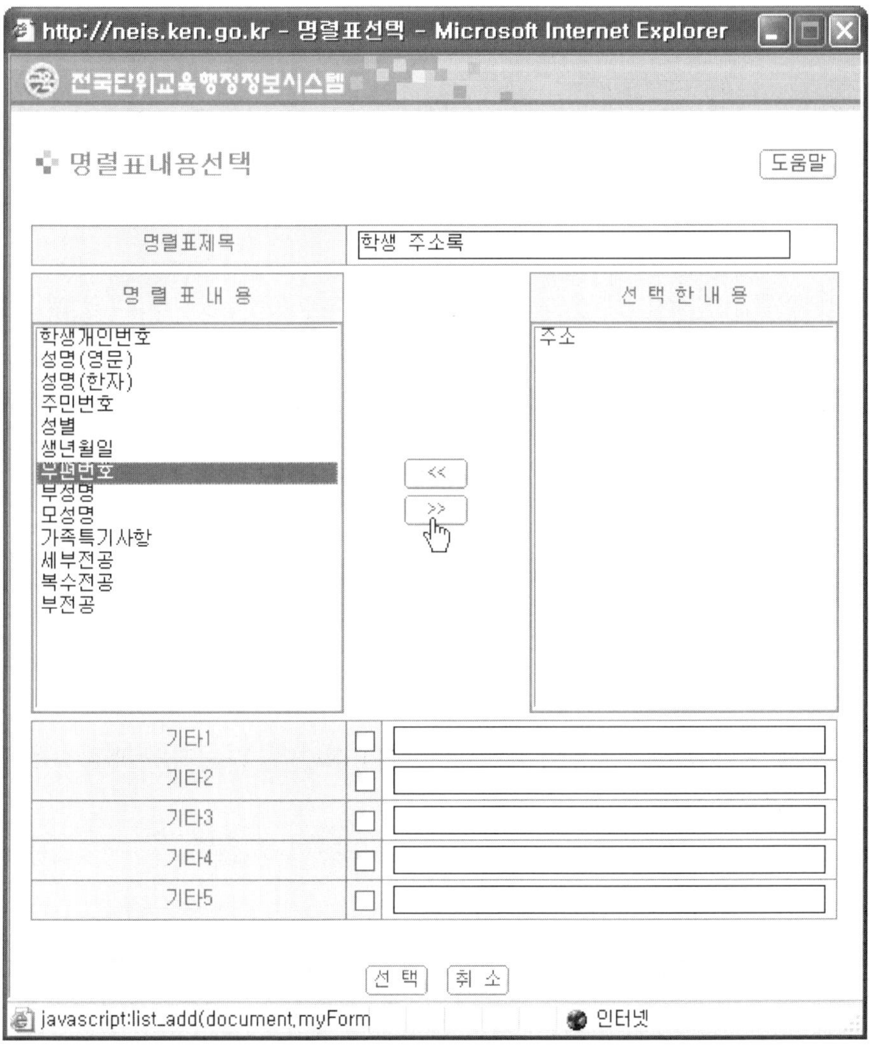

⑦ 위의 작업을 마친 후 선택을 클릭하면 원하는 명렬표의 내용이 나타난다. 이제부터 이 자료를 엑셀 파일로 저장해 보시오.

우선 우측 상단 부분에 있는 출력을 클릭한다.

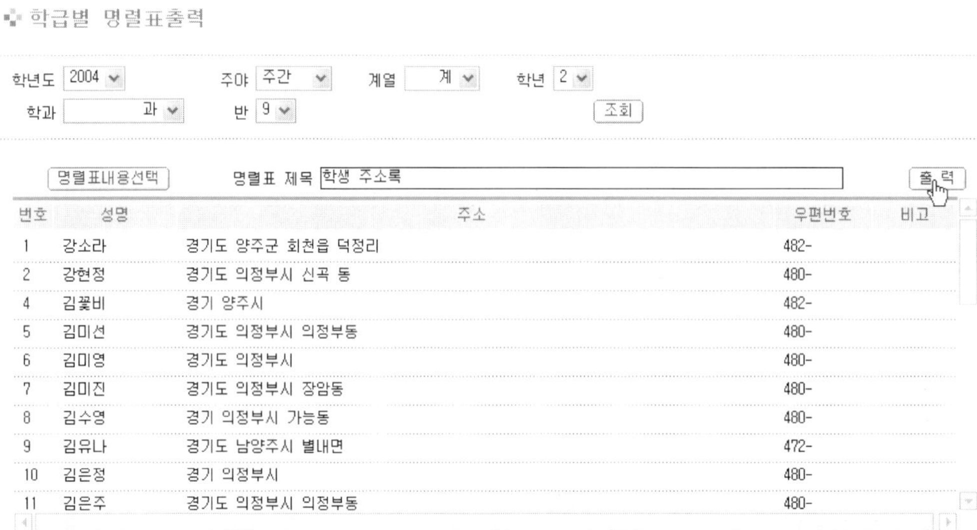

⑧ 아래와 같은 창이 나오면 확인을 클릭한다.

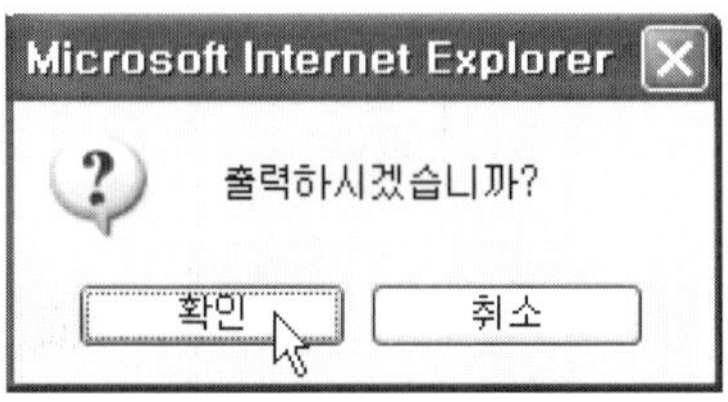

⑨ 아래와 같은 출력에 대한 창이 나타나면 창의 상단에 있는 메뉴 바에서 원하는 내용을 선택하면 된다.

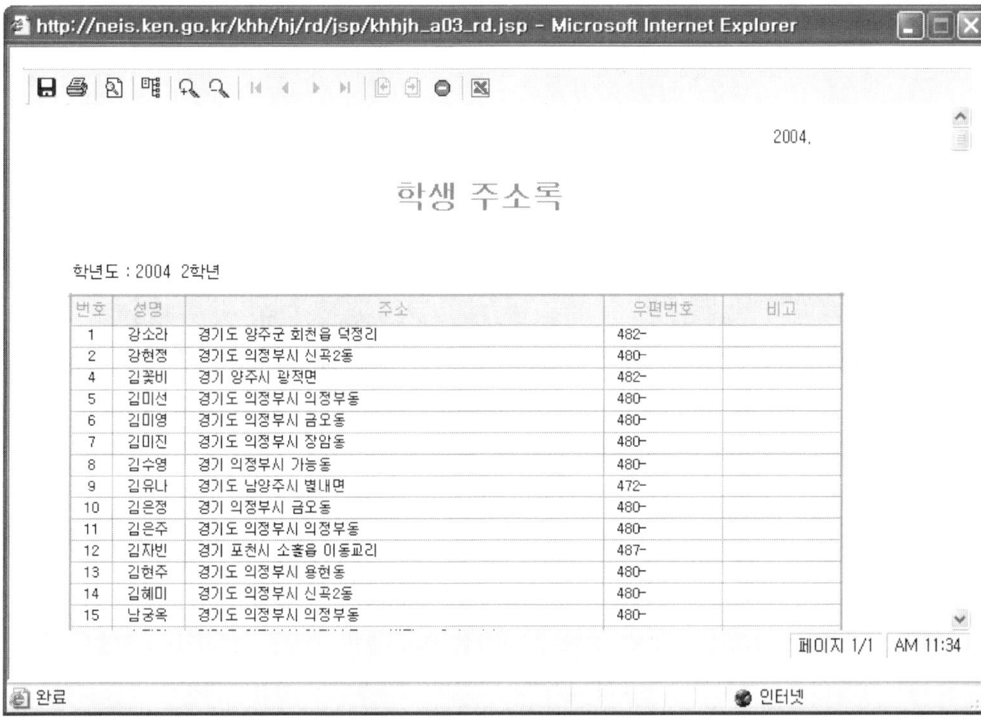

번호	성명	주소	우편번호	비고
1	강소라	경기도 양주군 회천읍 덕정리	482-	
2	강현정	경기도 의정부시 신곡2동	480-	
4	김꽃비	경기 양주시 광적면	482-	
5	김미선	경기도 의정부시 의정부동	480-	
6	김미영	경기도 의정부시 금오동	480-	
7	김미진	경기도 의정부시 장암동	480-	
8	김수영	경기 의정부시 가능동	480-	
9	김유나	경기도 남양주시 별내면	472-	
10	김은정	경기 의정부시 금오동	480-	
11	김은주	경기도 의정부시 의정부동	480-	
12	김자빈	경기 포천시 소홀읍 이동교리	487-	
13	김현주	경기도 의정부시 용현동	480-	
14	김혜미	경기도 의정부시 신곡2동	480-	
15	남궁옥	경기도 의정부시 의정부동	480-	

⑩ 엑셀로 바로 작업에 들어가려면 메뉴 바의 우측에 있는 '엑셀로 보기' 단추를 클릭하면 된다.

⑪ 엑셀파일로 저장을 하기 위해서는 메뉴 바의 좌측에 있는 '파일저장' 단추를 클릭하면 된다.

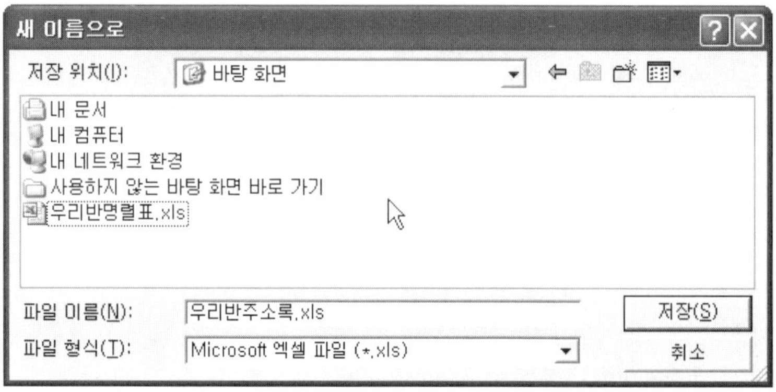

⑫ 저장을 하는 경우에는 두 가지 형태로 저장할 수 있다. 아래와 같은 창이 나오면 사용자가 원하는 스타일로 저장하면 된다.

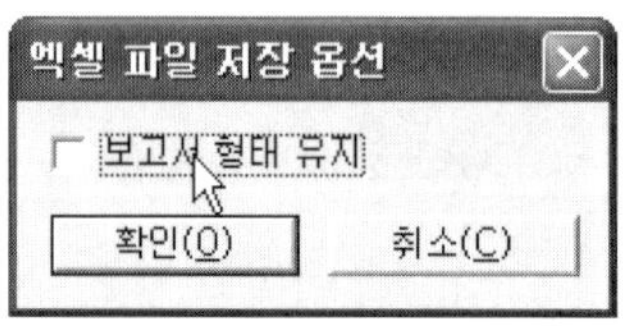

■ 보고서 형태 유지한 경우

D4 학생 주소록

2004

학생 주소록

학년도 : 2004 2학년

번호	성명	주소	우편번호	비고
1	강소라	경기도 양주군 회천읍 덕정리	482-	
2	강현정	경기도 의정부시 신곡2동	480-	
4	김꽃비	경기 양주시 광적면	482-	
5	김미선	경기도 의정부시 의정부동	480-	
6	김미영	경기도 의정부시 금오동	480-	
7	김미진	경기도 의정부시 장암동	480-	
8	김수영	경기 의정부시 가능동	480-	
9	김유나	경기도 남양주시 별내면	472-	
10	김은정	경기 의정부시 금오동	480-	
11	김은주	경기도 의정부시 의정부동	480-	
12	김자빈	경기 포천시 소흘읍	487-	
13	김현주	경기도 의정부시 용현동	480-	
14	김혜미	경기도 의정부시 신곡2동	480-	
15	남궁옥	경기도 의정부시 의정부동	480-	
16	송전영	경기도 의정부시 의정부동	480-	
17	안연임	경기도 의정부시 의정부1동	480-	
18	안초이	경기도 남양주시 별내면	472-	
20	우제진	경기도 오산시 수청동	447-	

■ 보고서 형태 유지하지 않은 경우

D2 fx 학생 주소록

	A	B	C	D	E	F
1						
2				학생 주소록		
3	학년도 : 2004 2학년					
4	번호	성명	주소	우편번호	비고	
5	1	강소라	경기도 양주군 회천읍 덕정리	482-		
6	2	강현정	경기도 의정부시 신곡2동	480-		
7	4	김꽃비	경기 양주시 광적면	482-		
8	5	김미선	경기도 의정부시 의정부동	480-		
9	6	김미영	경기도 의정부시 금오동	480-		
10	7	김미진	경기도 의정부시 장암동	480-		
11	8	김수영	경기 의정부시 가능동	480-		
12	9	김유나	경기도 남양주시 별내면	472-		
13	10	김은정	경기 의정부시 금오동	480-		
14	11	김은주	경기도 의정부시 의정부동	480-		
15	12	김자빈	경기 포천시 소흘읍 이동교리	487-		
16	13	김현주	경기도 의정부시 용현동	480-		
17	14	김혜미	경기도 의정부시 신곡2동	480-		
18	15	남궁옥	경기도 의정부시 의정부동	480-		
19	16	송전영	경기도 의정부시 의정부동	480-		
20	17	안연임	경기도 의정부시 의정부1동	480-		
21	18	안초이	경기도 남양주시 별내면	472-		
22	20	우제진	경기도 오산시 수청동	447-		
23	21	유재은	경기 양주시 고읍동	482-		
24	22	이민경	경기도 의정부시 민락동	480-		
25	23	이송이	경기도 의정부시 금오동	480-		
26	24	이주희	경기도 의정부시 민락동	480-		
27	25	이지아	경기 양주시 옥정동	482-		
28	26	이지혜	경기 양주시 덕정동	482-		

Ⅱ 엑셀주소록으로 한글에서 라벨 만드는 방법

라벨을 출력하기 위한 다양한 라벨 생성 프로그램이 있지만 이번에는 엑셀에서 입력한 자료를 바탕으로 약간의 변환작업을 통해 라벨을 만들어 보시오. 이번 내용은 학교에서 가정통신문을 발송할 때나 제품에 대한 목록 등 라벨출력에 많이 응용이 된다.

① Neis에서 받은 학생 주소록 엑셀파일을 이용하여 라벨을 만들어 보시오. 우선 그림과 같이 불러낸다. 주소라벨을 만들기 위해 불필요한 1행에서 4행은 제외하고 A5행부터 작업표의 내용을 범위지정해서 마우스 오른단추를 눌러 '복사'를 한다.

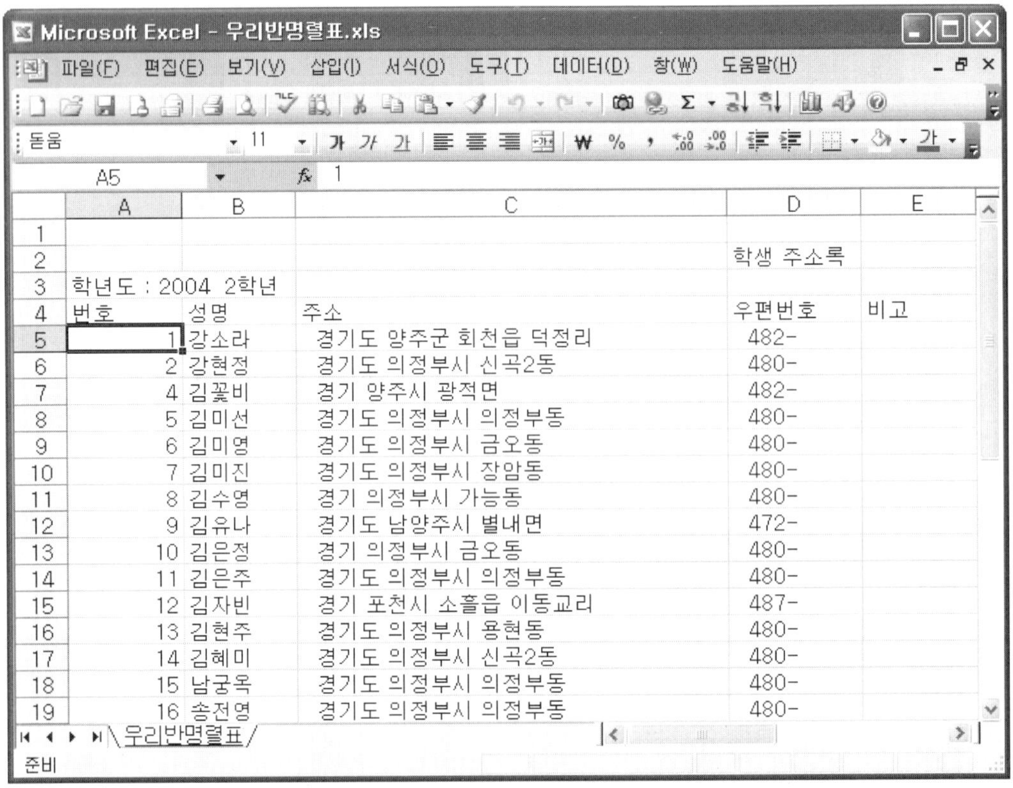

② MS－Office가 설치되어 있으면 Microsoft Word도 설치되어 있는 것을 확인할 수 있다. 그림과 같이 Microsoft Word를 실행한다.

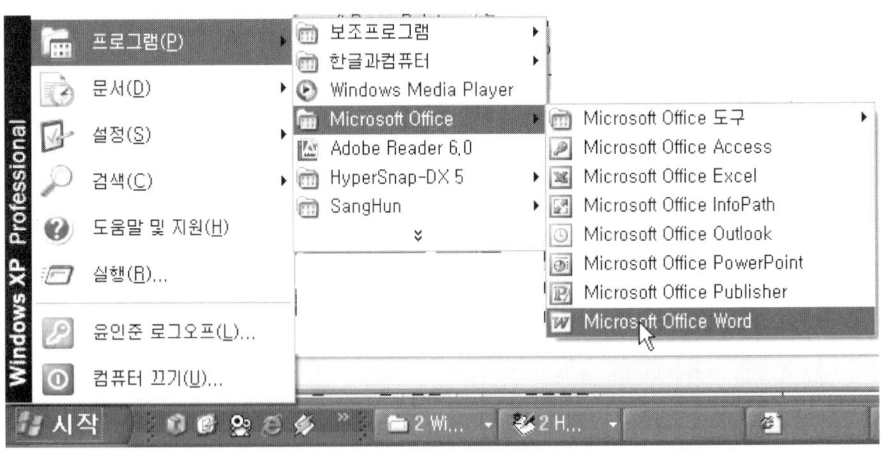

③ 앞에서 복사한 내용을 마우스 오른쪽단추를 눌러 '붙여넣기' 를 선택한다. 그러면 엑셀의 작업표 내용이 그대로 복사된 것을 그림과 같이 확인할 수 있다. 물론 엑셀에서 자체적으로 폼을 만들어 라벨을 만들 수도 있지만 오히려 작업과정이 복잡하다.

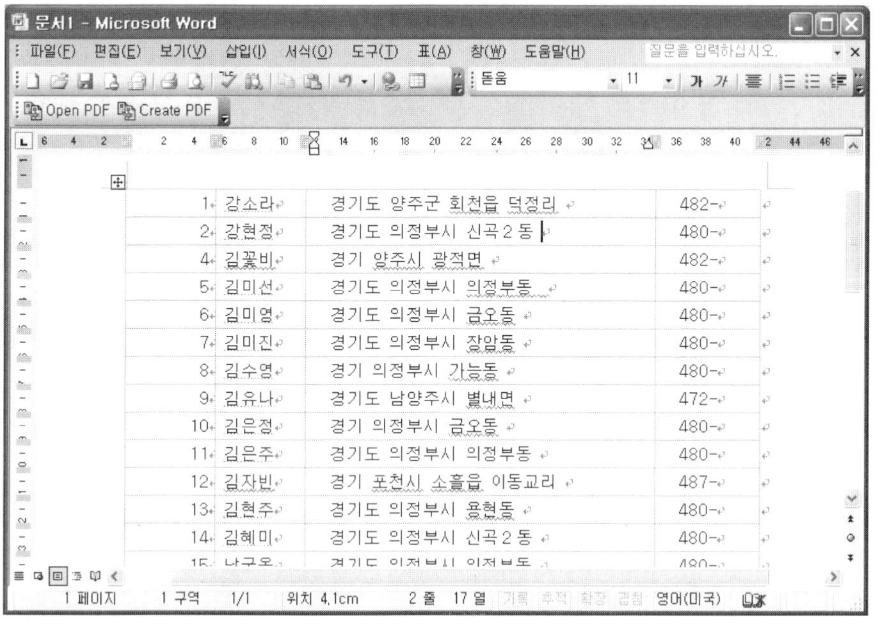

④ 다른 형식으로 내보내기 위해 그림과 같이 '파일－다른이름으로 저장'을 선택한 후 파일이름을 입력한 후 반드시 형식은 '텍스트+줄바꿈'을 선택하고 '저장'버튼을 선택한다. 그림과 같이 경고메시지가 뜨면 그냥 '예'를 클릭한다.

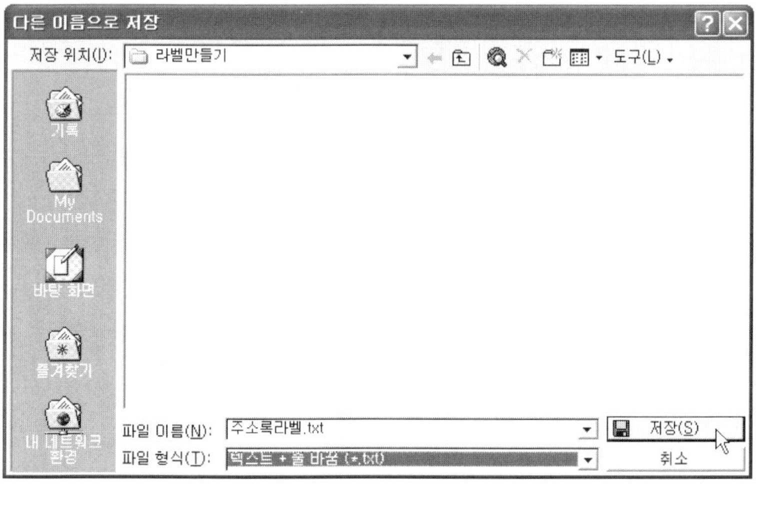

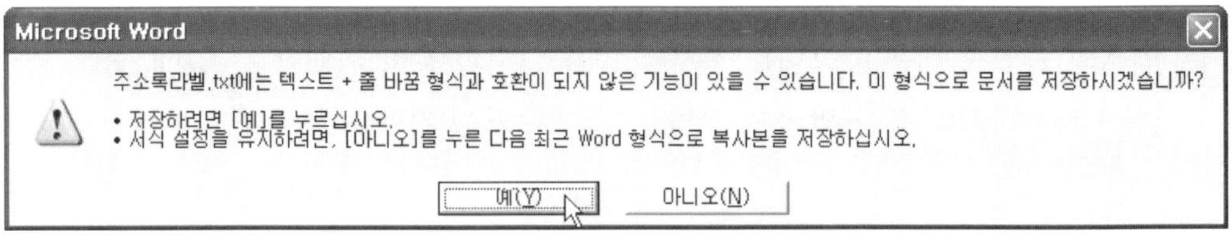

⑤ 이제는 한글97을 실행한 후 주소록라벨 . txt파일을 불러낸다. 이때 그림과 같이 파일형식에서 '텍스트'를 선택해야한다. 그 후 그림과 같이 KS완성형 한글을 선택합니다.

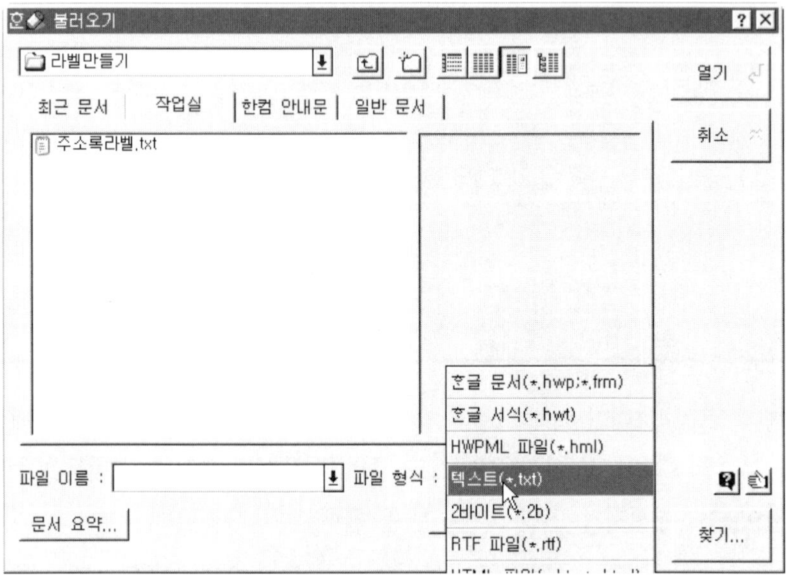

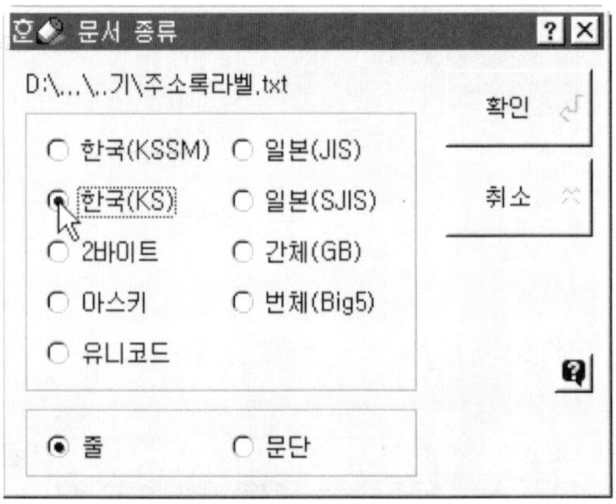

⑥ 그림과 같이 텍스트형식의 파일을 불러냈는데 자동으로 줄바꿈이 된 것을 확인할 수 있다. 즉 Microsoft Word에서만 '텍스트 + 줄 바꿈(*.txt)' 형식을 지원하기 때문에 '엑셀 → MS－Word → 한글97' 이런 식으로 변환하는 작업이 필요한 것이다.

－ 문서전체를 범위설정한 후 '줄간격'을 200%로 지정하면 보기 좋은 상태로 라벨폼이 완성된다. 물론 이 상태에서 글꼴변경 등 자료를 수정할 수도 있다.

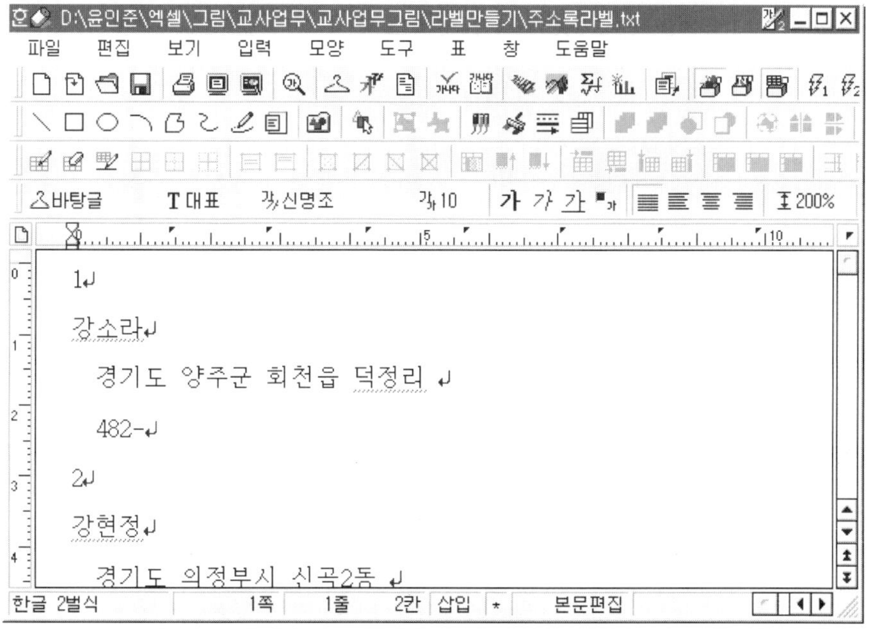

⑦ 이제는 라벨을 만들기 위해 '도구－라벨－라벨 문서 만들기'를 선택한다. 그 후 '다른 라벨용지'를 선택한 후 아래 그림과 같이 선택한다.

－ 주소록 라벨로 사용하기에 가장 보편적인 '주소(16칸)'을 선택합니다.

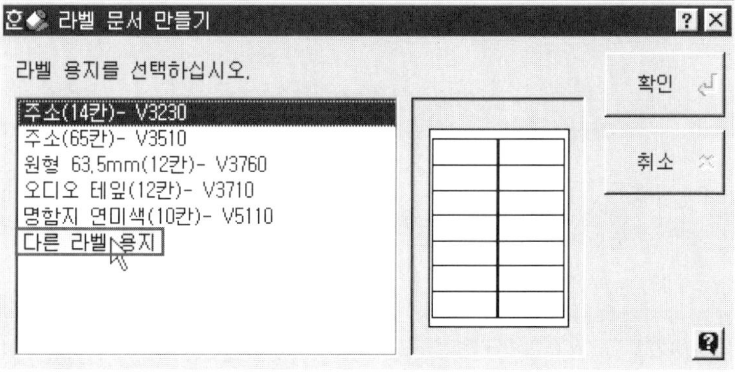

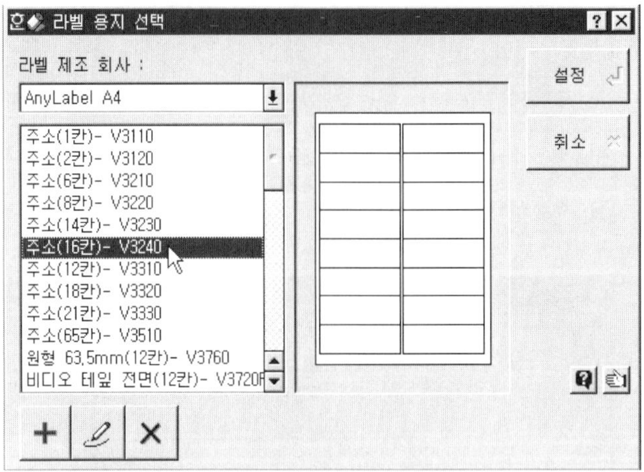

⑧ '현재문서'를 선택하면 아래 그림과 같이 라벨이 생성됩니다.

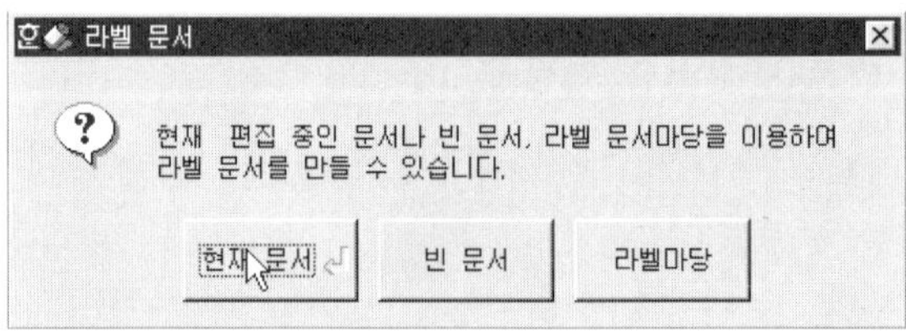

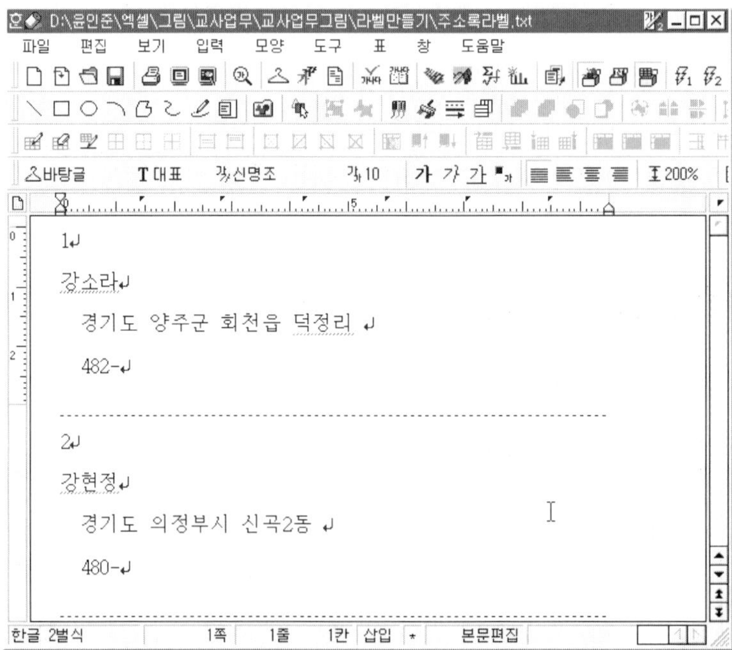

⑨ 완성된 라벨은 한글97에서 미리보기를 선택하면 확인할 수 있다.

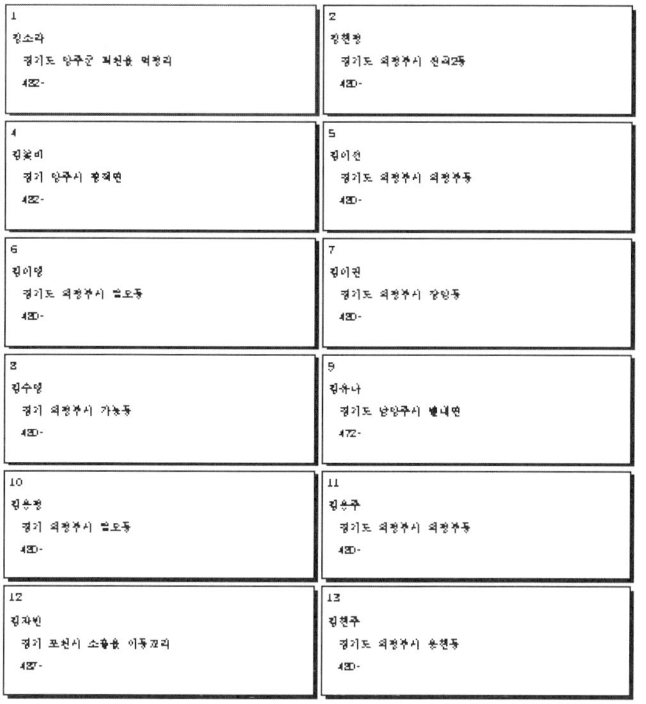

⑩ 이제 라벨용지를 넣고 인쇄를 하면 된다.

Ⅲ '조건부 서식'을 이용한 시트 만들기

'조건부 서식'이란 셀에 들어 있는 값이나 수식이 주어진 조건에 따라 서식이 달리 지정되게 하는 기능으로 엑셀2000에서는 훨씬 간편하게 사용할 수 있는 기능이다.

※ 여기서는 각 과목별 점수가 90점 이상은 청색글씨체로 굵게 표시하고, 60점 미만은 적색글씨체로 굵게 표시하고자 조건부 서식을 지정해 보겠습니다.

① 우선 각 과목별 점수가 있는 셀을 위와 같이 Ctrl키를 누른 채 범위를 지정한 후 메뉴에서 '서식－조건부 서식(D)'를 선택합니다.

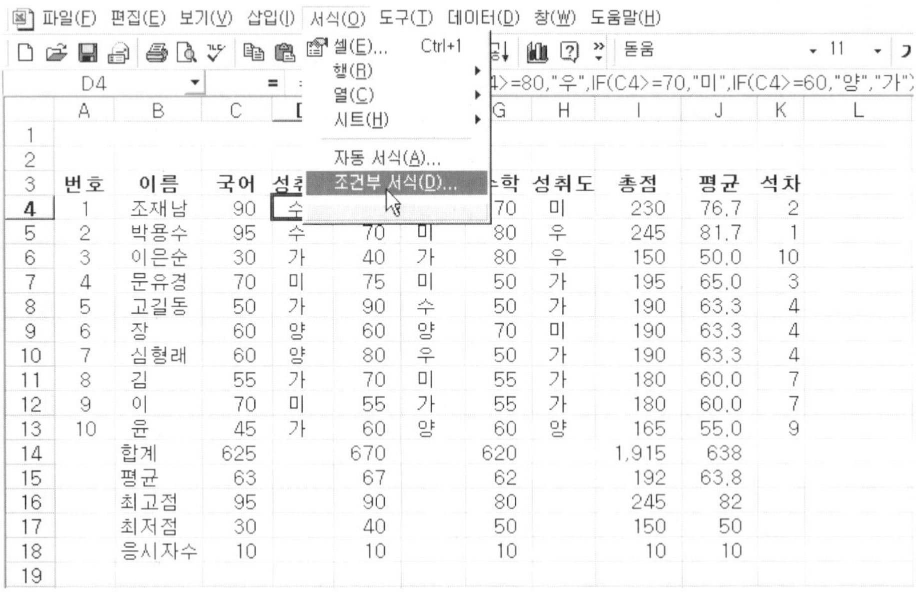

> **TIP** Ctrl키를 누른 채 드래그하면 영역을 따로따로 지정할 수 있고, Shift키를 누른 채 드래그하면 연속된 영역을 범위지정할 수 있습니다. 덧붙여 마우스로 범위설정이 익숙지 않은 경우 Shift키를 누른 채 키보드의 방향키를 움직이면 역시 연속된 범위지정이 가능합니다.

② 조건부 서식에서 조건 1(1)부분을 '90이상'으로 지정한 후 '서식' 단추를 클릭한다.

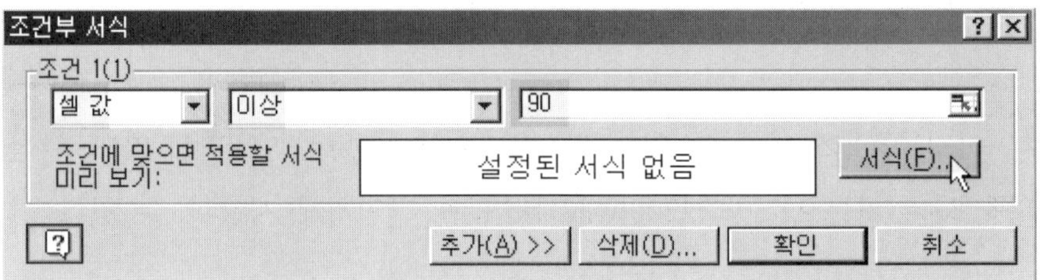

③ '스타일'에서 '굵게' 그리고 '색(C)'에서 '빨강'을 지정하고 '확인'을 선택한다.

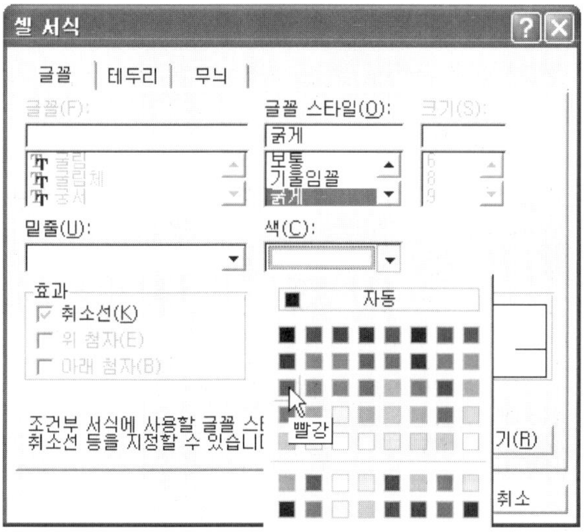

④ 그러면 아래와 같이 빨강, 굵은 글씨체가 지정된 것을 확인할 수 있다. 이번에는 '추가' 버튼을 선택한 후 아래와 같이 조건 2(2)에서 청색, 굵은 글씨체로 지정한다.

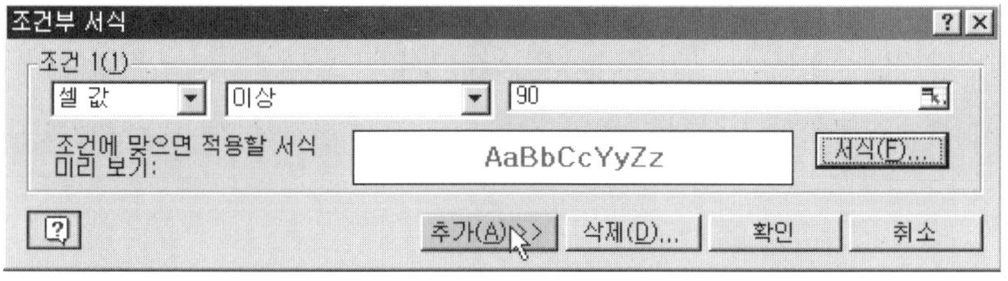

⑤ 위와 마찬가지로 '조건 2(2)'에서는 '0점에서 59점'으로 서식은 청색, 굵은 글씨체로 지정한 것을 확인한다.

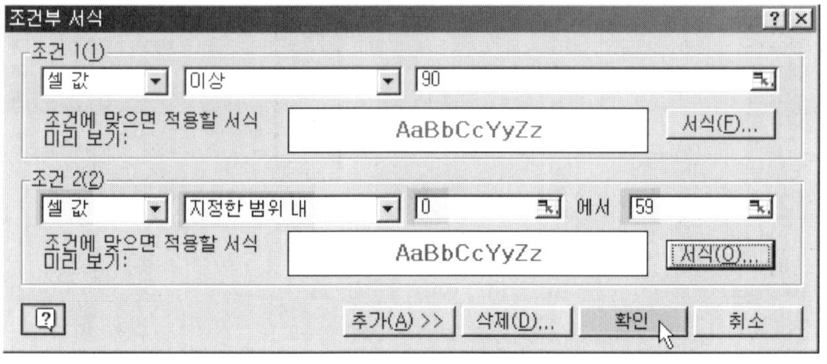

⑥ '확인' 버튼을 누르고 아래와 같은지 확인해 보시오.

D4 = =IF(C4>=90,"수",IF(C4>=80,"우",IF(C4>=70,"미",IF(C4>=60,"양","가"))))

	A	B	C	D	E	F	G	H	I	J	K	L	M
1					성적일람표								
2													
3	**번호**	**이름**	**국어**	**성취도**	**영어**	**성취도**	**수학**	**성취도**	**총점**	**평균**	**석차**		
4	1	조재남	90	수	70	미	70	미	230	76.7	2		
5	2	박용수	95	수	70	미	80	우	245	81.7	1		
6	3	이은순	**30**	가	**40**	가	80	우	150	50.0	10		
7	4	문유경	70	미	75	미	**50**	가	195	65.0	3		
8	5	남재순	**50**	가	90	수	**50**	가	190	63.3	4		
9	6	장부당	60	양	60	양	70	미	190	63.3	4		
10	7	심형래	60	양	80	우	**50**	가	190	63.3	4		
11	8	김두껍	**55**	가	70	미	**55**	가	180	60.0	7		
12	9	이가식	70	미	**55**	가	**55**	가	180	60.0	7		
13	10	윤탱굴	**45**	가	60	양	60	양	165	55.0	9		
14		합계	625		670		620		1,915	638			
15		평균	63		67		62		192	63.8			
16		최고점	95		90		80		245	82			
17		최저점	30		40		50		150	50			
18		응시자수	10		10		10		10	10			

⑦ 이번에는 아래와 같이 '전산' 과목을 추가해 그림과 같이 점수를 입력해 보시오. 그런 다음 다시 처음부터 '조건부 서식'을 지정하는 것은 번거로운 일이다. 이때는 아래 그림과 같이 이미 '조건부 서식'이 지정되어 있는 G4에 셀포인터를 둔 다음 그림과 같이 서식복사( )을 클릭하고 아래 그림과 같이 추가된 전산과목 점수를 드래그(범위설정)를 한다.

10R x 1C = 80

	A	B	C	D	E	F	G	H	I	J	K	L	M	N
1						성적일람표								
2														
3	**번호**	**이름**	**국어**	**성취도**	**영어**	**성취도**	**수학**	**성취도**	**전산**	**성취도**	**총점**	**평균**	**석차**	
4	1	조재남	90	수	70	미	70	미	80		230	76.7	2	
5	2	박용수	95	수	70	미	80	우	90		245	81.7	1	
6	3	이은순	**30**	가	**40**	가	80	우	95		150	50.0	10	
7	4	문유경	70	미	75	미	**50**	가	70		195	65.0	3	
8	5	남재순	**50**	가	90	수	**50**	가	20		190	63.3	4	
9	6	장부당	60	양	60	양	70	미	45		190	63.3	4	
10	7	심형래	60	양	80	우	**50**	가	60		190	63.3	4	
11	8	김두껍	**55**	가	70	미	**55**	가	65		180	60.0	7	
12	9	이가식	70	미	**55**	가	**55**	가	75		180	60.0	7	
13	10	윤탱굴	**45**	가	60	양	60	양			165	55.0	9	
14		합계	625		670		620				1,915	638		
15		평균	63		67		62				192	63.8		
16		최고점	95		90		80				245	82		
17		최저점	30		40		50				150	50		
18		응시자수	10		10		10				10	10		
19														

	A	B	C	D	E	F	G	H	I	J	K	L	M	N
1						성적일람표								
2														
3	번호	이름	국어	성취도	영어	성취도	수학	성취도	전산	성취도	총점	평균	석차	
4	1	조재남	**90**	수	70	미	70	미	80		230	76.7	2	
5	2	박용수	**95**	수	70	미	80	우	**90**		245	81.7	1	
6	3	이은순	**30**	가	**40**	가	80	우	**95**		150	50.0	10	
7	4	문유경	70	미	75	미	**50**	가	70		195	65.0	3	
8	5	남재순	**50**	가	**90**	수	**50**	가	**20**		190	63.3	4	
9	6	장부당	60	양	60	양	70	미	**45**		190	63.3	4	
10	7	심형래	60	양	80	우	**50**	가	60		190	63.3	4	
11	8	김두겁	**55**	가	70	미	**55**	가	65		180	60.0	7	
12	9	이가식	70	미	**55**	가	**55**	가	75		180	60.0	7	
13	10	윤탱굴	**45**	가	60	양	60	양	**55**		165	55.0	9	
14		합계	625		670		620				1,915	638		
15		평균	63		67		62				192	63.8		
16		최고점	95		90		80				245	82		
17		최저점	30		40		50				150	50		
18		응시자수	10		10		10				10	10		
19														

⑧ 그러면 새로 추가된 전산과목 점수 역시 같은 '조건부 서식'이 쉽게 적용이 된 것을 확인할 수 있다.

Ⅳ 셀에 드롭다운 리스트 나타내기

자료입력 시 정확한 자료를 입력하기 위해 드롭다운 리스트를 만들어 보시오.
같은 자료를 여러 사람이 입력하다 보면 서로 틀린 경우가 흔히 발생하기 마련이다. 미리 드롭다운 리스트를 만들어 아래와 같이 입력하지 않고 선택하도록 하면 보다 정확하게 입력할 수 있는 장점이 있다.

① 특정 셀에 입력되는 내용이 일정한 내용들로 구성되었다면 그 셀을 선택하면 입력할 리스트가 나타나게 할 수가 있습니다.

	A	B	C	D
1	번호	이름	CA부서	성별
2	1	김무얼		남
3	2	이수엉		여
4	3	난다김		여
5	4	박리오		남
6	5	봉순당		여
7	6	윤손탁		남
8	7	신운후		남
9	8	지본황		남
10	9	이훈일		남
11	10	김영곤		남

예를 들어 C2셀에 학생의 다양한 CA부서를 입력한다고 할 때 C2셀을 선택하면 리스트 버튼이 나타나고 그 버튼을 누르면 CA부서 리스트가 나와 해당 CA를 선택하면 바로 입력되도록 할 수 있다.

먼저 C2셀을 선택한다.

② 메뉴에서 '데이터 > 유효성검사'를 선택한다.

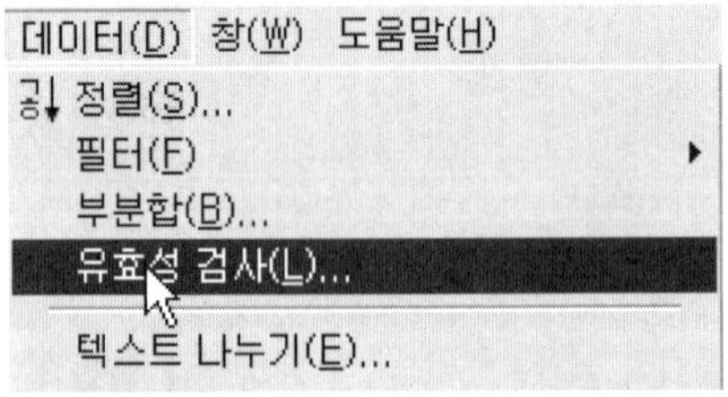

③ 데이터 유효성 창의 제한대상에서 목록을 선택한다.

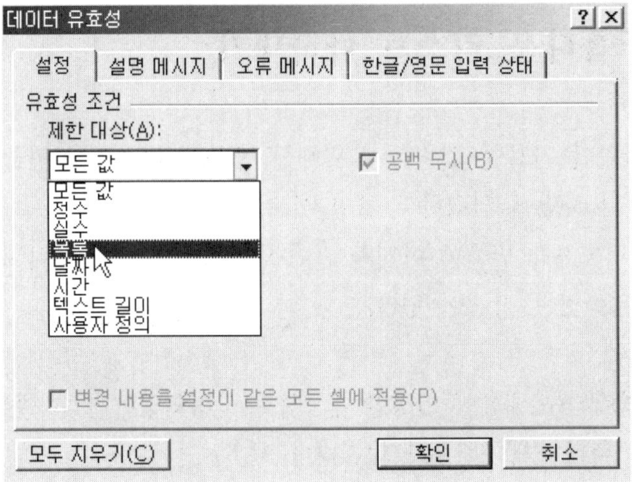

④ 원본란을 선택하고 그림과 같이 직접 CA부서명을 ','로서 구분하여 자료를 입력한 후 확인을 누른다.

만일 특정 셀에 자료가 이미 들어가 있다면 ☐ 부분을 선택해 CA부서리스트가 있는 범위를 지정하면 된다.

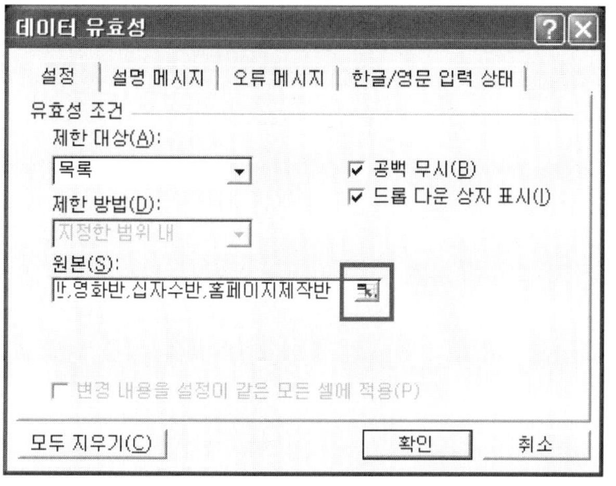

⑤ 그림과 같이 드롭다운 버튼이 생긴다. 그러면 C2셀을 +표시부분에서 아래로 드래그 하면 복사된다.

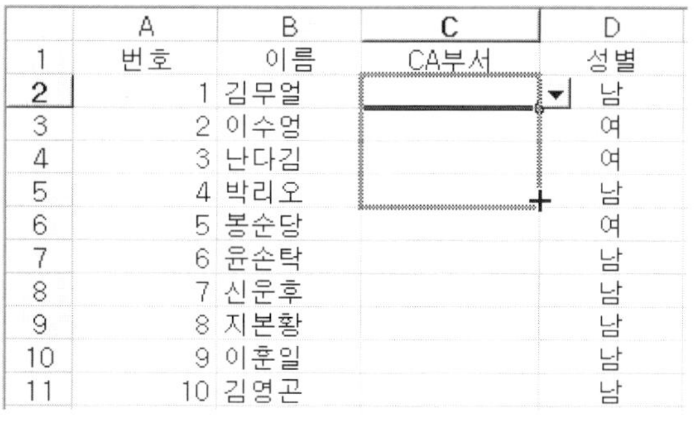

⑥ 그림과 같이 해당 셀에서 드롭다운 버튼을 눌러 학생의 CA부서를 쉽게 선택해 입력할 수 있다. 이렇게 할 경우 오타입력이나 서로 다른 형태로 입력되는 것을 사전에 방지할 수 있는 장점이 있다.

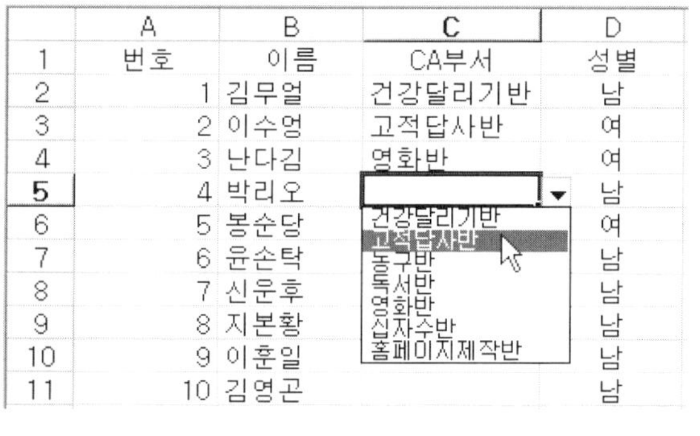

참 고 문 헌

고상숙(2001). 그래핑 계산기를 활용한 탐구학습에서 수학교사의 정신적 모델개발과정. 대한수학교육학회 2001년 추계 수학교육학 연구발표대회 논문집, 823-865.

고상숙(2003). 수학적 탐구력 신장을 위한 테크놀로지 활용의 효과. 한국 수학교육학회지 시리즈 A, 수학교육, 42(5), 647-672.

고상숙과 김도하(2002). 엑셀을 이용한 수 패턴에 대한 탐구 학습. 대한수학교육학회 2002년 춘계 수학교육학 연구발표대회 논문집, 727-744.

고상숙, 윤인준, 김규상, 김종규(2002). 수학과 교수·학습에서 엑셀의 활용에 관한 연구. 대한수학교육학회 2002년 춘계 수학교육학 연구발표대회 논문집, 583-596.

류희찬과 이지요(1993). 수학교육에서 시각화의 중요성과 LOGO. 대한수학교육학회 논문집, 3(1).

신동선과 류희찬(1998). 수학교육과 컴퓨터. 서울: 경문사.

Balacheff, N., and Kaput, J. (1996). Computer-based learning environments in mathematics, In Bishop, A., Clements, K., Keitel, C., Kilpatrick, J., and Laborde, C. (eds.), *International Handbook of mathematics education: Part I*, Dordrecht, Kluwer, 469-505.

Becker, H. J.(1988). The impact of computer use on children's learning: what the Rresearch has shown and what it has not. *Center for Research on Elementary and Middle Schools*, John Hopkins University, Baltimore, MD.

Bennett, E. M. (1993). Calculus students' concept images of functions in an environment of computer-generated animation of graphs of transformations of functions. *Unpublished Doctoral Dissertation*, The University of Georgia.

Choi-Koh, S. (1996). Students' Learning of Geometry Using Computer Software as a Tool: Three Case studies. *Unpublished Doctoral Dissertation*, The Universit of Georgia.

Choi-Koh, S. (1999). Student's Learning of Geometry Using the Computer, *Journal of Educational Research*, 92(5), 301-311.

Choi-Koh, S. (2003). The Effect of a Graphing Calculator in Trigonometry: A Case Study of One Tenth Grade Student' s. *Journal of Educational Research*,

96(6), 359–369.

Collins, A. (1990). The role of computer technology in restructuring schools. In K. Sheingold & M. S. Tucker(Eds.), *Restructuring for Learning with Technology*. New York: Center for Technology in Education, Bank Street College of Education, and Rochester, NY: National Center on Education and the Economy.

Cornu, B. (1987). The computer and didactics: Two tools for teaching of mathematics. In R. Lewis & E. D. Tagg(Eds.), *Computer for each student*(pp.141–150). North Holland: Elsevier Science Publishers.

Cunningham, S. (1991). The visualization environment for mathematics education. In W. Zimmermann & S. Cunningham(Eds.), *Visualization in Teaching and Learning Mathematics* (pp.67–76). Washington, DC: Mathematical Association of America.

Dalton, D. W., & Goodrum, D. A. (1991). The effects of computer programming on problem-solving skills and attitudes. *Journal of Educational computing Research*, 7, 407–420.

Davis, R. B. (1984). Frames, metaphors, and computer-assisted instruction. *Paper presented at the Fifth International Congress on Mathematics Education*, Adelaide, Australia.

Davis, P. J., & Anderson, J. A. (1979). Nonanalytic aspects of mathematics and their implications for research and education. *SIAM Review*, 21, 112–117.

D'Souza, S. M., & Wood, L. N. (2003). Secondary students' resistance toward incoporating computer technology into mathematical learning. *Mathematics and Computer Education*, 37(3), 284–295.

Dreyfus, T. (1990). Advanced mathematical thinking. In P. Nesher and J. Kilpatrick(Eds.), *Mathematics and cognition: A research synthesis by the International Group for Psychology of Mathematics Education*(pp. 113–134). New York: Cambridge University Press.

Dreyfus, T. (1992). Aspects computerized learning environments which support problem solving. In J. P. Ponte, J. F. Matos, & D. Fernandes(Eds.), *Mathematical Problem Solving and New Information Technologies: Research in Context of Practice*(pp. 255–266). Berlin: Springer Verlag.

Dreyfus, T.(1993). Didatic design of computer based learning environment. In C. Keitel & K. Ruthevern(Eds.), *NATO advanced workshop on mathematics education and technology*(pp. 8–24). Berlin: Springer Verlag.

Dubinsky, E. (1988). On helping students construct the concept of quantification. *Paper presented at the 12th Annual Conference of the International Group for Psychology of Mathematics Education.*

Dufour–Janvier, B., Bednarz, N., & Belanger, M. (1987). PEdagogical considerations concerning the problem of representation. In C. Janvier(Ed.), *Problems of Representation in the Teaching and Learning of Mathematics*(pp. 109–122). Hillsdale, NJ: Erlbaum.

Dugdale, S. (1992). The design of computer based mathematics instruction. In J. H. Larkin & R. W. Chabay(Eds.). *Computer–assisted Instruction and Intelligent Tutoring Systems: Shared Issues and Complementary approaches*(pp. 11–45). Hillsdale, NJ: Erlbaum.

Dwyer, D. (1996). A response to Douglas Noble: We're in this together. *Educational Leadership*, 54(3), 24–25.

Fey, J. T (1989). Technology and mathematics education: A survey of recent developments and important problems, *Educational Studies in Mathematics*, 20, 237–272.

Fischbein, E. (1987). Intuition in Science and Mathematics. Dordrecht: Reidel.

Fischer, J. (1984). Visual influence of figure orientation on concept formation in geometry. Recent research concerning the development of spatial and geometric concepts. *ERIC*, 307–321.

Galindo, E. (1994). Visualization in the calculus class: The role of students' cognitivre style in their use of a computer algebra system. *Unpublished manuscript*, Indiana University, Bloomington, IN.

Gregoire, R., Bracewell, R., Laferriere, T. (1996). *The Contribution of New Technologies to Learning and Teaching in Elementary and Secondary Schools*. Quebac, Canada: Laval University and McGill University.

Hall, G. E., Wallace, R. D., & Dossett, W. A. (1973). *A Developmental*

Conceptualization of the Adoption Process within Educational Instruction. Austin, TX: Research and Development Center for Teacher Education, University of Texas.

Healy, L. and Hoyles, C. (2000). A study of proof conceptions in algebra. *Journal for Research in Mathematics Education,* 31(4), 396–428.

Heid, M. K., & Baylor, T. (1993). Computing technology. In P. Wilson(Ed.), *Research Ideas for the Classroom: High School Mathematics.* National Council of Teachers of Mathematics: .Research Interpretation Project.

Heidmann, W., Waldman, W. D., & Moretti, F. A. (1996). Using multimedia in the classroom, Catalyst for educational change. *Proceedings of the Thirteenth International Conference on Technology and Education*(pp. 300–302). New Orleans, Lousiana, Grand Prairie, TX.

Hiebert, J. & Carpenter, T. P. (1992). Learning and Teaching with understanding. In D. A. Grouws(Ed.) *Handbook of research on mathematical teaching and learning*(pp. 65–97). New York: Macmillan.

Hillel, J. (1992). The computer as a problem solving tool; it gets a job done, but is it always appropriate? In J. P. Ponte, J. F. Matos, J. M. Matos, & D. Fernandes(Eds.) *Mathematical Problem Solving and New Information Technologies: Research in Context of Practice*(pp. 205–218). Berlin: Springer Verlag.

Hoyles, C. (1985). Developing a context for Logo in School Mathematics. *Journal for Mathematical Behavior,* 4(3), 237–256.

Hoyles, C. (1992). A pedagogy for mathematical microworlds. *Educational Studies in Mathematics,* 23, 31–57.

Hoyles, C. & Noss, R.(Eds.) (1992). *Learning Mathematics and Logo,* Cambridge, MA, MIT Press.

Hughes–Hallet, D. (1991). Where is the mathematics? Another look at calculus reform. in F. D. Demana, B. K. Waits, & Harvey(Eds.), *Proceedings of the Second Annual Conference on Technology in Collegiate Mathematics*(pp. 31–33). Reading, MA: Addison–Wesley.

Hutter, R.(1984). Using the computer in classroom teaching of high school and undergraduate mathematics: Concept development, not drill. Paper presented *at the Fifth International Congress on Mathematics Education*, Adelaide, Australia.

Kaput, J. (1989). Linking representations in the symbol system of algebra. In S. Wagner & C. Kieren (Eds.), *Research Agenda for Mathematics Education: Research Issues in the Learning and Teaching of Algebra*(pp. 167–194). Hillsdale, NJ: Erlbaum.

Kaput, J. (1992). Tehchnology and mathematics education. In D. A. Grouws(Ed.) *Handbook of research on mathematical teaching and learning*(pp. 167–194). New York: Macmillan.

Kimpston, R. D. (1985). Curriculum fidelity and implementation tasks employed by teachers: A research study. *Journal of Curriculum Studies*, 17(2), 185–195.

Kinnaman, D. E. (1990). What's the research in telling us? *Classroom Computer Learning*, 10, 31–39.

Kozma, R., & Chroninger, R. (1992). Technology and the fate of at-risk students. *Education and Urban Society*, 24(4), 440–453.

Kulik, J. A. & Kulikm C. L. C. (1987). Review od recent research literature on computer-based instruction. *Contemporary Educational Psychology*, 12, 222–230.

Laborde, C. (1991). The computer as part of the learning environment: The case of geometry. In Christine Keitel & Kenneth Ruthven (Eds). *Learning from computers: Mathematics Education and Technology*. Springer-Verlag.

Lehning, H. (1987). Computers as mathematical problem solving assistants. In R, Lewis, & E.D. Tagg(Eds.) *A Computer for Each Student*(pp. 135–140). North Holland: Elsevier Science Publishers.

National Council of Mathematics of Teachers. (1989). *Curriculum and Evaluation Standards for School Mathematics*. Reston, VA: National Council of Mathematics of Teachers.

__________________(2000). *Principles and Standards for School Mathematics*. Reston, VA: National Council of Mathematics of Teachers.

Niemiec, R. & Walberg, H. J. (1987). Comparative effects of computer assisted instruction: A synthesis of reviews. *Journal of Educational Computing Research*, 3, 19–37.

Noss, R., Healy, L., & Hoyles, C. (1997). The construction of mathematical meanings: Connecting the visual with the symbolic. *Educational Studies in Mathematics*, 33(2), 203–233.

Olive, J. (1992). Technology and school mathematics. In W. Secada(Ed.), *Reform of School Mathematics in the U.S.*(pp. 503–516). A Special Issue of the International Journal for Educational Research.

Palmiter, J. R. (1986). The impact of a computer algebra system on college calculus. Unpublished doctoral dissertation, The Ohio State University. *Dissertation Abstracts International*, 47, 1640A.

Papert, S. (1980). *Mindstorms: Children, Computers, and Powerful Ideas*, New York, NY, Basic Books.

Papert, S. (1996). An exploration in the space of mathematics education. International *Journal of Computers for mathematical Learning*, 1(1), 95–123.

Robyler, M. D., Edwards, J. & Havrilukk, M. A. (1997). *Integrating Educational Technology into Teaching*. Upper Saddle River, NJ: Prentice–Hall.

Salomon, G., & Perkins, D. N. (1987). Transfer of cognitive skills from programming: When and how? *Journal for Educational Computing Research*, 3, 149–169.

Schwartz, J. L. (1989). Intellectual mirrors: A step in the direction of making schools into knowledge making places, *Harvard Educational Review*, 25, 51–61.

Schwartz, J. L. & Yerushalmy, M.(1988). *The Geometer Supposer*. Pleasantville, NY: Sumburst.

Steen, Lynn, A.(1988). *The Science of Patterns*, Science 29.

Tall, D. (1986). Building and testing a cognitive approach to the calculus using graphics. *Unpublished Doctoral Dissertation*, Warwick University, Coventry.

Thompson, P. W. (1985). Computer research in mathematical problem solving. In E. A. Silver(Ed.), *Teaching and learning mathematical problem solving:*

Multiple Research Perspectives(pp. 417–438). Hillsdale, NJ: Erlbaum.

Wachsmuth, I., & Becker, J. (1986). The role of technology inthe cognitive development of mathematics learners. *Journal of Mathematical Behavior*, 5, 209–232.

Wheatley, G., & Wheatley, C. (1982). Calculator use and problem solving strategies of grade six pupils(Final Report). National Science Foundation. *ERIC Document Reproduction Service No. ED 219250*.

Williams C., & Brown, S. (1989). A review of research issues in the use of computer–related technologies for instruction: An agenda for research. *Paper presented at the Annual Meeting of the American Educational Research Association*, San Francisco.

Yerushalmy, M. & Chazan, D. (1990). Overcoming visual obstacles with the aid of the Supposer. *Educational Studies in Mathematics*, 21, 199–219.

Yerushalmy, M, Chazan, D. & Gordon, M. (1988) *Posing problems: One aspect of bringing inquiry into classrooms*(Tech. Rep. No. TR88–21). Cambridge, MA: Educational Technology Center, Harvard University.

Zimmermann, W., & Cunningham, S. (1991). What is mathematical visualization? In W. Zimmermann and S. Cunningham (Eds.), *Visualization in Teaching and Learning Mathematics*. Washington, DC: Mathematical Association.

찾 아 보 기

19 중등수학교육

수학을 하려면 엑셀을 밟아라 (제2판)

지은이 고상숙
펴낸이 박문규
펴낸날 2005년 4월 1일 1판 1쇄
2007년 2월 28일 2판 1쇄
펴낸곳 KM 경문사
등 록 1979년 11월 9일 제9-9호
주 소 121-818, 서울특별시 마포구 동교동 184-17
전 화 (02)332-2004(영업부) 336-3004(편집부)
팩 스 (02)336-5193
E-mail kms2004@kyungmoon.com

값 14,000원

ISBN 89-7282-992-7
ISBN 89-7282-760-6(세트)

경문사 중등수학 교육학시리즈

1 수학교육론 (제4판)
신현성 지음/438쪽/17,000원/2002

2 수학과 교재론 (제3판)
석용징·신현성·이준열 지음/472쪽
20,000원/2005

3 수학적 문제해결
신현성·김경희 지음/432쪽/16,000원/1999

4 고등수학적 사고
데이비드 톨 지음/류희찬 외 옮김
386쪽/20,000원/2003

5 수학과 학습지도와 평가론 (제2판)
강옥기 지음/270쪽/13,000원/2004

6 문제해결의 수학적 전략
스티븐 G. 크란츠 지음/좌준수 외 옮김
520쪽/22,000원/2006

7 증명의 본질
Harold P. Fawcett 지음/장경윤 외 옮김
168쪽/10,000원/2006

8 수학수업 Know-how
쿠조 쯔네죠 지음/김부윤·이영숙 옮김
262쪽/10,000원/2006

9 퇴플리츠의 미분적분학
Otto Toeplitz 지음/우정호 외 옮김
218쪽/13,000원/2006

10 예비교사와 현직교사를 위한
수학교육과정과 교재연구
김남희 외 지음/416쪽/17,000원/2006

11 한 줄에 꿰는 수학이야기
Lewinter·Widulski 지음/장경윤 옮김
300쪽/13,000원/2004

12 중등수학 교재연구
강옥기 지음/520쪽/25,000원/2006

13 수학의 철학과 역사
Anglin 지음/류희찬 외 옮김
368쪽/15,000원/2006

14 간추린 수학사
Struik 지음/장경윤 외 옮김
290쪽/13,000원/2002

15 수학교육과정 (근간)
(Principles and Standards for School Mathematics)
김남균 외 옮김

16 수학걱정 뛰어넘기
Shiela Tobias 지음/허혜자 옮김
244쪽/13,000원/2005

17 우리나라의 수학교육과정
이중권 지음/552쪽/25,000원/2004

18 세계 여러 나라의 수학교육과정
이중권 지음/268쪽/17,000원/2004

19 수학을 하려면 엑셀을 밟아라
고상숙 지음/224쪽/13,000원/2005

20 수학수업 Know-how 2
쿠조 쯔네죠 지음/김부윤·이영숙 옮김
262쪽/10,000원/2006

24 수학교육학 연구방법론
우정호 외 지음/260쪽/13,000원/2006

경문사 초등수학 교육학시리즈

1. 초등수학교육의 이해
김수미 외 지음/330쪽/15,000원/2006

2. 수학 학습 심리와 교수 – 학습전략
박성택 지음/268쪽/13,000원/2006

3. 초등수학교육의 이해 (제2판)
최창우 지음/404쪽/18,000원/2006

4. 수학교육론
린 D. 잉글리쉬·그레엄 S. 핼포드 지음
고상숙 외 옮김/470쪽/22,000원/2004

5. Piaget의 발생론적 인식론을 적용한 수학수업 1학년
Constance Kamii 지음/ 강완 외 옮김
310쪽/13,000원/2005

6. Piaget의 발생론적 인식론을 적용한 수학수업 2학년
Constance Kamii 지음/ 강 완 외 옮김
262쪽/13,000원/2006

7. Piaget의 발생론적 인식론을 적용한 수학수업 3학년
Constance Kamii 지음/ 강 완 외 옮김
286쪽/12,000원/2004

8. 테크놀로지와 함께하는 수학교육
권성룡 외 지음/366쪽/19,000원/2006

9. 수학의 힘을 길러주자
권성룡 외 지음/618쪽/30,000원/2005

11. 문제해결을 통한 수학적 경험
이대현 외 지음/268쪽/15,000원/2006